湛庐CHEERS

与最聪明的人共同进化

HERE COMES EVERYBODY

Philip Zimbardo

"当代心理学的形象和声音"

Man (Dis)connected

by Ferne Millen Photography

没有一个学心理的人不知道津巴多的名字，他设计的斯坦福监狱实验堪称心理学史上最残忍、最震撼的实验之一，而他主编的普通心理学教材则被誉为“比小说还好看的教科书”，吸引着全世界无数学生迈入心理学的殿堂。在历时半个多世纪的研究和教育生涯中，他始终致力于用心理学的力量让人类变得更好。在人们的心目中，他就代表着“当代心理学的形象和声音”。

hilip

Zimbard

贫民区里走出的高才生

1933 年 3 月 23 日，祖籍西西里岛的菲利普・津巴多出生于美国纽约的贫民区。虽然成长环境不尽人意，津巴多却成功把持住了自己，在校园里独占鳌头。

21 岁那年，他以最优异的成绩毕业于纽约城市大学布鲁克林学院，同时获得心理学、社会学和人类学三个学士学位。

1959 年，他获得耶鲁大学心理学哲学博士学位，先后在耶鲁大学、纽约大学、哥伦比亚大学和斯坦福大学任教。正是在斯坦福大学里，津巴多开始了令他名声大振的斯坦福监狱实验。

设计恶魔实验的善心人

在斯坦福大学心理学系大楼的地下室里，24 名自愿报名的学生被随机分为“囚犯”和“看守”两组，模拟一个监狱情境。进入角色的学生们释放了难以置信的人性之恶，一度导致激烈冲突：“看守”以残酷的手段侮辱和虐待“囚犯”，而“囚犯”则进行了反抗。这一结果令津巴多本人也始料未及。在女研究生克里斯蒂娜·玛丝拉奇（Christina Maslach）的劝说下，他提前结束了实验。（后来玛丝拉奇和津巴多结了婚，两人从此幸福地生活在一起。）

这个实验揭示了环境对人性的巨大影响力，在大众中引发了强烈反响，连续三次被搬上银幕，最近的一次是 2015 年的好莱坞影片《斯坦福监狱实验》。

2004 年，津巴多作为专家证人在阿布格莱布监狱虐囚案中出庭，主张责任并不仅仅在于监狱看守个人，也在于监狱情境的强大压力。根据在该案中获得的知识和之前的实验，津巴多写成了畅销书《路西法效应》（*The Lucifer Effect*）。

发现日常英雄的研究者

斯坦福监狱实验之后，津巴多决心寻找利用心理学帮助人们的途径，在多个领域开展了一系列与人们的幸福生活息息相关的研究。

他在加利福尼亚州门洛帕克成立了害羞诊所，治疗成人和儿童的害羞，并将其研究成果写成了《不再害羞》一书。他还研究了时间观念理论，通过对时间观的矫正，开发出一种全新的临床心理治疗方法，帮助人们更好地关注现在和未来。

近年来，津巴多开展了一项名为“英雄想象项目”的研究，寻找到底是什么因素能够让平凡人变成“日常生活里的英雄”。他认为，任何年龄和国籍的人，都可透过“英雄想象”而表现出英雄举动，克服社会及心理的阻力，做有益于他人及社会的事，从自身的正面改变开始，进而令整个社会更美好。

他的另一项研究成果则关注了高科技时代对男孩们的影响，在《雄性衰落》一书中，他揭示了当今社会中男孩们身处的困境，倡导全社会共同努力解决一代年轻男性正在面临的成长危机。

济世利人的心理学大师

津巴多发表过400多篇学术著作，其中包括超过50本的科普读物和教科书，作为全球许多知名大学的普通心理学课程教材，他的作品引领无数初学者和业余爱好者进入了心理学的殿堂。他还参与制作了曾获大奖的《探索心理学》系列节目，担任主持人，亲自为大众讲解心理学知识。他风趣幽默的语言、浅显易懂的表达，让更多的人了解并爱上了心理学这门实用而有趣的学科，他也成为世人熟知和尊敬的心理学家之一。

津巴多（右）与助手库隆布（左）

Philip Zimbardo

津巴多是一位传奇的教师，他改变了我们对于社会影响的思考方式。

Man (Dis)connected

雄性衰落

[美] 菲利普·津巴多（Philip Zimbardo）
尼基塔·库隆布（Nikita D. Coulombe）◎著
徐卓 ◎译

献给我的外孙和外孙女，菲利普·利（熊猫）和维多利亚·利（小兔）。

——菲利普·津巴多

献给我的丈夫和三个兄弟，衷心感激你们的支持。

——尼基塔·库隆布

小伙子是该迷途知返，重归现实了

估计我在中国的知名度来自于我早年间对于社会情境的力量让善良的人们做出恶行的研究——也就是1971年著名的斯坦福监狱实验，这个实验在我早先的著作《路西法效应》(*The Lucifer Effect*)中有详尽的描述。然而时至今日，我研究关注的两个新方向已经大不相同了。

激发我新探索的第一个问题是：到底是什么因素能够让司空见惯的平凡人变成“日常生活里的英雄”(everyday heroes)——也就是那些为了更美好的世界贡献一己之力的心存善念的普通人？大家可以从我们的网站上发现一些初步的探索和回答(www.heroicimagination.org)。

我和我的研究伙伴、作家尼基塔·库隆布关注和投入的第二个方向则截然不同：我们试图搞明白为什么今天全世界各地的年轻男性在学业成绩、社交和性方面都江河日下。对于这个问题的思考和研究促成了大家手里的这本书《雄性衰落》和它的中文版的面世。

除了向大家展示试图解释这个新的社会现象的产生原因或者预测其后果的诸多研究之外，我们也提出了一些自认为能帮助新一代年轻男性走出这种灾难的解决办法。的确，对于任何有心了解的人来说，都能听到我们在这本书中的大声疾呼：如果不给予更多关爱以及更有建设性的指导，男孩们和小伙子们真的有可能自毁长城，前途渺茫。

在美国，我们密切关注的现象是男孩们和小伙子们痴迷于虚拟现实，终日在互联网平台上流连忘返。他们的生活就是夜以继日地打游戏，在虚拟世界里叱咤风云，对其他一切都漠不关心。同时他们还对网上的免费色情片痴迷不已。当他们对这些新科技的成果上瘾之时，就会觉得生活中其他任何事情都淡而无味、没有价值、无关紧要，比如学业成绩、体育运动、工作、跟自己的朋友闲逛、跟女孩约会，甚至谈恋爱都提不起兴致。对于虚拟现实的过度依赖给他们在学校和工作中的表现带来了严重的负面影响，也伤害了他们的人际交往能力，甚至损害了他们的性能力。

中国年轻一代男性的技术成瘾现象比他们的美国同龄人可能更为严重。作为家里唯一的男孩，“小皇帝”们肩负着家族重任。生活在这样高强度竞争的环境里，逃避到虚拟世界中获得片刻喘息的机会对他们来说就更加诱人，尤其是今天的虚拟现实技术越来越栩栩如生，跟现实难分轩轾。全球的电子游戏和色情产业是个上千亿美元的市场，这个市场将会在未来为年轻一代提供越来越多姿多彩和花样翻新的产品。

中国的父母们面对这种情形想出来的解决办法之一就是把自己的儿子送到监狱式的训练营里，坚壁清野，把他们跟技术产品隔离开来，迫使他们重新安排生活要务的优先顺序——学习，学习，还是学习！但我们觉得这只是权宜之计，对于很多年轻男性而言，虚拟现实已经变得比自己的真实生活更有甜头。我们需要竭力干预：要让他们重新从现实生活中获得报偿。

在美国和一些欧洲国家里，同这种男性的衰落相辅相成的是女性的崛起。年轻一代女性的表现前所未有地杰出。她们在学业上、职业生涯中，甚至是国际体育竞赛里都让男性自愧不如。在中国，女性面临着与男性不一样的挑战。一个令人奇怪的事情就是，中国是世界上少数几个女性自杀率高于男性的国家。同时，多数亚洲国家还是存在着根深蒂固的“老男孩俱乐部”（old boy’s clubs），这对女性在商业领域登峰造极造成了一些障碍，即便她们比自己的男性同僚业绩更佳。

我们希望这本书所提出的问题在中国也会起到发人深省的作用，希望引起学者和研究者们的关注，并带动更多的政治家、父母、年轻的男性和女性自己，一起面对这个新情况，让年轻男性从虚拟世界中迷途知返，重归现实世界。

写给读者的话

我们生活在旧金山的湾区，这本书的写作也是在这里开始的。湾区高科技云集，孕育和催化了太多席卷全球的浪潮。然而，本书的创作却没有从这些浪潮中获得哪怕一丁点儿的激励；与之相反，它如同涓涓细流一般开始，却逐渐变成了洪水猛兽。在我们俩的其中之一开始在报纸上寻章摘句搜索关于男孩子们不堪入目的学业成绩，并且注意到自己班上研究生男生的比例渐渐减少的时候，另一个人则发现男同事们在聚会的时候不再愿意跟人们交谈互动，反而全都蜷缩在电脑或者游戏机周围。我们开始心生疑虑，为什么越来越多的小伙子连驾照都懒得去考，也不急着从父母屋檐下搬出来独立生活？或者为什么他们更喜欢看着黄片儿自慰而不是和真正的女人发生性关系？我们决定刨根问底看个究竟。

与此同时，我（津巴多）受到了 TED[①] 的邀请

---

① TED 演讲是一家美国非营利机构组织的活动，邀请各领域的杰出人物围绕 Technology（科技）、Entertainment（娱乐）和 Design（设计）的主题开展一系列精短的演说。《TED 演讲的秘密》一书中文版已由湛庐文化策划，浙江人民出版社出版。——编者注

作一个 5 分钟的演说，可以自由选择话题。于是我就想要谈谈我们观察到的这个现象。2011 年，在我那篇短小精悍但是煽风点火的 TED 演说里，我郑重声明自己参加这个活动的主要目的就是要让大家对这个即将来临的灾难开始有所意识，甚至是警觉地付诸行动。在这个演说得到了积极响应之后，作为我的助理，早就对这个现象了然于心的库隆布也加入进来，我们与 TED 合作出版了一本电子书，用的就是我演说的同名主题《男性的衰落》(*The Demise of Guys*)。之所以用“衰落”这个煽风点火的词，要的就是给这个话题挑起一番争论和对话，并且鼓励别人也开始对这些挑战的不同维度进行深入研究。

本书是对于那本电子书的更加深入细致的阐述，对关于男性青少年所面临的复杂问题与挑战的重要讨论进行了更为深入的探究。与此同时，本书也有了结构上的调整，通过分成“症状”“原因”“解决”三个部分，让读者们更容易顺着这个思路浏览和阅读。

我们感到从多个角度对这个话题进行阐述至关重要。本书交织了几个不同的视角：年轻女性库隆布是个被高科技产品包围的 80 后新生代；而另一位作者，也就是我自己，津巴多，是人生经历丰富的高龄男性；书中还包含了很多男女青年人的观念，这让这本书成为一种难得的合作结晶。为了挑战自身的偏见，我们开发了一个线上调查问卷，里面有一系列涉及该主题的不同方面的问题。我们将这个调查问卷放在了 TED 演讲的网页上，里面有类似这样的问题：“你觉得应该如何改变学校的环境才能让年轻人更加投入？”或者，“我们如何才能用更为安全和亲社会的方式赋权给我们的年轻一代男性？”

让我们喜出望外的是，在仅仅不到两个月的时间里，就有超过两万人填写了本书提及的这个调查问卷。大约四分之三 (76%) 的调查参与者是男性；其中一半以上的年龄在 18~34 岁之间。不仅如此，所有年龄段和不同背景的男性和女性参与者都分享了他们对这个话题的感受和想法，以及他们自己的亲身经历。除此之外，有好几千名回应者感到了更大的动力，他们还附上了自己的注释，有的是三言两语，有的写了整整一页。我们同时也进行了一个覆盖英国 67 所学校在校高中生的小规模附加研究，来更好地理解学生们的所思所想（在本书中我们把这个研究称为“学生研究”，以便和前述的更大规模的网上调查相区分）。在深入阅读了所有结果之后，我们继而对一部分回应者进行了面对面的个人访谈，他们的观点和经验我们也会在本书的后续内容里跟大家分享。在本书的附录 1 里，大家可以看到关于这个调查问卷的集锦。在书后的注释中还可以找到更多附加的统计信息。

本书的初衷，是为我们提出的这个问题找到解决办法，同时也希望给男性以及爱他们的人们以更多激励，希望他们可以发出自己的声音，并且为自己的生活乃至周边的世界带来更多积极的社会变革。

扫码测一测你属于哪种时间观。

MAN (DIS)CONNECTED

目录

症 状

原 因

PART 3 解 决

漫不经心，魂不守舍

你何故无所事事地呆坐，仿佛一个没有地址的信封？

——马克·吐温，19 世纪美国小说家

今天的世界对每个人来说都是崭新的，但是深陷迅速变化的经济、社会以及科技氛围之中的小伙子们，却被抛在了后面。女性有着属于自己的平权运动，但是针对同样迫切需要更新自己社会角色信息的男性，并没有与之相应的运动。与之相反，我们看到的却是一系列的记录，都显示了年轻男性的学术成就日趋下降，他们不再花时间和女性社交，甚至在两性关系中也败下阵来。你不用放眼四顾都能知道我们说的是什么：年轻男性的窘境已经是近在眼前。也许他在学校里面缺乏足够的动机，也许他有情绪困扰，或者跟同龄人合不来，没几个好朋友更别说女性朋友，抑或跟黑社会有瓜葛，他还可能进过监狱。这个人可能就是你的儿子或者亲戚。也许，这个人就是你自己。

询问他们有什么毛病，或者为什么不像过去的年轻人一样努力，这些都不是好的问题。小伙子们干劲十足，只不过不是人们所希望的那副模样。西方社会期望男人们有上进心，成为积极主动、对自己负责的好公民，和他人同心协力勤勉工作，造福社会乃至国家。但具有讽刺意味的事实却是，社会并未提供支持、指导、手段或者场所，来让这些年轻男人有任何的兴趣或者志向去达成这些目标。实际上，从政治家、媒体、学校，到我们自己的家庭，社会是这种衰落的主要贡献者，因为大家从一开始就抑制了这些年轻男人的智力、创造力和社交能力。这种讽刺与另外一个事实交相辉映，即成年男人们在社会中正扮演着强有力的角色，也就是说，成年男人们成功地替自己的接班人堵死了奋斗成功之路。

如果我们试图去理解或者解释复杂的人类行为，借助于一个三步分析法会非常有效：首先，**在行为的情境中个体带来了什么影响**，也就是一个人的性格特质所起的作用；其次，**环境带来了什么影响**，因为每个人在特定的社会或者物理情境中会有不同的行为；最后，**背后的权力系统是如何创造、维护或者改变这些环境的**。这个分析框架在津巴多撰写的《路西法效应》一书中被着重描述，帮助我们解释了在斯坦福监狱实验中扮演守卫的参与者的虐待行为，以及美国士兵在伊拉克阿布格莱布监狱[①]愈演愈烈的暴行。

在采用这种推理方法来解释为什么当今社会中年轻男性在学术上、社交上，乃至性方面都节节败退的时候，我们首先要呈现他们自身的性格因素，诸如害羞、冲动以及缺乏责任心等等。继而，我们就要考虑情境因素的作用，例如没有父亲的单亲家庭越来越多，令人兴奋的视频和游戏俯拾皆是，以及免费网络色情片到处可得。最后，系统性的因素把已经让人焦头烂额的事情搞得更加复杂，这里面包含了过分倾向于保护女性而忽视男性的立法造成的社会和经济后果，导致睾酮分泌降低和雌激素分泌增加的生理环境变化，媒体的各种影响，最近的经济滑坡造成的工作机会缺失，以及在很多国家都出现了的问题，即教

① 2004 年占领伊拉克的美军在阿布格莱布监狱（Abu Ghraib Prison）爆出了虐囚丑闻。这一事件在 2014 年被拍成电影《阿布格莱布监狱的男孩》（*The Boys of Abu Ghraib*）。——译者注

育系统没有能力创造出足够的刺激来满足男孩子们的好奇心。

这样的三重打击导致了很多男孩子得不到有的放矢的引导，并且缺乏基本的社交能力。时至今日，很多青年男性仍然在“啃老”，并且其中的很多人还在父母的屋檐下生活，直到二十多岁甚至是三十多岁，也就是说他们把自己的青春期延长到了本应该独立生活乃至成家立业的阶段[1]。很多小伙子觉得在父母的荫庇下生活要比独立生存面对不确定性舒服得多。

自从经济滑坡以来，全球范围内年轻人的就业岗位有所减少，他们证明自己的能力和专业水平的机会更少了。但是这种工作机会的减少对男性和女性的影响应该是一样的，而现在破天荒地出现了30岁以下年龄段里，女性在学术表现和收入水平两方面都超越男性的情况。同年轻女性相比较，年轻男性和父母同住的可能性更高[2]。再加上对于性别角色的社会期待的影响，既然女性和同龄男性相比在经济上更容易自给自足，女孩们就更不太可能去找个和自己在一条水平线上的男性伴侣了，而这又给青年男性们造成了更大的挑战。现代社会把男性居于支配地位视为理所当然，因而对于男人们来说，除了挺身而出养家糊口之外别无选择。所有其他可能的新角色对于传统的男性概念都是威胁，并且任何信奉这些新角色的男人都会面临着自己同类的鄙视，乃至更少的社交机会和与异性发展浪漫关系的可能。

几个现在司空见惯的例子就是“家庭妇男”会被视为失败者，还有就是“好好先生”往往得不到约会的机会。在《纽约时报》上，对于社会对陪产假（即丈夫休假帮助婴儿的生产和早期养育）的歧视，一位父亲曾经这样表达过看法，他说他宁可告诉未来的雇主自己曾经在监狱里坐牢，也不会说他曾经待在家里照顾孩子了[3]。在博客圈里，有着成千上万的女性抱怨找不到善解人意和彬彬有礼的好男人和自己约会；可是与此同时，也有为数众多的“善解人意和彬彬有礼的”男性在博客中迫不及待地搜寻约会时的建议，因为他们在约会的时候经常被女性告知自己过于谦和、被动，或者是显得太过饥渴难耐了。男性角色的这种进退维谷让小伙子们很难愿意改变生活状态，并且让两性都难以将对方同等对待。

因为这个充满了不确定性的世界的变幻莫测让年轻的男人们无所适从，很多人就会决定把自己隔离到一个更安全的地方，一个自己能够掌控结果的地方，一个不用担心被拒绝并且自己的长处能够得到赞赏的地方。对于很多年轻男性而言，电子游戏和色情网站就是这样的地方。他们在打游戏的过程中熟能生巧，技能日臻完美，在游戏的世界中地位崇高并被奉若神明。女孩子一般不会干这些事，因为她们往往觉得这种竞争毫无意义，而且她们也不是通过提升自己打游戏的技能而获得赞美的。相反，男性可能更容易变得对打游戏上瘾。当俄罗斯研究者米克哈伊尔·布德尼科夫（Mikhail Budnikov）把游戏成瘾的倾向分为低、中、高三种风险程度的时候，他发现在中等程度风险的人群中，女性的数量稍高于男性；但是在高风险成瘾倾向的人群中，男性的数量是女性的三倍以上（男性为 26%，女性只有 8%）[4]。

我们并不是反对电子游戏，打游戏对人也有好处，但是，如果游戏过度，尤其是当游戏造成了社会隔离的时候，它们会严重阻碍年轻男性发展面对面社交的能力和兴趣。游戏过度还与很多问题相关联，包括肥胖、暴力行为、焦虑、学业表现不佳、社交恐惧和羞怯、冲动、抑郁等[5]。与此同时，电子游戏里行为的激烈和变幻无穷，会使男孩子们生活中其他的部分都显得黯然失色，譬如学校会显得很无趣，这显然会影响到他们的学业成绩，继而就可能需要一些药物来帮助他们面对注意力缺陷多动障碍（attention deficit hyperactivity disorder，简称 ADHD），而这就会对他们未来的发展带来更多问题，最终形成一个一路下坡的恶性循环，我们下面就会看到。

色情内容让事情更加扑朔迷离。对于偶尔为之的一般观众，色情内容本身不会造成太大问题，对有些喜欢把自己的个人性体验与之进行相互印证的人来说也无大碍。但是对于没有接受过性教育或者没有过真实的性体验的年轻小伙子来说，就可能要出大乱子了。据我们所知，很多这样的年轻男性是通过这种赤裸裸的性行为影片来发展自己的性观念的，而不是通过和异性真人交往。在我们的研究中，很多的年轻男性告诉我们，色情内容给他们对于性和亲密关系到底是什么带来了非常“扭曲”的或者不真实的观念，随后当他们面对真正的性伴侣时想要达到兴奋就会非常困难。因为真正的性行为和亲密关系需要沟通技巧，需要身体的投入，而且需要他们和另一个有血有肉的、有着自己的性和浪漫需求的人进行互动。对他们中的很多人来说，现实生活中的性就变成了非常陌生的、令人焦虑和恼火的事情。另外，还有些年轻男性告诉我们，他们生活中的其他部分也受到了过度观看色情内容的影响，譬如注意力的集中和情绪上的幸福感；当他们停止大量观看色情内容和边看边自慰的时候，自己的个人生活和人生观都有了非常积极的改善。其他专家也有类似的发现。

《你的色情大脑》（*Your Brain On Porn*）一书的作者、生理学教师加里·威尔逊（Gary Wilson）创建了一个网站（YourBrainOnPorn.com），已经有成千上万的年轻男性在上面留言与他互动，告诉他当自己戒除了看色情片自慰的习惯之后，原来的社交焦虑症状有了奇迹般的改善，同时还有很多其他的好处，包括与女性交往的时候自信心增强、目光接触更多以及更轻松自如。这些小伙子在自己的日常生活中也更加精力充沛、更能够集中精神、更容易打交道、更少压抑、更多振奋，并且勃起行为更加强烈[6]。

和电子游戏如出一辙，我们强调的是过度使用色情内容会产生问题。然而，到底怎样算是“过度”实际上很难说清楚。尽管关于色情对成年人生理和心理影响的研究越来越多，但是绝大多数研究结果并没有考察人格差异以及其他外部因素的影响；与此同时，并没有关于 18 岁以下青少年的类似研究，仅仅有一些零星的调查报告。另外，找到一群从来不上网看色情内容的年轻人作为研究的控制组也几无可能。蒙特利尔大学有个研究，原本想要对比看过色情内容的男性和从未看过色情内容的男性的行为差异，但是他们竭尽全力，却居然连二十几个从来没看过色情内容的男性参与者都找不齐[7]。

另外，多数的身体和心理保健社群并不把色情内容正式列为成瘾的对象。在有的地方，这一现象会被纳入网络成瘾障碍（Internet Addiction Disorder，简称 IAD）之中，该障碍也是新近才获得自己作为病症的合法身份的[8]。年轻人群，尤其是男性，渐渐开始公开讨论色情对于他们的种种影响：动机与兴趣、专注的能力、社交和性功能，乃至他们的世界观[9]，这些亲身证词是不容忽视的。他们的症状千真万确，绝不能仅仅被看成是一个人生的阶段或者“脑筋一时糊涂”而被大事化小。

再次重申，我们并不是说女性从不玩电子游戏或者不观看色情内容，她们也会这么做。但是和男性的成瘾相比她们就是小巫见大巫了。另外，在“看黄片儿”这个概念上男性绝对是独领风骚。《十亿邪念》（*A Billion Wicked Thought*）一书的两位作者奥吉·奥格斯（Ogi Ogas）和赛·格达木（Sai Gaddam）在互联网上筛选了超过 4 亿个搜索记录，发现其中 5 500 万个（大约 13%）都是关于色情内容的。那么都是什么人在搜索这些内容呢？不说你也能猜到：大部分都是男人。尽管搜索色情故事的女性比男性更多，但奥格斯和格达木确定男性比女性观看色情图像和影片的比率高出六倍。的确，在流行的付费色情网站上面，75% 的浏览者是男性，但是如果统计一下真正为色情内容付费的信用卡数据，只有 2% 的付费订阅用户用的是女性名字的信用卡。“实际上，”他们在书中写道，“常用的成人网站第三方网上支付服务系统 CCBill 甚至会在见到女性名字的信用卡时，将其标注为有可能是欺诈行为……”[10]

这么大的差异从何而来呢？理所当然，也会有观看色情电影的女性行家里手，以及喜欢色情文学的男性读者。奥格斯和格达木绞尽脑汁之后发现这同男性“一触即发”的兴奋能力（“或”逻辑），以及女性“好事多磨”的情感需求（“与”逻辑）有很大关系。他们继而解释说，男性具有凭借单一线索就能达到兴奋的“唤起能力”——大胸、翘臀、辣妈，无论哪个都好使；而女性需要多个线索才能进入状态——外形气质好，并且对孩子好，并且还要有自信。尽管大多数女性实际上也会被几乎任何色情内容激起兴奋，但是只有在“并且”的部分全都被满足的时候才会达到生理的唤起。女性自身也必须感觉非常安全，并且诱惑难以抗拒，同时还要生理上健康。“一触即发”的能力可以帮助男性增加性交的机会。而女性的机制却与之大相径庭。举例而言，当处于令人紧张的环境中时，男性的力比多（弗洛伊德理论中的性本能驱力）会增加，然而女性的力比多会减少。女性的大脑把有意识的心理唤起和无意识的生理唤起分而治之，而男性的大脑却把两者合二为一。然而，有另外两样东西在男性大脑中属于两个不同的神经系统，但是在女性的大脑中却是融为一体的：性和浪漫[11]。男性和女性仅仅是选择了不同的刺激线索和对线索的不同处理方式，并且用不同的行为来回应这些线索而已。

如果我们仔细考量年轻男性为何如此痴迷于游戏和色情，就会发现这两者实际上既是男性整体滑坡的症状也是其原因，也就是说两者是互为因果的：一个人如果看很多的色情片或者过度沉迷在游戏中，就可能衍生出社交、性和动机方面的问题，反之亦然。这会创造出一个社交隔离的死循环。令我们感到担忧的就是，电子游戏和色情内容正在变得越来越刺激和生动，于是小伙子们就会更加以自我为中心，完全生活在属于他们自己的媒体世界之中。

过度使用这两者之中的任何一个都会导致现实生活中的问题，而极度的游戏和色情内容合在一起就成了致命双煞，进一步导致各种日常活动的退行、人际关系疏离，以及和他人建立关系能力的缺失，尤其是和女性建立关系的能力。色情内容和电子游戏确实具有诱发成瘾的品质，但是它们和其他的上瘾有所不同。对于酒精、毒品或者赌博，你要的就是一种东西多多益善；但是对于色情片和电子游戏，尽管你要的也是更多，但却不能重复；你需要不断的稀奇古怪花样翻新，才能达到和原来一样的刺激。真正的敌人是对于日常生活中体验到的刺激的习以为常。我们称之为唤起成瘾（arousal addiction），指的是为了达到和过去一样的刺激程度，你需要新的事物，因为一次又一次地观看同一个画面很快就会变得非常无聊。视觉体验的新奇性才是关键。这两个产业都在持久地为其用户们提供无穷无尽的花样，因而就需要每个人自己来决定最好的平衡点在哪里：把多少精力投入这些电子玩意儿，把多少精力投入生活中的其他活动，尤其是那些建设性和创造性的活动，而不仅仅是消遣活动。

消遣活动是把双刃剑。今天，我们可以信手拈来前所未有的海量信息，同时也很有可能在诸多的可选世界中迷失自己。但是这些可选世界连更有效率都算不上，虽然可能其中很多都这样自吹自擂过。除了干扰，它们什么都不是。一个门庭若市的纽约餐馆曾经百思不得其解：尽管他们已经增加了很多人手，也早就把菜单上的内容精简了不少，为什么这十多年来他们的客流量始终保持不变？但是当他们比较了分别拍摄于 2014 年和 2004 年的两个监控录像之后，立刻就恍然大悟。现在客户在饭馆里用餐的时间比过去长了一倍：因为他们会给菜品拍照片晒食物，会不停地自拍，还会让服务员给他们合影留念，然后菜凉了就让服务员送回厨房去再加热[12]。

作为人类，我们有一个既是优势也是劣势的自然倾向，就是能够把我们的注意力从一件事情上转移到另外一件事情上。我们之所以这么做，是因为需要对生存的周边环境中发生了什么随时进行觉察。几乎所有东西都在指端信手拈来不费吹灰之力的互联网让这种本能的冲动愈演愈烈。“云”——通过网页进行读取的虚拟存储空间，仿佛成了我们的第二个大脑，我们可以把自己的记忆和任务都放进去，这样我们就可以聚焦当下，而不用为了过去或者未来分心。这个神奇的技术能够如影随形地跟着我们移动，只要我们有办法读写存取。但是有得必有失，“云”的存在让我们更加关注自己，而对自己和他人周边的世界却心不在焉，因为我们不再需要记住那么多事情了，而且它们似乎与满足我们眼前的需求也不太相干。

2007 年，神经心理学家伊恩·罗伯逊（Ian Robertson）抽样调查了 3 000 人，发现几乎所有超过 50 岁的人都能脱口而出自己亲戚的生日，但是 30 岁以下的人能够这样做的不到一半，其余的人不得不从自己的手机里查找。克莱夫·汤普森（Clive Thompson），《连线》杂志的一位作家，曾经说当人们想要找答案的时候下意识地摸自己口袋的动作“一语道破天机”。我们记住的基本事实越来越少了，因为把自己的记忆任务都分担给了电脑存储器。汤普森对我们的未来提出了一个很重要的问题：“一件事情让我心神不定。没错，我在网络世界中是个名副其实的天才，但是离开了网络我就变成智障人士了吗？对于机器存储的过度依赖是不是会关闭理解世界的其他重要途径？”[13] 无论他是对是错，我们的思维和记忆正在被逐渐“外包”给电脑和网络，这是毋庸置疑的，尤其是那些把网络视为家常便饭的年轻一代和更小的孩子们。

通过深思熟虑、引发反思以及激发想象力，阅读和写作能让人们对生活和自然的体验更加生机勃勃。然而，用笔墨在纸张上亲手书写几乎已经成为历史遗迹，纸质的书籍和报刊也渐渐变得过时了。诸多纸媒的报纸和杂志不是关门大吉，就是已经投入了电子媒体的怀抱。诚然，这对于保护森林有很大的好处，但另一个自相矛盾的事实就是，今天的孩子们似乎再也不去森林里玩了。现在，互联网成了他们最忠诚的伙伴，也是大家最喜欢的寻找、处理和分享信息的场所。如果一个公司没有自己的网页，将会付出惨重代价，丢失领先地位、销售机会或者广告商的青睐。就连西方的学校体系，都会因为自己死气沉沉的课程设计和老旧过时的设备而“丢失”学生们的兴趣。

2013 年，美国儿科学会（American Academy of Pediatrics，简称 AAP）发布了一份报告，声称现今的儿童在媒体上面聚精会神的时间要比在学校课堂里多，“是除了睡觉之外儿童和青少年花时间最多的活动”。如果卧室里再有个电视，这种不平衡就更加严重，而大多数青少年都是这样的。美国儿科学会建议儿童和青少年每天花在屏幕前的时间应该不超过 1~2 个小时，虽然他们认为媒体也可以是亲社会的，也能教给孩子们伦理宽容以及多种多样的人际技巧[14]。但是正如他们所说，很多孩子花在屏幕前面的时间比这个数要多五到十倍，并且他们的大脑已经习惯了这种状况。

麻省理工学院“科技与自我研究项目”的发起人、文化分析专家雪莉·特克尔①说，所有的推特、短消息和在线通信的“只言片语”加在一块儿，并不等于一段有分量的谈话，因为我们是通过相互交谈来学习如何进行对话的。所以不再进行真正的谈话会引发很大的问题，这会让我们自我反省的技能退化。特克尔发现人们逐渐习惯了用简短截说来代替真正的交谈，对只言片语习以为常，就好像连永远不跟人类打交道都无所谓[15]。

我们专注于深度思考的能力源自于理解打印出来的文字材料以及进行长时间的深入交谈，而这些能力在逐渐退化，因为我们的大脑开始适应于处理碎片化的信息。我们越是需要不停地到处切换注意力，就越少能够体验更深层次的

① 雪莉·特克尔（Sherry Turkle）是人与技术关系领域首屈一指的社会心理学家，她反思互联网时代技术对人际关系影响的经典之作《群体性孤独》已由湛庐文化策划，浙江人民出版社出版。——编著注

情绪，例如共情和同情。发育不良的情感和对他人的漫不经心放到一起，就会毁掉所有的人际和浪漫关系，因为在这些关系中需要的绝不是敷衍了事。

在过去的十年间，这种情况已经蔓延到了成人阶段，很多成年的小伙子表现得还像个小男孩。他们不会平等对待女性，也不知道怎么和女性建立朋友、伙伴或者亲密关系，更别说成为两情相悦的夫妻了。因为没法得到女性的垂青，一部分人只好享受男性的陪伴。在调查中，我们发现大量的年轻男性不想要维持长期的浪漫关系、结婚、做父亲或者成为一家之主——其中部分原因就是有很高比例的年轻男性都在缺乏父爱的环境中长大，要么是单亲家庭，要么是父母貌合神离。另一部分人，有的是仍然需要父母的荫庇，有的是在卧薪尝胆等着“一鸣惊人”，还有的只不过是觉得在父母的屋檐下经济压力小，也就乐得不“三十而立”了。

今天，即便是那些能够设法找到伴侣的年轻男性，多数也都会觉得自己除了在关系中出现之外，有权利不作任何经济贡献。有很多阉割性质的新词汇被发明出来，例如“男人娃”（man-child）或者“男贵宾犬”（man-poodle），用来形容那些情绪气质上还不成熟或者没有独立生活能力的小伙子。好莱坞电影业也不甘落后，镜头紧紧跟住这些弱爆了的大男孩，把他们的无能当笑话演。最近的不少电影，例如《一夜大肚》（*Knocked up*）、《赖家王老五》（*Failure to Launch*）、《蠢蛋搞怪秀》系列（*Jackass*）、《宿醉》（*The Hangover*）以及《嘿咻卡》（*Hall Pass*），都把男人表现成一次性消费品的样子，活着只是为了无厘头的低级趣味、“哥们儿义气”（bromances），还有就是复杂离谱但从不现实的“约炮计划”。然而在这些电影里演对手戏的女性角色，却都是秀外慧中、才貌两全的成熟女性，有着脚踏实地走向成功的生活。那种好高骛远、认为不用努力工作就有权利得到报酬的观念被认为是男人的天性，这和清教徒的工作道德观水火不容，也同样跟美式橄榄

> 球教练文斯·隆巴尔迪（Vince Lombardi）的胜利信条南辕北辙："胜利不是全部，胜利是唯一。"仅仅因为自己是个男人而觉得自己应该理所当然获得一切而不用付出的态度，会让所有女性退避三舍，除了极少数饥不择食觉得有个窝囊废也比没有强的女人。

面对这种不争的现实，我们希望通过对各种症状及其背后原因的阐述，更清晰细致地呈现出事情的来龙去脉，并且为在第三部分提出解决办法提供一个背景。

MAN (DIS)CONNECTED

PART 1

症状

01

校园里的阴盛阳衰：学业不佳

信息时代给每个人都带来了解放，因为它让我们有机会把生活中的琐事都抛给自己的“认知仆役”。

——戴维·布鲁克斯（David Brooks），《纽约时报》专栏作家[1]

在未来的某个时刻，布鲁克斯先生有可能美梦成真。但是今天的现状却并非如此，层出不穷的思维外包方法确实能给我们带来解放，但是这个世界却变得——语言艺术家加里·特克（Gary Turk）一语道破天机——充满了“智能手机和低头族”[2]。《浅薄》（*The Shallows*）一书的作者尼古拉斯·卡尔（Nicholas Carr），对这种现象是这样解读的：“这种任务外包观念的倡导者们把工作记忆和长时记忆两个概念搞混了。当一个人没办法把一个事实、想法或者体验整合进自己的长时记忆中的时候，他并没有让自己的大脑‘腾出空间来’干别的事情。”[3]卡尔认为，长时记忆的存储并不会影响我们的思考能力，而是会让我们更聪明，因为这会使未来对新知识和新技能的学习变得更容易。换句话说，实际上我们没有自己认为的那么聪明。

作为一种文化，我们正在渐渐地失去保持注意力的能力。我们越是“任务外包”，自己保留的东西就越少，继而，我们知道的东西就越少。虽然76%的美国人说自己每天都会观看、阅读或者收听各种新闻，其中只有41%的人说他们会多看一眼除了标题以外的东西[4]。所以，我们对事实的了解也可能只是一种幻觉。无论对任何事情，蜻蜓点水地瞟一眼就以为自己真的了如指掌是非常危险的。一位退休的英文教授曾经告诉我们，在职业生涯临近结束的时候，他发现尽管他的学生们认为自己理解了一些东西，但在被要求用自己的语言对这个主题进行描述的时候，他们却词不达意，一位学生甚至拒绝修改自己的作业并且随后退选了这门课程。这个例子只是今天小伙子们心中早已根深蒂固的“浅尝辄止，轻易放弃”态度的一个缩影。

有些人可能会说这只是一个特例，因为自从盘古开天辟地以来，一直都有学习不好的捣蛋鬼男生。新近一个针对超过300个研究进行的大规模元分析①研究收集了超过50万男生和60万女生的学习成绩，结果发现几十年来全世界范围内的女生在所有科目上的成绩都比男生要好[5]。研究者们认为这些数据降低了当前“男孩危机”的严重程度，但是我们不同意这种看法。良好的学业成绩是未来良好收入水平的先决条件，正因为如此，整个社会更应该向男孩们强调好好上学的重要性。男孩们曾经有着比现在强得多的动机在生活中的其他方方面面拼搏取胜，诸如从父母家里搬出来独立生活、找个女朋友或者老婆、设定长期的目标以及事业有成，而今这些都一去不复返了。

今天的男孩们竟然比自己的父辈受教育程度要差，这是美国历史上前所未有的现象[6]。此外，女孩们现在更加热衷于学术成就。从小学到大学，女孩们在各个年级都让男孩们望尘莫及。在美国13~14岁的儿童中，仅有不到四分之一的男孩可以熟练地读写；与之相比，女孩当中有41%可以熟练写作，34%可以娴熟地阅读[7]。在学校中，成绩

① 一种基于众多同类研究的统计数据进行再统计分析的研究方法。——译者注

最差的学生里面有 70% 是男孩子[8]。全世界范围内的记录都显示了类似的性别差异。经济合作与发展组织（Organisation for Economic Co-operation and Development，简称 OECD）发现，男孩比女孩更有可能留级、成绩更差、毕业考试合格率更低。在其他一些国家例如瑞典、意大利、新西兰和波兰，在国际学生评估项目（PISA）测试的阅读得分中，女孩们的得分竟然领先男孩们一个甚至是一个半年级[9]。2009 年，在全世界范围内的 PISA 测试中，只有稍多于一半的国家里，男孩们在数学上的得分超过了女孩，但是数学得分的性别差异只有阅读的三分之一[10]。

美国企业研究所的公共政策研究常驻专家克里斯蒂娜·霍夫·萨默斯（Christina Hoff Sommers）在她的著作《针对男孩的战争》（*The War Against Boys*）中列举了更多的性别差异。她提到，无论是在学生会、荣誉社区，还是在学校报社里，女孩的数量都超过男孩。她们更努力地做作业、阅读更多书籍、在艺术和音乐能力测试方面也让男孩子们望尘莫及。与此同时，被停课或者留级的男孩更多。用教育专家的术语来说，女孩们在学业方面更加“投入”（cngaged）[11]。

有更多的男孩会在到达教室的时候毫无准备——没带书，没带纸笔，也没带家庭作业[12]。认为上学是“浪费时间”并且上课迟到的男孩数量是女孩的两倍之多[13]。顺理成章，在课上准备不足并且成绩很差的学生的数量，是虽然准备不足依然成绩良好的学生数量的两倍还多[14]。

时至今日，精神疾病在记录在案的儿童残障原因里面位居首位，儿童精神病学家维多利亚·邓克利（Victoria Dunckley）说：“二十年前，精神疾病在所有案例中的比例仅占 5%~6%，而今天却已占到了所有案例的一半。”[15] 从 2003 年到 2011 年，注意力缺陷多动障碍的患病比率一直以每年 5% 的速率递增；在人的一生中，男性被诊断出注意力缺陷多动障碍的可能性是女性的两到三倍[16]，因而他们也就更有可能被医生要求服用诸如哌甲酯（ritalin）之类的兴奋剂，这种情况甚至从小学阶段就开始了。

不仅如此，男孩比女孩辍学的可能性更高[17]。美国国家教育统计中心对这个趋势及其产生的连锁反应非常关注：

> 跟收入水平无关，25 岁或年纪更大的辍学者比他们的同龄人健康水平更差。作奸犯科和被判死刑的人中辍学者的百分比之高到了令人沮丧的程度。与高中毕业的人相比较，平均每个辍学者一生对社会造成的经济损失大约是 24 万美元，这其中包括了因为收入较低而少贡献的税款、更多的犯罪活动以及对社会福利系统的更多依赖。[18]

美国国家青年纵向调查（National Longitudinal Survey of Youth）是一个开始于 1997 年完成于 2012 年的研究项目，这个调查发现，三分之一的女性到 27 岁之前都获得了学士学位，而只有四分之一的男性做到了这一点[19]。据估计，到 2021 年，美国女性会获得 58% 的学士学位、62% 的硕士学位以及 54% 的博士学位[20]。美国之外的其他国家也有同样的趋势。在加拿大和澳大利亚，60% 的大学毕业生是女性[21]。在英格兰，每四个女生申请进入大学学习的时候，只有不到三个男生也这样做；在苏格兰和威尔士，申请大学的女性比男性多出 40%[22]，这让本就存在的男性相对于女性的落后差距愈演愈烈[23]。

特殊纠正教育项目（special education nemedial programes）中有三分之二的学生是男孩。这跟智商高低无关，年轻的男孩子们只是不愿意努力，这就造成了随后他们的工作选择少得可怜。在少数族裔中这种差距更加明显：授予非裔美国人的学士学位中只有 34% 是由男性得到的，而授予西班牙裔学生的学士学位仅仅有39%给了男性[24]。

显然，现在是我们敲响警钟的时候了，要在全球所有男性在学业领域表现不佳的国家中大声疾呼。这种情况对于男性自己、他们的家庭、社会乃至国家的命运所带来的后果都可能是灾难性的，除非我们立即采取引人注目的矫正手段，亡羊补牢，未为晚也。

MAN (DIS)CONNECTED

提要

- ♂ 高科技智能设备并不能让我们变得更聪明，反而会损害我们保持注意力和深入思考的能力。
- ♂ 在学习态度、学业成绩、人际交往、社会实践各方面，女生的表现都远超男生，男孩在校园里全线告急。

不劳而获的“绝品”男人：过分依赖

一个人可以安居一隅自我保全，也可以勇往直前不断成长。促进成长必须周而复始，克服恐惧必须日复一日。

——亚伯拉罕·马斯洛（Abraham Maslow），人本主义心理学家

今天的小伙子们身上为什么看不到一点点清教徒勤奋刻苦的工作道德观了呢？在21世纪的第一个十年间，美国十几岁和二十出头的年轻人加入劳动力大军的比例显著下降了[1]。与此同时，25~54岁男性的失业率从20世纪60年代开始一直在持续稳定地上升[2]。在全球范围内，情况都大同小异[3]。这也就意味着成百上千万的年轻男性没有工作。

世界经济的全球化进程意味着现代经济周期的起伏对所有国家的影响都更深入更猛烈。2009年的全球经济衰退是第二次世界大战以来最严重的萧条，导致男性失业率翻了一番。在最近一次衰退之后，美国失去了650万工作岗位，其中有一半是属于制造业和建筑业的[4]，并且这些工作岗位一去不复返，再也不会出现了[5]。制造业（譬如汽车工业）更倾向于采用高新技术而减少对于劳工和

人工技能的依赖，这意味着众多的发达国家不再自己生产产品，而这就让很多男性的饭碗朝不保夕。即便有更高的学历，也未必没有失业的风险。

医疗保健行业——一个女性占据统治地位的行业，则相对来说幸免于难。个人护理、家庭健康帮助（即护工）被预测为增长最快的职业领域，而这些新工作显然更多地被女性所占据[6]。因而尽管这些全新的机会和领域为很多年轻和精明强干的女性带来了美好前途，但是留给同样年轻和精明强干的男性的机会却不足为提，这跟一二十年前他们可能拥有的机会相去甚远。

更有甚者，则是应得感（entitlement）带给我们的诅咒。尽管西方经济的衰败让劳动力大军中的男性比重有所下降，我们的一位女同事提醒我们关注一个新的现象，那就是有一部分男同事仅仅因为自己是男性的原因，就会感到一切应该为我所有，并且自己不用付出任何努力就可以享有这份特权。很多男性现在四处寻找庇护，不是在父母的身上就是在婚姻里，或者是在同居关系中的伙伴身上。现在闲在家中无所事事的男人数量惊人，他们似乎既不愿意去找工作挣钱支持家用，也不肯帮忙做点琐碎的家务让屋子干净整洁一点。在那些正值工作年龄却工作得很不心甘情愿的男性里面，有六分之一坦承他们并不想去工作[7]，并且几乎半数的人都会说市面上的工作让他们不屑一顾，或者就是不能提供足够的薪酬来“改善他们的生活”[8]。这些男人好像就待在那里“忙自己的”，但是实际上没做任何事情，至少不是任何传统意义上的“工作”。

有些这样的男人已经重新定义了“依赖”（dependency）这个词，仿佛这是一个成就而非失败，他们觉得分文不挣游手好闲甚至吸毒嗑药都是他们的权利。从某种意义上来说，他们跟过去的“小白脸”（gigolo）有点像，就是那些有点姿色、靠着为有钱的年长女性提供浪漫约会或者性刺激来过活的舞男，唯一的区别就是这个新品种的男人并不能回报什么。我们的同事们分享了一些小故事：

我认识的一个物理治疗师嫁给了一个婚后就辞职回家了的男人。

她是家里唯一的收入来源，而且把家务活也全包了。经常是她辛辛苦苦工作一整天之后回家，在大雨里拖着沉重的设备步履蹒跚，但是她老公却连从屋子里出来帮她搬一下设备都懒得做。进家门之后，她老公会问她晚上吃什么，然后她会再出门买菜回家做饭。她老公天天待在家里无所事事。他是个帅哥，脾气也挺好，就是不工作，而且连想找个工作的意思都没有。四年之后她终于忍无可忍跟他离婚了。

我认识的另一个大学同仁跟一个辞职回学校读研究生的男人在一起。他身上有十万美元的贷款，但连个稳定的工作都找不到。她在经济上支持着这个男人，但是他却不仅没有结婚成家的意思，连家里的琐事也不沾手。

为什么有的女性会跟这样的男人纠缠不清呢？连他们的父母都觉得他们不成器。如同我们将会在第 20 章里深入讨论的，一个令人沮丧的实际情况就是，对这些受过教育的精英女性而言，她们所拥有的替代选择似乎只能是没有任何男人；于是，她们也只好将就着过，直到有一天实在难以忍受了，才会把这种游手好闲的混混赶走。

一方面是不理解在所有的关系中其实都存在权利和义务的博弈，另一方面，应得感抛弃了那种需要付出才能得到的观念。失业带来的羞耻感仍然存在，但是其意义却跟过去大相径庭。这些男人不再把责任、纳税和成功这三者联系在一起。有的人对这些不当回事，另一些人把生活看成是开派对或者逛公园：你只要排队的时候排在前面，门一开就可以进去，不费吹灰之力。

一个小伙子在他的调查问卷注释中这样说道：

我的信念是应得感能够帮助我们塑造男人。那些他们理所当然拥有的，也就是他们的责任。真正的成就来自于不辱使命，做出对得起

> 这个世界的未来的事情。是的，如果胸怀天下，男人就会无所不能。责任——诸如和颜悦色和绅士风度、彬彬有礼宽以待人、承担责任让人放心、忘我精神，能够帮助一个年轻的男人找到自我。成为男人的关键就蕴含在责任与担当之中——那种珍惜自己而不自暴自弃、善待他人而不逃避现实的责任。

我们完全同意。然而我们觉得现在这种新的男性“应得感”的定义，和过去所说的相去甚远。它更加宽泛，覆盖了更广泛的领域和活动，而忽视了任何有意义的人际关系或亲密关系。这些小伙子似乎更热衷于效法那些媒体名流、传奇程序员，诸如大卫·贝克汉姆、迈克尔·菲尔普斯以及马克·扎克伯格，那些功成名就无所不有的人。他们似乎只关心和仰慕这些人的财富地位等外在表象，他们的分析中所缺失的，是对走向成功不可或缺的品质的欣赏：艰苦的劳作、挫折与磨难、勤奋练习、百折不挠，这些都是在达成目标的过程中必不可少的东西。生活之中的好东西一般都需要对目标严肃承诺、延迟享受、工作优先，以及对于社会契约的重要性的理解和认可——不能投机取巧。

MAN (DIS)CONNECTED

提 要

- ♂ 当代社会中，以男性为主的体力劳动岗位正在大幅减少，男人们面临职业危机。
- ♂ 某些男性出于错误的应得感，心安理得地依靠父母、妻子和女友过日子。

“纯爷们儿”是种病：高强度社交综合征

女人本就丽质天成，男人则需岁月磨砺。阳刚之气，风险多多，容易流逝。须远离脂粉，只同男人惺惺相惜。

——卡米尔·帕利亚（Camille Paglia），费城艺术大学人文与媒体研究教授[1]

当今的年轻人把数量惊人的时间花在了电子游戏和观看色情内容上，与此同时他们也自觉自愿地强迫自己与社会相隔离，在两者之间错综复杂的因果链条里，羞怯（shyness）扮演了非常关键的角色。

传统意义上，羞怯暗示了一种对于被拒绝的恐惧，害怕被某些社交群组或者个人视为不可接纳的，例如权威或者期望讨好的人（如群组中的异性成员）。在 20 世纪 70 年代到 80 年代，我们进行了针对青少年和成年人的羞怯的前沿科学研究工作，有 40% 的美国人把自己评价为羞怯的人，或者本质上是羞怯的。同样百分比的人报告了自己曾经在过去非常羞怯，但是后来克服了其负面影响。还有 15% 的人说他们的羞怯是受到某些环境诱发的，譬如相亲或者公开表演。也就是说，只有大概 5% 的人从来没有在任何时候感到过羞怯。

然而，在过去的三十年里，羞怯者的百分比正在节节上升。在印第安纳大学东南分校（Indiana University Southeast）羞怯研究中心 2007 年进行的一个学生调查中，84% 的受访者说自己在人生中的某些时候感到过羞怯，43% 的人说自己现在依然很害羞，只有 1% 的人说自己从未害羞过。在那些当前仍然害羞的人里，有三分之二的人会说他们的羞怯属于个人问题[2]。这种对于社会拒绝的深度恐惧，一方面是由科技的发展带来的，因为技术把人与人之间面对面的直接接触——譬如与他人交谈、寻找信息、购物、去银行、从图书馆借书，以及其他很多活动，都缩减到了最低程度。互联网几乎可以为我们做一切事情，而且更快、更精确，也用不着我们进行人际沟通。从某种意义上来说，在线沟通实际上打开了极度羞怯者的世界，让他们能够更轻松地在非同步的网络世界里与他人接触。但是与此同时，我们认为这样也会让他们更难以在真实世界中与他人建立关系。如同一位研究者贝尔纳多·卡尔杜奇（Bernardo Carducci）所记录的：

> ……技术的日新月异正在从本质上影响着人际沟通，我们正在体验着更为结构化的电子化互动过程，却越来越少有自发的人际互动，也就更少有机会从中开发和实践人际沟通技巧了，譬如谈判、发起谈话、解读身体语言和面部表情线索，而这些技巧对于结交新朋友和培养更亲密的关系至关重要。[3]

传统意义上的羞怯是愿意与人交往，但是害怕自己可能因为无法留下好印象而被拒绝；而羞怯的新型变种却是因为不知道如何做而根本不愿意有社交接触，继而竭尽全力地距离他人越远越好。因此，这种新型的羞怯会持续地自我强化、内化；更有甚者，即便是缺乏和大多数人的接触，自己仍然茫然不觉。如此这般，就有太多的羞怯者在跟自己的老板、专家接触的时候，或者在不熟悉的情境里，抑或在一对一的异性交往中，行为失当或者丑态百出。

除了羞怯者数量的持续增加之外，今天不同于往昔的情形是年轻男性的羞怯已经不再是惧怕被拒绝，而更多的是社交无能——不知道该做什么、在什么时候做、在什么场合做和怎么做。曾几何时，多数年轻男性都会跳舞。时至今日，小伙子们却甚至连怎么找个共同话题都不知道了，他们在社交圈子里不知所措，就像语言不通没法问路的外国游客一样。他们之中的很多人不知道面对面交流时的措辞方法，那是一整套言语的和非言语的规则，能让人们相互之间舒适地交谈和聆听，并且能让对方给予良好回应。这种人际交往技能的不足在年轻男性面对自己心仪的女性的时候表现得尤为严重。

缺失这种在比较亲密的人际情境中必不可少的、关键的人际交往技巧，导致了一种畏缩不前、规避风险的策略。女孩和女人等同于失败的可能，安全等同于退缩到线上和虚幻世界，经年累月的实践使其更亲切、更可靠，如果是电子游戏的话，还更为可控。数字化的自我越来越不喜欢真实世界中的“操作符”，于是羞怯也逐渐在进化中扭曲变形。自我（ego）是中场核心组织队员，性格是观察员，而整个外部世界就被缩小为一个男孩的卧室。如此这般，我们只能说羞怯既是引发问题的原因，也是过度玩电子游戏和看色情片的后果之一。如同我们调查问卷中另一个年轻男性的评论：

> 打电子游戏和看色情片对我来说是家常便饭。我一直都是相貌平平，真的恨透了那种筋疲力尽却两边不讨好的生活。花销大、做人难，而且屡战屡败。我觉得自己跟所有认识的女孩或女人的人际关系都毫无意义，只跟爷们儿交往，时不时地看看黄片儿，日子过得倒也逍遥。

重友轻色：高强度社交综合征

在电影《窈窕淑女》（*My Fair Lady*，改编自萧伯纳的戏剧剧作《卖花女》）

中，男主角雷克斯·哈里森（Rex Harrison）刚刚成功地把一个贫穷的卖花女点石成金，变成了一个光彩照人、优雅精致的贵妇人，由奥黛丽·赫本（Audrey Hepburn）扮演。尽管卖花女竭尽全力彻头彻尾地改变了自己，他却并未对她有丝毫的爱怜之情，这让女主角痛不欲生，而男主角却因此对她弃如敝屣。之后哈里森对他的朋友们唱起了哀悼之歌："女人为何不跟男人比比？"[4]

如同歌词所言，这个故事揭示了据我们认为很大一部分男人所共有的价值观和态度：更愿意与男性朋友为伍，而不是同女性建立关系。

关于这种态度，更近的一个例子可以在一部1999年的浪漫喜剧《窈窕美眉》（*She's All That*）里看到，这部影片由小弗雷迪·普林兹（Freddie Prinze Jr.）和瑞切尔·蕾·库克（Rachael Leigh Cook）主演。在扎克（普林兹饰）人见人爱的自私女友丢下他跑去跟了一个真人秀的明星之后，扎克自我安慰的方法是让自己相信她可以被自己高中里的任何女孩所替代。他的一个狐朋狗友不同意他的观点，于是就跟他打赌，赌他没本事在六个星期之内把一个人见人嫌的蠢女孩莱尼（库克饰）点石成金变成舞会皇后。在扎克万般讨好莱尼并且向她反复保证自己的这些努力并不是一个恶作剧之后，莱尼开始和扎克交往并且同意由他姐姐帮她化妆，把丑小鸭变成了白天鹅。在她的外貌变得美丽之后，扎克才开始真正被她吸引，然后对她有了真正的爱慕之心。

同几位研究合作者莎拉·布恩思基尔（Sarah Brunskill）和安东尼·费雷拉斯（Anthony Ferreras）一起，津巴多把这个现象命名为"高强度社交综合征"（Social Intensity Syndrome，简称SIS）。这种"过度阳刚"现象的典型表现是：对始终有其他男性在场的社交情境情有独钟。对于"局外人"或者没资格加入的人的排斥越强烈，并且在小群体内部每个男性的卷入程度越深，这种社交情境的吸引力就越大，这种关系的性质也就越强烈。这种社会群组的典型例子有军队（尤其是在新兵训练营里或者出任务的时候）、黑帮、有身体接触的体育运动（诸如美式橄榄球、英式橄榄球等等）、健身迷群体以及兄弟会。当感觉自己是这样的一种“纯爷们儿”社交群组的一分子的时候，男人会体验到正向刺激，例如皮质醇的分泌、肾上腺素系统的激活，或者睾酮水平的提升。久而久之，男性就会适应这种高强度社交，并且更喜欢这种社会接触形式。

从好的方面看，很多这类组织教会了男性如何跟其他男人一起工作，这对于整个社会而言是至关重要的。然而随着时间的流逝，在无意识水平上，这种程度的高强度社交逐渐变成了大家期望的群组功能的基准点。一旦与这种高强度的社交群体环境相分离，譬如不得不参加男女都有的聚会时，或者在家庭环境中，男人们很快就会感觉到孤独寂寞并且百无聊赖。如果离开这样的高强度社交群体，男性有可能体验到脱瘾症状；他们之前在这种全男性社交群组里面参与的时间越长、程度越深，症状就越明显。

每逢重大体育赛事，这种现象就达到了高峰，譬如世界杯决赛或者超级碗周日①。这时候，男人们宁可和一群陌生人一起待在酒吧里，观看身披铠甲的新英格兰爱国者队的首发四分卫汤姆·布拉迪（Tom Brady），也不愿回到自己的卧室里同一丝不挂的詹妮弗·洛佩兹（Jennifer Lopez）共度良宵。某知名色情网站新近发布的一份报告也确证了这种现象。在第 48 届超级碗比赛进行的时候，网站流量的下降程度令人吃惊，尤其是在丹佛和西雅图这两个城市，因为参加决赛的正是这两个城市的球队。比赛刚一结束，在美国和加拿大全境就可以看到一个显著的流量高峰，全球的流量也有一个稍微小一些的尖峰[5]。

然而，深藏于内心的大男子主义或者“男子汉气概”是把双刃剑。对于年轻的异性性取向男性来说，他们又不敢相互过度亲近或者私密，因为害怕显得

① 超级碗指美国职业橄榄球总决赛，在周日举行。——译者注

女性化或者像同性恋，或者害怕降低群体的凝聚力和士气。这就会促成一种和其他男人保持一定物理距离的表面化规则，除了击掌庆贺、撞胸或者拍拍后背之外都不能接受。如同一位陆军士兵对我们说的：

> 在士兵社会或者战斗阶层的男人们之间有着非常大的情感鸿沟。男性会和自己关怀的另一个男性沟通，但是有一条清晰的情感界限不可逾越。这种观念在各种层面上都根深蒂固：同伴之间，男人们应该自力更生，除了自身的逻辑之外不被任何事情左右。男人参战的原因不是因为被别人说服，而是因为他们觉得自己义不容辞，需要挺身而出。在充满竞争的环境里，男人的友谊靠的是为自己的团队出力：他们知道自己的生命会随着时间贬值，但是技能不会。显示出担心，就是怀疑他们在竞争中的能力，也就是损害了群组的动力；又或者是害怕他们的表现不佳，也就相当于让他们跟整个群组竞争；最后，这种担心简直跟女性婆婆妈妈的唠叨一模一样。

对于那些处于高强度社交状态的男性的可能行为，我们可以作一些很有趣的预测。从这样的群体中脱离产生的负面作用，会导致他们去参与更刺激的活动，譬如极度冒险的爱好或者行为、争执和打斗、酗酒、采用奇怪或者死板的饮食习惯、赌博、飙车。他们也可能会用越来越负面的态度看待男女差异。他们会花更多的时间泡在显得"很够爷们儿"的男性群组里，例如在运动主题酒吧里看比赛，甚至是参加假想的橄榄球或者棒球联赛。他们没法找到任何跟女性的共同语言。他们的女性朋友即便存在，数量也少得可怜。

在这群人之间，短信常常是唯一的沟通方式。这不仅仅是因为方便，而且能让他们用更被动的方法按自己的节奏跟人交流。有些新的手机应用让这种趋势更加离谱，例如 BroApp，可以在预定的时间自动发信息给自己的女朋友或者伴侣。创作者在他们的网页上提供了这样的解释："BroApp 是一个给兄弟们帮忙的应用。现在大家都忙得团团转，经常忘了给自己的伴侣发甜言蜜语。我们发明了 BroApp 来帮忙，有了它，即便你忘了亲手写个信息发出去，你的情意仍能够送达爱人。BroApp 提供了亲密关系的无缝外包服务。”[6] 如果方便奶酪①是一个手机应用的话，可能就跟 BroApp 差不多。它似是而非地把真东西山寨了，但又不完全是那么一回事儿，总是差点什么——实际上，是差得远。如果一个人连自己亲手发个“我爱你”或者“想你了”之类的消息都做不到，那何必还要维持关系呢？

一些人甚至会出现记忆扭曲，在他们回忆自己在充满男人味的群组里面的经历时，好的一面会被夸大，不好的一面会被忽略。

为了解决这种“兴奋不足”的问题，军队的成员们有时候会去寻找执行任务的机会，或者跑到其他有很多这种高强度社交群体成员的地方，譬如我们会见到士兵们在部队医院的大堂里聚集。而热爱体育运动的平民男性则可能会成为球队的“狂热支持者”。

高强度社交综合征的另一个特征是与家庭或者配偶的关系不佳。这样的男性更可能虐待自己的配偶，尤其是在喝多了之后；并且更有可能离婚或者分居，而在加入这种强社交的群组之前，他们和配偶之间的关系本来是不错的。他们也更有可能会对女性有普遍性的不满，将她们视为永远不理解自己的“另一种人”；所以他们不喜欢那种与地位对等女性的两厢情愿的亲密关系，却对于黄片儿、嫖娼或者色情按摩更感兴趣。

---

① 方便奶酪（Easy Cheese）是一种经处理的可以喷洒的罐装奶酪方便产品。很多人都觉得这样从罐头里面挤出来的奶酪和放在盒子里需要切割的成块奶酪或者可以夹在面包里面的成片奶酪相比，虽然有奶酪的味道，但是已经失去了奶酪的本质或者基本要素。如同压缩饼干实际上并非我们平时同茶和咖啡一起享受的甜点，而是一种用于在野外补充热量的便携式的“纯功能性食品”了。——译者注

让人左右为难的是，男人们会对这种男性群体环境的刺激水平习以为常，但却并不能在这样的环境中获得亲密感。当他们进入两性混合的环境中时，就会产生社交焦虑；继而当他们面临跟女性发展亲密关系的机会时，则会力不从心，无法产生性唤起。在一个新近的研究中，有超过三分之一的年轻士兵说自己有阳痿症状[7]。最近的其他研究在年轻平民男性中也发现了相似的情况，尤其是在色情片随着高速互联网进入千家万户之后，性功能障碍的比例有显著的上升[8]。

高强度社交综合征今天已经遍布全世界。在日本，年轻男性对于性的态度越来越冷漠，即便是已婚夫妻之间的性生活也日趋减少。日本家庭规划协会（Japan Family Planning Association）最近报告的数字显示，16~19 岁的年轻男性中有超过三分之一的人对性毫无兴趣，比 2008 年时的估计翻了一番；每 10 对已婚夫妇中有 4 对报告在一个月或者更长的时间里没有性生活[9]。这些现象已经非常普遍，以至于这些男人有了自己特殊的称呼：soshoku danshi，即"食草族"；与之相对，仍然对性感兴趣的男人则是"食肉族"。

在我们的调查中，一份来自于纽约巴德学院（Bard College）的男生的回应让我们唏嘘不已：

> 我必须承认，在我的一生当中还没有经历过任何真正的身体上的亲密关系。我是一个完全外向的人，有着自己的亲密伙伴（男性）群体，也有一堆其他的朋友（其中包括了一些女性）。但是面对女性的时候我总是不知所措。我感觉自己没法真正地跟她们沟通，于是就会把她们跟男性一视同仁地对待，于是她们也就会把我当成朋友而不是谈恋爱的对象……我的确更喜欢和自己的朋友们待在一起，一群小伙子在一块儿自由自在，无拘无束。

在阅读电子书《男性的衰落》之后，另一个小伙子在我们的论坛上留言：

> 这本书深深触动了我。我从小没有父亲，十几岁的时候花很多时间打游戏，而且沉溺于色情片。18 岁的时候，我参军入伍成为了一名步兵。军旅生涯中大家团结得非常紧密。2009—2010 年我被派往阿富汗执行任务。现在我已经退伍了，但发现自己对当年的战友之情非常怀念，有时候甚至希望另一场战争爆发，这样我就有借口重新入伍当兵了。我对校园生活很不适应，发现自己难以集中精力。我在社交场合也感到非常尴尬、羞涩，跟女性的交往也很失败。尽管我没有继续生活在父母家里而是自己住，并且有两个女性室友，我还是感觉自己与世隔绝、非常孤独，并且沮丧抑郁，有时候甚至想到过自杀。我现在 22 岁了，正在挣扎着改变自己的生活。我亲身体验了这些东西对我的生活产生的影响……我感到作为一个男人，我们所处的环境正在变化，我们身处这种新转变之中，但是旧规则仍然适用。于是我们进退维谷，不知所措。

我们真的期望他的故事不是这么司空见惯，但是我们访谈的很多士兵都跟我们分享了类似的经历。在本书的附录 2 中，可以找到一个测量高强度社交综合征不同因素的量表。

MAN (DIS)CONNECTED

提 要

- ♂ 传统意义上的羞怯是愿意与人交往，但是害怕自己可能因为无法留下好印象而被拒绝；而羞怯的新型变种却是因为不知道如何做而根本不愿意有社交接触，继而竭尽全力地距离他人越远越好。
- ♂ 患有高强度社交综合征的男性只愿意和哥们儿待在一起，对于家庭或者夫妻生活反而力不从心。
- ♂ 过度阳刚带来的不是雄性的崛起，而是衰落。

04

虚拟世界逞英雄：游戏成瘾

如果有人发明了一个魔法公式，一个对人类来说更美好的地方，那会怎么样？还有人想要待在这里吗？

——爱德华·卡斯特诺瓦（Edward Castronova），
印第安纳大学伯明顿分校电信学教授[1]

在20世纪60年代末期，如果你想要把一台计算机和一个电子屏幕连接起来，恐怕世界上只有很少的几个地方可以做到，而且也只有极少数人能够接触这样的科技。最近这五十多年来，整个世界日新月异。曾有一种假设，以为我们在互联网上花的时间越多，看电视的时间就会越少；而统计数据揭示的事实却截然相反。今天的欧洲人花在电视机前面的时间一点也不比过去少，美国人平均每人每周要花上60个小时在四个数字设备之间游荡，绝大部分人都拥有一台高清电视、一台电脑、一台平板电脑和一部智能手机。与这些设备交相辉映的，是形形色色可供自由选择的各种内容[2]。不仅如此，加州帕洛阿尔托未来学会（Institution of Future）的游戏研发总监简·麦戈尼格尔①估计，

① 简·麦戈尼格尔（Jane McGonigal）是一位著名的未来学家、TED新锐演讲者，其著作《游戏改变世界》中文版已由湛庐文化策划，浙江人民出版社出版。——编者注

每周人们总共要花 30 亿个小时打游戏！她预计平均下来，每个年轻人到 21 岁的时候，已经花了 1 万小时玩各种电子游戏[3]。把这些数字放到生活情境里比较一下，一般一个平均水平的大学生想要获得一个学士学位只需要大约一半的时间，也就是 4 800 小时[4]。

毋庸置疑，有些女孩也玩电子游戏，比如《开心农场》（*Farm Ville*）、《魔兽世界》（*World of Warcraft*），还有《马里奥赛车》（*Mario Kart*）。电子游戏的生产厂商也心知肚明。但是，女孩们玩游戏的痴迷程度远远不及同龄男生，仅有每周 5 小时，而男孩们达到了每周 13 个小时[5]。我们之后将会看到，对有的男孩而言，每天 13 个小时也不足为奇。

年轻女性玩游戏的方式也跟男性不太一样。女孩们主要在智能手机和平板电脑上打游戏，她们玩的游戏都是短小而且没有暴力内容的（例如填字游戏）；而男生们玩的都是沉浸式的第一人称射击游戏，用的是游戏机或者台式电脑，带键盘有鼠标，而且会在游戏上面花上多得多的时间。有些记者试图让人们相信女性跟男性一样痴迷于各种游戏，但这实际上是一种误导。那个 1 万小时的数字是年轻男性和女性汇总的平均时间，因为实际上男性打游戏的时间大概是女性的三倍左右，所以到 21 岁的时候，这个时间更可能是男性 14 400 小时，女性 5 600 小时。另外，在青春期阶段，女孩打游戏的兴趣会逐渐减弱，而男生却是与日俱增[6]。

此外，跟色情片的情况差不多，在游戏的制作者、花钱买游戏的玩家和游戏大赛的参与者里面，男性都远多于女性。年轻男性也比女性更有可能拥有自己的游戏机（男性比例为 91%，而女性是 70%）[7]、在自己的卧室里有电脑（男性 62%，女性 49%），继而花较少的时间在阅读书籍和学习任务上，而有更多的时间面对屏幕做其他事情[8]。

2010 年，游戏《使命召唤：黑色行动》（*Call of Duty: Black Ops*）面市，仅

仅在其发布之后的第一个月里，玩家们就花了一共 68 000 年的时间在上面[9]。2012 年，《使命召唤：黑色行动 2》发布，在头 24 个小时里的销售额就高达 5 亿美元。2013 年，为了满足游戏迷们对于历史上最有争议的系列游戏之一——《侠盗猎车手 5》（*Grand Theft Auto 5*）的狂热需求，北美地区的 8 300 多家游戏零售店都在午夜开门营业，第一天的营业额就高达 8 亿美元[10]。只用了三天，《侠盗猎车手 5》的销售额就超过了 10 亿美元，比历史上任何电影的票房都要快，就连《哈利 · 波特》系列电影和《阿凡达》也不是其对手[11]。

2013 年，包括智能手机、平板电脑的整个游戏产业的销售额是 660 亿美元，比 2012 年增加了 30 亿美元[12]。比较一下，2013 年美国教育部的年度可支配预算也就是 688 亿美元[13]，而整个美国出版业 2010 年的年度净销售额只有 279 亿美元[14]。《游戏密探》（*Game Informer*）是一本提供有关电子游戏的新闻、攻略和评论的月刊，2013 年它的发行量在全美排名第三。比它发行量还大的只有《美国退休人员杂志》（*AARP The Magazine*）和《美国退休人员公告》（*AARP Bulletin*）[15]，两个通常针对老年和退休美国人免费发行的杂志。

1981 年，因为在游戏厅的街机游戏《防御者》（*Defender*）上打出了世界纪录，来自美国伊利诺伊州的 15 岁小伙子史蒂夫 · 由拉泽克（Steve Juraszek）一夜成名，他的照片登上了《时代周刊》。他一口气整整玩了 16 个小时[16]。今天的游戏已经不仅仅要求玩家技艺高超，挑战的还有打持久战的身体极限能力。有些玩家登峰造极，例如乔治 · 姚（George Yao）曾经连续 48 小时都在玩网络游戏，诸如《部落冲突》（*Clash of Clans*）之类。为了持续打游戏并且保持排行榜第一名，姚甚至把平板电脑套上塑料套子，带着它去淋浴[17]。

还有着更多人（大多数都很年轻）在一个游戏上花上几千个小时，为的就是成为“职业玩家”，并且在各种竞争极为激烈的电视锦标赛中争夺上百万美元的奖金[18]。游戏马拉松实际上已经司空见惯，人们甚至为那种不间断打游戏到第三个晚上时因为睡眠剥夺导致的恍惚状态起了个专门的名字：死亡谷（Valley of Death）[19]。对于普通玩家而言，一口气玩上16个小时只不过是又一个习以为常的周末而已，绝大多数家长连眉头都不会皱一下。三分之二的儿童和青少年都报告说，他们的家长对自己花在网络或者媒体上面的时间“没有规定”，并且大多数孩子在熄灯时间过后都会用便携设备继续打游戏[20]。

加州大学洛杉矶分校的睡眠研究实验室提出，青少年如果想要保证第二天精力充沛、注意力集中，至少需要每晚9小时的睡眠[21]。这和实际生活中他们的睡眠时间相去甚远。在2014年美国国家睡眠基金会的全美睡眠调查中，父母们估计他们13~14岁的孩子每晚大概睡眠7.7小时，而15~17岁的孩子是7.1小时[22]；这些数据可能都高估了孩子的实际睡眠时间，因为孩子们自己都会说他们在上床时间过后其实并没去睡觉。有意思的是，睡眠缺失经常被和注意力缺陷多动障碍搞混，因为两者的症状极为相似；因而有不少十几岁的孩子们被认为是注意力缺陷多动障碍，实际上他们是存在睡眠问题[23]。与卧室里没有电子产品的孩子们相比，屋里有一件电子设备的孩子们平均每天要少睡眠一个小时[24]。

一位爱尔兰的教师科林·金尼（Colin Kinney）发现一些学生彻夜玩游戏，等到白天来上课的时候根本没法集中注意力，到了“还不如不来”的地步。他接着补充说：“我也曾经跟一些幼儿园老师讨论过，他们对于这样的状况非常担心：今天的儿童能够在屏幕上指指点点，但却几乎不能摆弄任何积木之类的玩具；或者有很多孩子不会交朋友，但是他们的父母却对自己的孩子能熟练地摆弄智能手机或者平板电脑而感到自豪。”[25]我们这里说的是处于幼儿园年龄的孩子，他们只有三到五岁！

这种问题一直延续到青春期之后。《休闲研究》（*Journal of Leisure Research*）上发表的一篇文章发现，在夫妻双方只有一个人打游戏的 349 对夫妻里面，84% 的情况是丈夫是游戏玩家。在两口子都打游戏但是一个比另一个玩得多的夫妻里面，73% 的情况是丈夫玩得更多[26]。

早在 20 世纪 80 年代早期，杜克大学的研究者们开始对一些即将成婚并且刚开始痴迷于电子游戏的男性进行了追踪研究。他们观察到这些男性打游戏的时间增加了四倍——其中一个人让他的未婚妻在约会的时候看他打游戏，另一个人就为了多打几个游戏居然推迟了蜜月假期。研究者们作出推断，对这种"《太空入侵者》（*Space Invaders*）上瘾症"而言，婚姻本身既是病因也是良药。他们写道："试图全面占领'基地'的外星侵略者被打得溃不成军，这一情节有着象征性的意义。"[27]

现今，互联网上有"电游寡妇"的互助小组，电游玩家的伴侣们在里面互诉衷肠。大型多人在线游戏（massively multiplayer online games，简称 MMO）都特别附骨吸髓，因为人们在虚拟世界中可以尽情做任何自己想做的人，获得容貌、接纳、财富、地位，以及那些在现实生活中对多数人来说只有付出艰辛努力、获得高水平教育并且具有良好社会资源才能获得的东西。"他们不光是相貌出众而已，"一个电游寡妇说，"他们是'更美好的'人类。"[28]

即便电子游戏的初衷可能是为了鼓舞玩家，让现实生活变得更美好，它们现在却被用来代替真实生活，并且有太多的年轻小伙子正在这个越来越变幻万千魅力无穷的虚拟世界中迷失自己。如同一个十年"游龄"的玩家对我们说的："虚拟世界中提供的控制感和可预测性是怎么说也不为过的。在一个前所未有的复杂世界中，清爽简单的虚拟人生是个让人沉醉的世外桃源。"

MAN (DIS)CONNECTED 提要

- ♂ 数字设备正在占据人们的大部分时间，虚拟世界成为逃避复杂和艰难现实的世外桃源。
- ♂ 当你的孩子注意力缺失时，他很可能是因为过度打游戏而导致了睡眠问题。

05

像肉虫子一样过活：肥胖

超重现象现在俯拾皆是。我本来期望会有一些关于减肥的成功案例，但是在过去的三十年间，没有任何一个国家的肥胖程度是下降的。

——克里斯多夫·莫里（Christopher Murray），
华盛顿大学西雅图分校健康测量与评估研究所主任[1]

今天，美国的成年男性大概有 70% 体重超标[2]，三分之一属于肥胖者[3]。尽管有些国家的人不像另外一些国家的人那样肥头大耳，但肥胖确实已经成了全球性的问题。在澳大利亚、英国、加拿大、德国、波兰和西班牙，大约四分之一的男性过度肥胖[4]。所以说，我们面对的实际上是全球范围的传染病。

减肥运动声势最浩大的国家恐怕非美国莫属，可他们每次都是进一退二，自毁长城。令人啼笑皆非的大盘子大碗、家庭餐馆里的“吃到饱”（all you can eat）自助餐、几乎每个繁忙街角都有的汽车餐厅、太多久坐不动的工作、通勤模式的巨大变化以及城市化进程的加速，所有这些合在一起，就创造出了一个“胖人国”。不仅如此，美国的学校中每年要卖出4千亿卡路里的垃圾食品，相当于将近20亿根巧克力棒[5]。21%的小学、62%的初中以及86%的高中里面都安装了自动贩卖机，但是却只有20%的初中和9%的高中提供健康的零食[6]。

过去三十年间，成年人的肥胖率已经增加了一倍，而青春期肥胖的比率更是三倍于以往[7]。很多研究也早已证明肥胖是真正的杀手，会引发一系列导致寿命缩减的免疫系统疾病，譬如“成人”II型糖尿病。每个肥胖的儿童有三分之一的机会患上II型糖尿病（如果他们是西班牙裔，这个概率会上升至二分之一），同时也更有可能会患上心脏病、高血压以及某些类型的癌症[8]。疾病预防控制中心（Centers for Disease Control and Prevention，简称CDC）注意到，这种趋势在男孩们的身上尤为明显，而那些最胖的孩子还在渐渐变得更胖[9]。

这在美国已经成为一个非常紧迫的问题了。《陆军时报》（*Army Times*）曾经这样描绘适龄入伍的青年人：“他们的健康程度难以符合征兵的要求——大多是因为他们的身体变得一团糟。”[10]根据美国国防部五角大楼的最新数据，全美17~24岁的年轻人中有三分之一因为身体和医疗的原因不符合军队的服役标准。另外，如同国防部军籍管理主任柯特·吉尔罗伊（Curt Gilroy）所说：“这是显而易见的事实，孩子们现在连俯卧撑都做不了了。他们做不来引体向上，也跑不动。”[11]

然而，肥胖只是冰山一角。当男性体重增加的时候——这里说的是不良增长，也就是增加的是肥肉而不是肌肉，他们的新陈代谢就会发生变化，导致体内的激素水平下降，继而把他们变得不论在社交上还是性方面都软弱无能。男人越是强大，其体内产生的睾酮就会越多，继而就会增加他的力比多（性驱力）[12]。布法罗大学（University of Buffalo）的研究者们最近在研究中确证，肥胖男性体内的睾酮水平较低，并且当男性的激素水平下降的时候，除了会导致不育之外，另一个明显的损失就是床上表现不佳。这个研究显示，有 40% 的肥胖男人睾酮水平异常低下[13]。肥胖还会引发 II 型糖尿病，其明显症状之一就是血管中的血流量受到限制，尤其是睾丸和阴茎中那些细小的血管。而这些血管中的血流丰沛是男性勃起的先决条件。这种肥胖和睾酮下降的组合还导致了一个不良后果，就是雌激素的增加。男性身体在自然状态下只会产生非常微量的雌激素，而雌激素水平过高会导致阳痿和不育[14]。这简直就是在男人胯下连踢两脚！

在过去几十年间，青年人的体育活动显著减少，而紧盯屏幕的时间大大增加。孩子们原本花在体育活动甚至是睡眠上的时间都被大量久坐不动的活动挤掉了，包括没完没了地吃零食、在餐桌上大吃大喝，还有就是坐在电脑或者电视屏幕前。那些夜以继日打游戏而不好好睡觉的男孩，是将来肥胖的高风险人群[15]。

儿时的喜好大多会伴随我们的一生，胖孩子长大成人之后往往也会是个肥胖者，儿童年龄越大，这个可能性也就越高[16]。自然而然，哈佛医学院的特殊健康报告中也指出，那些不去体育活动而总是看电视或者打游戏的孩子们长大后也多数久坐不起，很少活动[17]。所以好几个研究都发现儿童“看屏幕时间”和体重超重之间的普遍性的正相关关系也就不足为奇了[18]。总而言之，久坐不起的生活方式对男性而言绝不仅仅是非常不健康的，还会导致其他很多严重问题，甚至缩短他们的寿命。

MAN (DIS)CONNECTED

提 要

- ♂ 屏幕前久坐的现象越来越多，肥胖已经成为全球性的问题。
- ♂ 肥胖是健康的大敌，会引发一系列疾病，还可能导致阳痿和不育。

06

把爱情交给色情网站：性欲滥用

我遇到的问题同那些第三世界难民来到美国郊区之后第一次进到超市里所遇到的问题一样。面对一堆品牌各异但是实际上都一样的番茄酱，他们不知所措。因为生怕选错东西，他们陷入了一种持续浏览的状态而难以自拔。现在请你想象一下，如果番茄酱能让你勃起的话，面对同样眼花缭乱的选择会有多么艰难。

——乔尔·斯坦（Joel Stein），《花花公子》撰稿人[1]

早在 1996 年，一个名叫彼得·莫利－苏特（Peter Morley-Souter）的小伙子绘制了一个连环画情节，里面描绘了当他看到他最喜欢的一对卡通人物凯文和霍布斯①同凯文的妈妈发生性关系的时候，那种难以名状的震惊心情。他觉得如果连凯文和霍布斯这种儿童画角色都可以制作成色情片的话，那么就没什么题目做不出黄色内容了，于是他用大写字母在连环画里面写了行标语："互联网定律第 34 条：任何事情都有其色情版本。"[2]我们很确信网络色情片是虚拟快感的超市。尽管最流行的 5% 的影片标签实际上包含了 90% 的片子内容，某著名

---

① 《凯文的幻虎世界》（*Calvin and Hobbes*）是一部儿童漫画，讲述男主角凯文和他的布娃娃老虎霍布斯游戏的情景。——译者注

色情片网站还是编纂了超过 7 万条标签，让用户们能更方便地发现符合他们特殊口味的不常见内容[3]。今天的互联网越来越充满了各种限制级图片和视频，“只有你想不到的，没有互联网色情里没有的”，这个观念看来越来越真实。事实上，我们确信网上存在的有些色情内容是一般人这辈子也想不出来的。

1997 年，也就是在万维网（World Wide Web, 即 www）诞生仅仅 6 年之后，就出现了大约 900 个在线色情网站[4]。稍后到了 2005 年，有将近 13 500 部完整的商业色情片投放市场，而与之相比，好莱坞在同一年只发布了 600 多部影片[5]。今天，上百万家公司和分销商在互联网上直接生产色情影片，数目多到根本无法精确统计。2013 年一年中，网站 PornHub 就有 150 亿访问量，也就是说整整一年里每小时都被访问 168 万次[6]。试试看在谷歌上搜索“porn”（色情），你会得到成百上千万的结果，其中位于搜索页面第一页的全是提供免费色情视频的网站。

很多视频网站都在针对男性大脑进行量身定制，提供了无穷无尽的视觉刺激，形形色色种类纷繁，任何时候的暂停、快进都方便之极。PornHub 甚至提供了一个名叫“PornIQ”（色商）的工具，可以根据每个用户的特定偏好生成播放列表[7]。

今天，三分之一的男孩都可以被认为是“重度”的色情片观众，看过的色情片多得自己都数不清[8]。2013 年，英国 6~14 岁儿童访问量最高网站的排名中，PornHub 排名第 35 位[9]。一个调查问卷显示，英国的男孩们平均每周用将近两个小时观看色情内容。被认为是“轻量级”色情片观看者的年轻男性中，三分之一的人每周看黄片儿少于一小时，而那些在调查中被认为是“重度”色情片爱好者的男性中（在被调研的人中只是一小部分），五个人里就有四个每周看黄片儿的时间要超过 10 个小时[10]。在美国的调查也呈现了非常类似的结果[11]。要知道 PornHub 的主要使用者是 80 后，他们平均每次访问时长是 9 分钟，所以看似不多的每周 1 小时，实际上等于是每天都看一次[12]。尽管色情片观看的最常见时间是每天晚上 11 点到午夜[13]，三分之一的“轻度用户”都报告说他们曾经因为情不自禁地在色情片探险中浪费了时间，导致失约或者重要工作没能按时交付[14]。

一个新名词“淫迟”①浮出了水面，意思是通过手淫的方法拖延。再加上全美国乃至全世界范围内对网络色情片难舍难离的年纪更大些的男性们，已婚的男人们和生意场上的老板们，在办公室、在家、在酒店里，无处不寻欢。酒店通常也都会在用餐或者约会、会议前后通过他们的成人电视或者“深夜”频道来提供不限时间不限量的色情片“特价大放送”。

这些人能把浪费的时间补回来吗？这取决于这个人观看色情片的数量，以及他对于媒体刺激的受影响程度。一个在比利时进行的针对青春期男孩的研究发现，频繁观看网络色情视频严重降低了学业成绩。研究者们发现跟同龄的其他男孩相比，那些青春期提前的男孩以及在“寻求感官刺激”项目上得分更高的男孩，看过更多的色情内容。

色情内容挤占其他活动的绝不仅仅是时间，当一个人完全沉浸在某种提供高度快感的活动（譬如看黄片儿）中的时候，会出现一种“认知吸收效应”：当认知、感官和充满想象力的好奇心被刺激得异常兴奋时，会导致男孩们完全感觉不到时间流逝，其他的注意力需求也会被压制。根据心理学家多尔夫·齐尔曼（Dolf Zillmann）和唐·伯恩（Donn Byrne）提出的兴奋转移模型（excitation transfer model）以及性行为影响假说（sexual behavior sequence），研究者们也认为色情刺激冲动带来的高度兴奋状态以及“永不休止”的行为，可能会损害那

① Procrasturbation，是 procrastination（延迟、拖延）和 masturbation（手淫、自慰）两个词的组合。——译者注

些需要长时间持续集中注意力的活动。我们需要对这个很有潜力的理论投入更大的研究力量[15]。

青春期男孩们花大量时间观看网络色情内容的另一个后果，就是他们开始把自己的女朋友当成性对象来看待。年轻女孩们很普遍的感觉是："男孩们就想着让我们做那些他们在黄片儿里看到的色情女郎们做的事情。"[16]其后果就是，如同 TED 上的活跃演说家、《爱而不淫》（*Make Love Not Porn*）的作者辛迪·盖洛普（Cindy Gallop）所说，年轻男性不理解两情相悦的性爱和重演色情片之间的区别[17]。东伦敦大学（University of East London）进行的一项调查显示，16~20 岁的年轻男性中有五分之一的人会说他们"在真实的性生活中需要依靠色情片带来刺激"[18]。长期观看色情片的人们报告他们的性偏好发生了变化[19]，对亲密关系更少感到满足[20]，以及出现了一些真实生活中的亲密和依恋问题[21]。

色情文化对于浪漫关系的侵蚀被视为"约会启示录"（dating apocalypse）[22]。约会行为已经开始消亡，现在十几二十岁的年轻人更喜欢用在线交友应用譬如"Tinder"（类似中国的"陌陌"），就像他们看黄片儿一样。用户们会浏览本地其他在线用户的照片，不感兴趣就向左翻，直到看见足够有吸引力的人，然后他们就会"向右翻"（表示感兴趣）。如果对方也在他们的页面上"向右翻"，他们就会相互发几个信息，找地方见个面，然后上床。当然，大家都会不停地翻来翻去，以寻找更好的选择，就像一个老兄说的："总会有更好的。"另一个用户把这种行为类比为在线订餐："只不过你订的是个大活人。"[23]对他们来说，女人已经不再是需要用心交往的对象，而是随机获取的猎物了[24]。

公共政策研究院（Institute of Public Policy Research，简称 IPPR）最近抽样调查了 500 名青少年，其中三分之二的男孩和四分之三的女孩都提到他们认为色情片让大家对性的态度变得非常脱离现实。三分之二的男孩和女孩相信色情片会令人上瘾，62% 的男孩和 78% 的女孩认为色情内容对人们对于性和亲密关系的观念有消极影响。最发人深省的恐怕是有 77% 的男孩和 83% 的女孩认为“年轻人很容易不经意地就在网上碰到色情内容”，并且对于那些认为看色情内容是同龄人司空见惯的行为的孩子来说，大概三分之二会说 15 岁年纪开始看黄片儿再正常不过了[25]。

我们认为，对于从未有过真实生活中的性经验的年轻人来说，自己躲起来大量观看色情内容的负面影响比起对成年人而言要大得多。为什么呢？他们会认为性仅仅是一种身体活动，一种生理器官的机械摆弄和对接，没有浪漫、情感、亲密、沟通，或者是商榷、分享，甚至连爱抚和亲吻都是多余的。性变成了一件毫无人情味的“事儿”，而对男性来说，最好的性伴侣变成了一个在“办完事儿”之后没有任何情感连接或者感情纠葛的“物件”。年轻人第一次发生性关系的平均年龄是 17 岁[26]。如果一个普通年轻人从 15 岁开始每周花两小时看黄片儿，那就意味着在进行第一次真正的性行为之前，他已经看了将近 1 400 个色情片段。那么他会如何定义正常的性呢？成年人当然更可能知道色情片是对真实生活中的性的夸大，而有的年轻人会认为他们在色情片里看到的才是实实在在的性，甚至是他们需要努力达到的境界。如同一个大男孩告诉我们的：“色情片的初衷是让梦幻走进生活。”

与此同时，还存在着另一个脱离现实的方面，以及不可避免的消极社会比较：色情片的演员们可都是相貌身材出众的靓丽形象，并且一个个龙精虎猛，可以持续长时间的性高潮。如同我们后面将要讨论的，一次又一次地看到色情男星们显示他们傲视群雄的巨大阴茎，不仅能够即刻勃起，并且在高潮之后依然金枪不倒，这对于年轻的男孩们来说可不是什么好事。

最后，不采取保护措施的性行为现在越来越普遍了，从口交到肛交；还有就是各种稀奇古怪的“布置”阴茎、阴道、乳房和嘴巴的方法。色情本来是个梦幻世界，而非写实的教材。但是如果没有关于真实世界中性生活的良好教育，一些在色情片里看似轻而易举司空见惯的性活动就有很大可能误导孩子们。澳大利亚伯内特研究所人口健康中心（Burnet Institute's Centre for Population Health）新近进行的一个性研究就发现，每个星期都看色情片同过早的性行为、不正确地使用避孕套、色情短信以及肛交之间有着非常显著的相关[27]。1992 年的时候，在美国 18~24 岁的女孩中只有 16% 说她们尝试过肛交。今天，18~19 岁的女孩中至少五分之一都有过肛交，20~24 岁的女孩中这个比例是 40%[28]。很多情况下，年轻人都认为如果是肛交的话不用避孕套也很安全，因为肛交几乎不可能导致怀孕[29]。但是他们往往不知道，通过肛交染上性传播疾病有多容易。如此这般，15~24 岁的年轻人中有一半到 25 岁的时候都会染上某种性传播疾病就显得不足为奇了[30]。

MAN (DIS)CONNECTED

提 要

- ♂ 互联网使得免费色情内容唾手可得，很多人成为“重度”色情片观众。
- ♂ 从未有过真实性经验的年轻人大量观看色情内容的负面影响比成年人更大，色情片会扭曲他们对性爱的理解和自身性能力的认知。

随时飘飘欲仙：药物成瘾

在小学一年级的时候我被诊断为注意力缺陷多动障碍，然后我马上就开始服用哌甲酯。这个诊断日复一日地影响着我的社交和学习轨道。

——我们调查中的一个男生

麻省理工学院的教授约翰·加里布埃利（John Gabrieli）和他的研究团队发现，治疗注意力缺陷多动障碍的药物如果用在正常儿童身上，也能够起到跟对患儿一样的效果，提高他们的专注程度和学业成绩[1]。因而，当有的人服药之后效果良好——行为表现更好、注意力更集中、成绩更好的时候，这些人未必真的患有注意力缺陷多动障碍，然而还是有很多的父母和医生都在用这些提升来作为孩子们患病的证据。

但是如果这些药物能让孩子们学习更好，那又何妨呢？关键是，尽管孩子们确实在服药之后表现更好、更加易于管理，但哪怕仅仅是为期一年的服药都有可能导致他们的性格变化。原本友善、活泼、喜欢探险的男孩们会变得懒惰、易怒。孩子们也有可能从此认为靠吃药可以解决生活中的很多问题。

哈佛医学院的威廉·卡尔泽（William Carlezon）教授和他的同事们最近提出，对年幼的实验室动物使用兴奋剂类药物——也就是那些给注意力缺陷多动障碍儿童使用的药物，会导致这些动物们在成长过程中出现驱动力减退的表现。它们看起来很正常，但是实际上异常懒惰。它们不愿意费力气做任何事情，甚至在险恶环境里都懒得逃跑。这些研究者们认为这种情形也会在人类的孩子们身上出现。儿童们在服药的当时和过后可能看起来一点儿问题都没有，但是当他们长大成人之后，却不会像从未使用过这些药物的儿童那样有动机和驱动力。所以我们曾经在第 2 章里提及的那种淡漠懒散，可能会在这些随着药物一起成长的新一代长大成人之后愈演愈烈。

心理学家和家庭医生伦纳德·萨克斯（Leonard Sax）在《浮萍男孩》（*Boys Adrift*）中写到，兴奋剂类的药物似乎会损害大脑中一个称作伏隔核①的区域，而这个区域负责的就是把动机和欲望转化成具体行动。如果一个男孩的伏隔核受到损伤，他仍然会感到饥饿或者性刺激，但是却没有驱动力去真正地有所行动。与萨克斯素不相识的美国和欧洲另外一些大学中的研究者们发现，即便是非常短时间低剂量地对实验室动物使用这类药物，也会造成伏隔核的永久损伤。萨克斯在书中写道：

> 有个非常令人不安的研究，由来自塔夫茨大学（Tufts University）、布朗大学和加州大学洛杉矶分校的研究者们联合进行。该研究记录了伏隔核和个人动机之间的近乎线性的相关关系。伏隔核越小，这个人就越有可能冷漠、缺乏动力。研究者们强调，冷漠和抑郁截然不同。一个小伙子完全可以毫无动机地生活着，同时感到非常快乐和安宁。[2]

他只是会游手好闲或者什么都不想做，就想赖在沙发上做个大懒虫。这跟现今美国年轻男性的情况尤其息息相关，因为将近 85% 的兴奋剂类药品处方都

---

① 伏隔核（nucleus accumbens）被认为是大脑中的“愉悦中枢”。——译者注

是开给他们的[3]。

服用兴奋剂的一个副作用就是感觉紧张和焦虑。那么有什么好办法减弱这些副作用呢？抽一支大麻然后就飘飘欲仙了。大麻在最近十年间在美国越来越受欢迎[4]，好多年轻男性都在抽大麻，无论他们有没有服用兴奋剂类的药物。

但是就连大麻也与时俱进今非昔比了。过去三十年间，大麻的劲道越来越厉害了。1983 年的时候，大麻中的四氢大麻酚（THC，大麻中使人产生幻觉的成分）平均含量大概是 4%；但是到了 2008 年，四氢大麻酚的含量就达到了 10%；人们预计未来十年间这一含量还会继续升高，达到 15%~16%[5]。在娱乐自用大麻合法化的科罗拉多州，大麻叶的四氢大麻酚平均含量是 18.7%，有的种类甚至达到 30%[6]。

2011 年荷兰政府宣布，高浓度的大麻叶（四氢大麻酚含量达到或者超过 15%）和可卡因、迷魂药（Ecstasy）一起，被列入高强度药物分类[7]。重新分类的一个原因可能是高浓度的大麻叶会明显损伤人的执行功能和运动控制能力[8]，包括各种规划、记忆、注意、问题解决、言语推理和抗拒诱惑的过程。代代相传，大麻已经变成了一种不同以往的药物，渐渐变得害大于利了。

更让我们担心的可能是年轻人开始玩人工合成大麻了——用一些化学品喷洒在搅碎的植物叶子上来吸食，模拟四氢大麻酚的致幻效果。这些被叫作 K2 或者“辣子”（Spice）的毒品可以做得非常有劲儿，效果有时候出乎意料，并且价格低廉，很容易在便利店或者网上买到①，而且普通的毒品测试不太容易将其查出来。尽管越来越多的高中生开始意识到这些东西危险的副作用（可能引

① 美国毒品管理局（Drug Enforcement Agency）自 2011 年开始，宣布持有和销售人工合成大麻为非法行为。自此以后到 2014 年，高中生吸食它们的比例从九分之一降到了十六分之一。

起急性精神错乱或者心脏病发作），还是有十六分之一的人会冒险去尝试。这些毒品在市场上被标记为比其他毒品和药物更加“自然”或者“安全”，但事实远非如此[9]。

让我们再次谈谈面对诱惑的问题。人生当然充满了危险而刺激的诱惑。“让我们不会沉迷于诱惑之中”是基督徒常用的祈祷词。那些削弱人们抗拒诱惑能力的东西会把人引向当前的享乐而不是未来计划。津巴多关于时间心理学的研究揭示了享乐主义的现在时间导向（present-hedonitic）的人在面对所有导致成瘾的物质和活动的时候都非常脆弱[10]。这是因为被这种时间观所支配意味着你会持续寻找新奇事物和高强度的感官刺激①。

你所有的决策都会是只顾眼前的，只关心自己现在的感觉、别人当前的言行，以及诱人事物的外形、气味或者味道。你不会像那些未来时间导向的人一样考虑将来的风险和成本。也就是说，当你见到喜欢的东西，就会“勇往直前”，尽情品味、恣意享受——然后你就会对它产生依赖。这就是活生生的成瘾行为。

一个大一男生对我们讲了一个现在越来越常见的故事：

> 在小学一年级的时候我被诊断为注意力缺陷多动障碍，然后我马上就开始服用哌甲酯。这个诊断日复一日地影响着我的社交和学习轨道。我的父母和老师们永远都会说我聪明伶俐，但是我觉得难以置信，因为我不是惹是生非就是需要被单独辅导。中学对我来说尤其乱七八糟，因为我转学到了一所高端私立学校。我的学习成绩一团糟自不待说，从刚刚开始的第一天一直到高一学年结束的时候，我每个学期都会被留校察看，不是因为成绩太差，就是因为寻衅滋事。不仅如此，不论是在学校还是外面，我总会惹事上身。

① 这跟佛教修行中的“关注当下时刻”是截然不同的概念，请勿将两者混淆。佛教的当下概念强调正念和不带评判地聚焦于自身的情绪、思维和感受。

他补充说自己那时候抽了不少的大麻，在学校里这是司空见惯的事情。

在本书的第一部分里，我们只是粗略描述了“冰山之一角”，探究了一些症状，我们认为这些都是年轻男性面对伤害而作出的挣扎，包括埋头于电子游戏和网络色情片之中、过度依赖处方药品和非法毒品、缺乏动机和驱动力、社交和性方面的种种困难，以及不健康的生活习惯。我们相信这些症状是由很多错综复杂的原因共同引发的，在第二部分里我们将会进行深入的探讨。

MAN
(DIS)CONNECTED
提　要

- ♂ 兴奋剂类药物虽然能带来良好的学习表现，但也可能摧毁孩子积极进取的性格。
- ♂ 新型大麻浓度不断提高，对人体的伤害越来越大。
- ♂ 滥用药物会削弱人们抗拒诱惑的能力，把人引向当前享乐而不是未来计划。

MAN (DIS)CONNECTED

P A R T 2

原因

08

父亲的缺失

一个孩子儿时看到的风景，是他未来成年之后所看到的一切世界的底色。

——华莱士·斯特格纳（Wallace Stegner），历史学家、小说家

今天，年轻男性所生活、学习、成长乃至和女孩谈恋爱的物理环境和人际环境都跟以前不可同日而语了。如果我们能够更细致深入地考察一下今天多姿多彩的世界和小伙子们在其中被塑造成了什么样子，可能就会更好地理解本书第一部分所提及的各种数据到底意味着什么了。在这一部分，我们会深入考察影响这些年轻男性思维和行为的主要环境因素和系统因素，包括文化变化，社会期许，以及学校、家庭乃至同龄人中间所发生的变化。

在整个人类历史长河中，绝大多数人都生活在几世同堂、由多个家族组成的群落之中，所以不管孩子们是否心甘情愿，他们总是在成年人的包围之中。在这样的家庭图景中，必然会有爸爸、妈妈和其他的看护者们出现：兄弟姐妹、祖父母、叔叔舅舅、姑姑姨妈，乃至堂表兄弟姐妹。然而时至今日，学校教室里的师生比率通常是 1 个老师带 20 个学生[1]，家里面一般也都只有一两个成年

人，同时亲戚们也大都住得很远，孩子们跟成年人建立高质量关系的机会真的是少之又少。今天，美国一般家庭的平均人口数是 3 个或者更少[2]。不仅如此，在这些越来越小的家庭里面，成员之间相聚的时间也是越来越少，尤其是高质量的时间，譬如大家围坐在一起从容地享受一顿家庭晚餐。《爱的教养》（*Born for Love*）的作者马娅·萨拉唯兹（Maia Szalavitz）和布鲁斯·佩里（Bruce D. Perry）指出，这种丰富关系的缺失对我们文化中关爱他人的能力产生了消极影响。

当我们还是婴儿的时候，我们依赖自己的主要看护者（首选是妈妈，其次是爸爸）给我们清洁、喂饭，保障我们的平安。换句话说，是父母在调节我们的压力水平，直到我们可以自我调节为止；而他们对于压力的应对方式，必然会影响我们的应激发展。我们在最早期和妈妈的互动模式将成为未来如何跟人类接触的一种模板。但是近些年来出现了一些问题：现代化生活让我们的妈妈们始终处于压力和紧张之中。如果妈妈自己很紧张而且得不到抚慰的话，显然她给自己年幼的孩子提供持续安抚和慰藉的能力就会大打折扣。

不仅如此，压力会被社交系统所调节，大脑中负责人际关系和控制应激反应的区域实际上是相同的。这两种功能共同发展，因而应激系统如果出现发展问题，同样也会殃及人际和情绪功能，反之亦然[3]。

过去的几十年间，美国未婚女性的生育率从 1980 年的 18% 稳步上升到了 2012 年的 41%[4]。30 岁以下的女性养育着整个儿童人口的三分之二，而她们成为未婚妈妈的比例是 53%。很多未婚女性在生孩子的时候是跟伴侣同居的，但是这种关系的解体速度是婚姻关系的两倍，其中三分之二会在孩子长到 10 岁之前分手[5]。总体上，有大概三分之一的男孩是在没有父亲的家庭里长大的[6]。

现在有这么多的孩子出生在单亲妈妈的家庭，那么谁来照顾这些年轻不谙世事的妈妈呢？谁又来抚养这些孩子呢？当这些孩子长大有了自己的孩子之后，他们又该怎么应对这些压力呢？更成问题的是，随着人均寿命的增加，生活在养老机构中的高龄亲属越来越多。谁能负责定期探望他们，帮他们处理生存问题，甚至是最基本的法律和财务事项呢？通常这些责任是由他们的女儿来承担的，也就是那些已经压力重重的单亲妈妈。她们不得不面对这个新的挑战，需要关照自己亲爱的父母，看着他们日趋衰老、饱受失去记忆的折磨，并且不再有能力给予自己长大成人的女儿任何的慈爱。

晚餐桌曾经是每个家庭围坐畅谈，分享体验、观点、价值和其他事情的地方。但是今天这似乎已经成为了一个古老传统，人们说得多做得少了。二十五年前，报纸《今日美国》（*USA Today*）针对人们感到愈演愈烈的“时间碎片化”（time crunch）作过一次社会调查，其中有个让人警醒的发现：每五个家庭中有三个都会说，跟五年前相比今天的生活太急躁，他们现在根本没时间享受家庭生活，比如全家定期一起聚餐[7]。

今天，有大约半数的青少年报告自己经常能够在家和父母一起吃晚餐[8]。根据美国国家毒瘾及药物滥用中心（National Center on Addiction and Substance Abuse）的报告，跟每周能有 5~7 次家庭聚餐的孩子们相比，那些不能频繁在家和父母一起吃饭（每周少于 3 次）的青少年抽烟的可能性高出四倍，喝酒的可能性高出两倍，吸食大麻的可能性高出两倍半，同时在未来使用毒品的可能性也高出将近四倍[9]。

没有榜样，无法信任

尽管远非家常便饭，在 20 世纪早期，美国人之间相互信任的程度还是非常高的，甚至有些家庭会把他们的孩子贴上邮票通过美国邮政局“邮寄”到另一个地方（通常是他们的亲戚家里）[10]。时过境迁，今天我们甚至都不敢信任请来的临时保姆，大家会把“保姆监控摄像头”买回家藏在毛绒玩具或者闹钟里面，以便监视当自己不在家的时候孩子是如何被“关照”的[11]。

相信“大多数人是值得信任的”的人的比例从1960年的55%骤降到了2009年的32%，也就是说大多数美国人现在把自己的同胞视为不可信赖的人[12]。尽管从人口总量的数字上看有所增加，在2012年的皮尤社会趋势调查（Pew Social Trends survey）中显示，只有19%的80后认为其他人是值得信赖的[13]。这种信任程度下降的源头包含了媒体对于腐败案例的突出报道、政客们的谎言和狡诈、不可信的目击证词、贫富差距拉大之后社会底层心态的改变、名人丑闻以及其他公众人物信誉的崩溃，等等。

还有一些原因需要我们去深入探讨，那就是来自于人们自己亲眼得见和亲身体验的第一手经验。哈佛大学公共政策马尔林讲座教授罗伯特·帕特南（Robert Putnam）在《独自打保龄》（*Bowling Alone*）一书中这样解释道：

> 几乎在所有的社会当中，“无产者”总是不如“有产者”信赖他人。这大概是因为身有长物的人们会被他人更为诚实和尊重地对待。在美国，人们信任他人的程度黑人低于白人，一贫如洗的人低于有家有业的人，大城市里的人低于小乡镇上的人，曾经被犯罪行为伤害或曾经离过婚的人低于从未有类似体验的人。[14]

我们觉得离婚率在很多国家居高不下尤其令人揪心，因为离婚造成的破坏性影响从来都不是孤立的，有的时候影响太过潜移默化，我们甚至难以觉察。举例而言，当心理学家和婚姻专家约翰·戈特曼（John Gottman）研究了处于不和谐婚姻关系里的人和离婚人士的血液样本之后，发现他们的免疫系统被抑制，白细胞数量下降，这导致这些人在面对传染性疾病的时候抵抗力更弱。当检验生长在不同家庭环境中的学龄前儿童的血液样本的时候，他在来自于父母之间敌意较深的家庭环境中的儿童身上发现了应激激素①水平长期增高的现象[15]。

1969年，加利福尼亚州州长里根颁布了美国第一个无过错离婚法令，让需要离婚的夫妇们不必再提出自己结束婚姻的缘由。其他各州也纷纷加入了这个阵营，到1980年，离婚率比1960年上升了一倍以上[16]。今天，美国所有初婚的夫妇中过半都会在“死神把我们分开”（最标准的美国结婚誓词）之前各奔东西，而这些离婚有半数以上会在七年之内发生[17]。

全球范围内的其他国家亦是如此。英国也同样允许无过错离婚，48%的孩子会在16岁之前亲眼看到自己的父母离婚[18]。在中国，正在申请离婚的夫妻的人数甚至超过了准备喜结连理的情侣。中国的整体离婚率并不算高，但是也处于连年上升之中，而且多数的离婚都来自于大城市[19]。即便是像波兰这样很传统的天主教国家，离婚率本来比宗教信仰较弱的周边其他国家要低，最近几年也有显著的上升——每三对夫妻中就有一对以分手告终[20]。

一位波兰母亲看到了离婚是由诸多当代社会现象所引起的，她这样写道：

> 家庭的“解体”和人际关系的不稳定只是沧海一粟。很多单亲妈妈既面对着得不到任何来自男性伴侣的帮助而独自抚养孩子的挑战，又有着养家糊口的经济压力，女权主义对这样的女性提供了过度保护。再加上那些无所不在、哗众取宠的媒体所树立的似是而非的道德样板，以及现在的年轻人前所未有的孱弱和不知所措……最好的例子就是我那30岁的失业儿子，他现在仍然逃避着自己的生活和责任。

离婚对每个人都很不容易。但是实际上最影响年轻人对于信任的感觉的，

---

① 应激激素亦称压力荷尔蒙，例如皮质醇。应激激素水平高，意味着一个人整体的压力水平和焦虑程度较高。——译者注

并非分离本身，而是父母们在这种情形下的所作所为。很多孩子对亲密关系和感情失去信心，是因为他们亲眼目睹了自己的父母变得情绪不稳定、行为不理性，有时候还会使用暴力。其实早在公开的战争之前，孩子们已经从曾经充满爱意的父母身上见到了很多的争吵、羞辱和其他消极的人际冲突。

这其实是很多孩子正在亲眼目睹的模式：一男一女不期而遇，坠入爱河，建立家庭，生儿育女，然后开始压力重重。孩子占据了世界的中心，夫妻之间渐行渐远，本就不顺畅的沟通变得愈加艰难。然后就出现了以损毁关系为代价的减压行为，比如家庭暴力、酒精或者毒品，还有就是情感或者肉体出轨。大家都不开心，紧跟着就是离婚。父母之中的一个或者两个人都在苦苦挣扎，身心疲惫，经济困难。孩子们看到并且卷入这样的情境难道不是非常可悲的事情吗？

今天很多全职妈妈都心怀怨怼：她们当然对生儿育女感到开心，但是却后悔自己放弃了事业，这样一来一旦离婚就会非常艰难，因为多年不工作后再次进入劳动力市场很不容易。1962 年的盖洛普民意测验（Gallup Poll）中，只有 10% 的母亲希望自己的女儿将来长大成人之后步入自己的（通常也是传统的）生活轨迹[21]。五十年后，事情并没有太多改变。当年的那些女儿今天大都有了自己的女儿，而这些年轻女孩从自己的妈妈这里得到的信息却自相矛盾：一方面她们说自己为了孩子可以放弃任何事情，另一方面她们又说事业其实比家庭更靠得住。的确有少数女性在现实生活中能够做到两全其美——至少以她们自己的标准而言。事实是，2012 年进行的皮尤研究调查揭示了这样一个现实：有工作的未婚妈妈比没工作的已婚妈妈更不幸福[22]。

离婚和成为单身父母所带来的压力和不快也传递到了女儿们身上，有时候会让她们浸泡在怨恨中长大。正如我们的调研中一位女性的陈述："我妈妈在（同我爸爸）离婚之后并没有振奋起来……他们离婚的时候我 15 岁，我觉得自己那个时候不再是一个小女孩，反而挑起重担成了一家之主，而我对于女性的观点因此而支离破碎。”

内疚是另一个在潜移默化中被传递的讯息。当妈妈们诉说如果她们选择了持续工作人生就会截然不同（更好）的时候，或者对女儿说希望她们不要重复自己的“错误”的时候，她们实际上是在间接地告诉自己的孩子们，他们的存在也是这个错误的一部分，并且孩子们妨碍了母亲本来在黄金岁月可能拥有的成就。继而，孩子们必然要按照妈妈的期望来成长，作为对母亲错误生下他们的回报。

母亲是我们一生中最重要的指导者之一，这些来自自己母亲的声音自然很有分量；再加上成堆名人母亲的形象，例如索菲娅·维加拉①、格温妮丝·帕特洛②、海蒂·克鲁姆③，都是被奉为全能冠军的“超级女人”，她们事业成功、家庭美满，一应俱全，而且看起来根本不像是四五十岁的人。两种情形交织在一起，让年轻女孩们感到焦虑而且困惑，最终会发现自己不仅绝无可能拥有一切，而且就连之前的期望或者梦想都遥不可及，剩下的就只有心灰意冷了。这些传递给年轻一代孩子们的信息的最大问题在于，它们侵蚀了那些建立相互信任关爱的关系所必需的深层信念。一言以蔽之，这简直就是离婚训练营。那些不全职工作的女儿们会感觉自己背叛了妈妈的愿望。而儿子们则看着自己的母亲，怀疑自己究竟有没有让女人快乐的能力：当父亲成为失败的榜样的时候，儿子又怎么能不铩羽而归呢？毕竟，每十个离婚申请中有差不多七个是女人率先提出来的[23]，而一个亲密关系的状态和方向在很大程度上也是由女人决定的[24]。

这个悲伤账本的另一边是所有那些父亲，他们眼睁睁看着自己的婚姻逐

---

① 索菲娅·维加拉（Sofia Vergara），哥伦比亚 41 岁不老女星，曾出演《摩登家庭》等。——译者注

② 格温妮丝·帕特洛（Gwyneth Paltrow），43 岁的美国电影明星，曾出演《莎翁情史》《钢铁侠》等。——译者注

③ 海蒂·克鲁姆（Heidi Klum），42 岁的德国模特和影视明星。——译者注

渐解体，最后就剩下一笔笔需要持续支付的赡养费和孩子的抚养金。只有大概10%~15% 的男性能够打赢抚养权的官司[25]，而且很多的男人最后会觉得自己终其一生在为背叛他的人打工。有的人甚至会因为无力支付孩子的抚养金而坐牢。例如，在南卡罗来纳州，每七个服刑犯中就有一个人是因为这个原因被判刑的[26]。

当一个男人为了赡养费拼命工作，而后却被称作冷漠无情的时候，他就会觉得自己不被理解。如果他的个人记录上有哪怕是一点点的瑕疵，就可能被视作不宜教养儿女；如果他有了新的兴趣爱好，人们就会说他自私；如果他因为前车之鉴而心存恐惧，在新的亲密关系中畏缩不前，人们又会说他是不愿负责任。可以毫不夸张地说，这些男人深深地陷入了绝望之中，他们离婚后的自杀率比女性高十倍[27]。粗看起来，男人从婚姻中得到的好处比女人要多，并且很多女性也认为自己理所当然应该承担抚养子女和居家琐事的绝大部分，而实际上，单从健康角度讲，婚姻对男女双方都是有好处的。然而，男性天生就不善于向他人求助或者找人倾诉，因而他们在遭遇危机之后情绪会更加压抑，继而就更有可能作出过激的举动。

因为今天的孩子们仍然成长在充满了迪士尼影片和童话的环境里，而这些东西依然灌输着每个人都应该结婚并且婚姻就要天长地久的观念，父母分手必然让整个家庭遭受灭顶之灾。作为一个小孩你会想：这些就是我长大后必然经历的吗？然后将来作为一个大人你会想：何必太认真呢？有必要吗？到头来一切还不是都要我自己来搞定？

如果离婚过程能尽量友善，父母双方在亲子互动中保持关爱之心和对另一方的尊重，其实也未必会这么损失惨重，但是现实通常和理想状态相去甚远。年轻人在长大成人的过程中没机会看到信任和负责的榜样，尤其是在亲密关系方面的例子。长期的一夫一妻关系现在更多地被视为不得已的权宜之计，而非相得益彰的美好生活；它们被认为是妨碍独立和自由的枷锁，而你自己热切追求的目标会成为家庭承诺的牺牲品，有了家庭，即便你现在还没失去梦想，假以时日也不可能逃脱。在我们的观察和体验中，有太多的年轻人都更关心 B 计划（如何从中逃脱）而不是 A 计划（好好结婚成家过日子）。他们对把所有鸡蛋都放在一个篮子里面深感恐惧，可是恰恰是这种想法会成为“自我实现的预言”，使得真正的关系不能持久。

有些年轻人还会觉得自己是父母婚姻失败的原因之一，于是他们引以为戒不要孩子，这样就不会让他们的孩子如同自己当年一样经历各种痛苦了。这其实跟我们儿时所受的教育大相径庭。社会仍然期望我们会渴望长期的亲密关系，但却没人教会我们面对承诺和关系所带来的挑战时应该如何行事。到头来，年轻人在迷迷糊糊中长大，不知道自己该相信谁。他们心存疑虑：如果我连自己最亲近的人都不能相信，那我该信谁？如果连爸爸妈妈都没法同舟共济，还有谁能呢？我们是通过自己的初级关系[①]开始学习对他人建立信任的，因而如果我们的首要行为榜样都靠不住、言而无信或者逃避责任，我们理所当然会觉得他人没那么可靠，求人不如求己。

毋庸置疑，美满婚姻的基本前提必然是信任。但是，也需要考虑另外一件事，就是这个社会中还有什么其他事情也是以信任为基础的。哈佛医学院精神病学教授乔治·瓦利恩特（George Vaillant）自 1966 年以来一直主持着一项哈佛大学的成年人发展纵向研究课题，也被非正式地称为“格兰特研究”（Grant Study）。这个研究最早开始于 1938 年，是作为一个心理测量而进行的，不仅仅针对那时候非常主流的病理分析，而且同时研究了天性与教养是如何对男性的生理和心理健康起作用的。最初的研究者们不仅仅想要历久经年地观察人们的

① 初级关系（primary relationships）亦称首属关系，指的是人在社会化早期所经历的关系，一般是与父母、家庭和周边亲密朋友之间的关系，也是人生之初对于“关系”的理解体验的开始。——译者注

健康状况，他们还希望能够对其进行改善[28]。

这项研究的所有参与者都是哈佛大学的二年级男生。到今天这个研究已经持续了75年，其中很多参与者现在已经九十多岁了，在瓦利恩特最近的分析当中，好几处都提及了温暖童年的重要性——包括稳定的家庭环境，孩子们跟父母感情亲近，父母对孩子们的主动性和自主性提供支持，同时孩子们至少同一个兄弟姐妹关系亲密。研究还提到了这种童年在信任感以及未来的幸福和成就的发展过程中的重要角色。瓦利恩特写道："那些没能够在家里学到基本的爱和信任的孩子，在后来试图掌握自信、主动性以及自主性的过程中都显得力不从心，而这些正是在成年后取得成功的先决条件。"[29]

和童年冰冷孤寂的人相比，拥有温暖和睦童年的人成年之后的收入高出50%[30]。最独立自主的人们都来自于充满关爱的家庭。"他们（在儿时成长的过程中）学到了人生是值得信赖的，这让他们有勇气尝试和面对一切。"与之相反，"对他人缺乏信赖和希望使得一个人在孤独面前极度脆弱。"[31]这种观点在我们调查中的一个二十多岁的年轻小伙子的回答里得到了确证，他在儿时几乎没有与父亲相伴过。他告诉我们直到去年以前，他一直都不敢离开自己的家或者完成学业："直到开始真正探究我早先（成长过程中）的诸多深层问题之后，我才意识到自己所抱持的那些错误信念（都是在我成长过程中受到影响而产生的），这真是我人生中的一个重大进步。"

美国父权行动协会（National Fatherhood Initiative）进行的一项调查显示，在已婚或者同孩子父亲一起生活的母亲中，有56%认为孩子的父亲跟孩子有着"非常亲密和温暖"的关系，但是没和孩子父亲生活在一起的妈妈之中只有15%会这样说；与之相反，仅仅有3%已婚或者和孩子父亲同居的母亲报告父亲跟孩子有着"疏远和冷漠"的关系，而不和孩子父亲一起生活的妈妈们有47%这么说[32]。

尽管每个人的童年是否温暖、他们是否有能力信任他人，或者他们是否选择结婚，看起来不是什么太大的事情，但是从整个社会层面而言，这些东西还有其他的后果。人们之间缺乏信任绝不仅仅影响着社会文化基调，公民相互间缺乏信任的国家，经济发展也会滞后。如同克莱尔蒙特研究生大学（Claremont Graduate University）经济学教授保罗·察克（Paul Zak）所说："值得信赖的人所占比例较高的国家总是更加繁荣。这些国家中的经济交换更加活跃，能创造出更多财富，贫困随之缓解。而贫困的国家大多数情形下都是低信任度的国家。"[33]20 世纪 80 年代之后北欧几个国家的信任度有了较大提高，其中丹麦是国民相互信任度最高的国家（76%）。信任度低于 20% 的国家包括了墨西哥、法国、南非和阿根廷[34]。

弗朗西斯·福山（Francis Fukuyama）在他的《信任》（*Trust*）一书中曾经写道："自由的政治经济制度依赖于健康活跃的国民社会所带来的生机勃勃的活力。"而这一切都来自于强有力的稳定的家庭结构[35]。在《解体》（*Coming Apart*）一书中，查尔斯·默里（Charles Murray）提出婚姻是国家经济稳定性和国力的基础之一。他认为社会的核心是社区，而社区的核心是有孩子的家庭。有孩子的家庭自始至终都是社会运转的"引擎"，社区也都必然围绕着家庭而组织[36]。

婚姻状况和就业状况之间具有高度的相关性。同单身和同居状态的男性相比，已婚男性的工作时间更长。对于女性而言，工作周数跟伴侣关系状况之间没有显著的相关性，但无子女的女性会比有孩子在家的女性花更多的时间去工作。到 27 岁的时候，独自生活并且家里有孩子的女性是男性的八倍。这个趋势在少数族裔、教育程度较低的人和未婚人群中尤为明显（具体统计数据请扫描本书第 217 页的二维码查看注释）。总体而言，2000—2010 年间美国没有结婚的人口增加了 41%。同居，作为对婚姻最为主要的替代方式，自从 1970 年以来增加了十四倍[37]。

尽管这种安排对成人而言是更加方便轻松了，但是尽人皆知，同居或者单身的父母能够给孩子提供的家庭基础远没有婚姻稳定，孩子们很可能会在两个世界中来回游荡。跟和睦的婚姻家庭中的孩子相比，同居家庭中的孩子高中辍学、滥用毒品和抑郁的可能性都要高出一倍。跟婚姻相比，同居带给伴侣和孩子的承诺和安全感也更少，孩子遭受身体、性或者情绪虐待的可能性会增加三倍。顺理成章，跟结婚的伴侣们相比较，同居者们分手的可能性是其两倍，而出轨的可能性是其四倍[38]。因此，不论同居的好处是什么，它的消极后果和代价是显而易见的。

家庭创伤（譬如离婚）和身体超重之间的相关性也非常强。在一项对将近300名病态性肥胖的病人所作的调查中，研究者们发现了非常高比例的家庭问题，尤其是性虐待。有半数的男女病人都报告了自己在童年时曾经有过被性攻击或者性虐待的经历，这一比例比正常男性高三倍。几乎所有的参与者都报告了持续性的童年创伤。令人痛苦的人生经历之后经常伴随着体重的暴增。最常见的一个例子就是离婚，而离婚率的飙升刚好出现在肥胖率暴增之前一点点[39]。跟小女孩相比，小男孩更难以适应父母的离异——尤其是如果父亲离开家庭，对他们就会造成很大的风险。举例而言，一项最近在挪威进行的研究显示，如果孩子们在其出生后的第一年里有机会频繁地跟自己的父亲进行积极的互动，譬如父亲关注孩子的兴趣所在，面带笑容支持鼓励，那么这些孩子与其他孩子相比，一岁前生活会更加平静，两岁时的表现也会更好，对男孩来说尤其如此。如果孩子是女儿，父亲母亲对其的积极投入程度不相上下；如果孩子是儿子，父亲往往会比母亲投入更多关注[40]。

有趣的是，瓦利恩特发现，尽管从童年创伤中完全恢复需要花费数十年的时间，然而随着时光流逝，童年的快乐所带来的影响会逐渐超过创伤，并且让伤痛显得不再那么重要。“跟童年的智力水平、父母对于社会福利的依赖（即是否贫困）或者家庭内部的多重问题相比较，一个温暖的童年成长环境实际上对于其成年后的社会地位和工作有着强得多的预测准确性。”[41] 即使是在格兰特研究里，在研究对象们已经年逾七旬时，他们的生活满意度“和其父母的财富程度以及自身的收入状况没有哪怕是一点点的相关性，而有很大联系的却是他们的童年成长环境是否温暖，以及跟自己父亲的关系是否亲近”[42]。可是这些却是今天的社会中大多数家庭广泛缺失的。

爸爸在哪儿

如同前文所说，现在很多男孩都是由单亲妈妈抚养长大的。44% 的 80 后和 43% 的 X 世代①都认为婚姻很老套[43]，这让我们不禁要问：在 21 世纪里，承诺到底会是什么样子？那些态度又会对未来世代的成长环境有着怎么样的影响呢？

在工业化国家里面，美国在“无父亲家庭”一项上遥遥领先[44]——这可不是什么值得引以为荣的事情。根据“积极教养思维”（Mind Positive Parenting）项目创始人戴维·沃尔什（David Walsh）的统计，即便是那些父亲在家的家庭中，学龄孩子们每周也只会有大概半个小时的时间能跟父亲有一对一的谈话，“而孩子们每周却会花上 44 个小时看电视、打游戏，还有上网闲逛，”他说，“我认为，现在我们对孩子们的忽视已经到了极点。结果就是我们的孩子们不跟良师益友在一起，也没有成年人陪伴，没人给他们带路，或者告诉他们作为一个心智健康的男人该当如何行事。”[45]

杰夫·佩雷拉（Jeff Perera）为加拿大的白丝带运动（the White Ribbon movement）做社区推广工作，他还创建了博客“Higher Unlearning”（不学无术），两者都是讨论关于男性、男权、父权、健康关系以及遏制对妇女儿童的暴

① 指 20 世纪 50 年代后期和 60 年代出生的人们。——译者注

力的工作。他曾经在多伦多花了一个上午的时间跟来自城市各个角落的八九岁的男孩子们聊天，听他们说自己喜欢或者讨厌男孩生活的哪些地方。有一组男孩给出了他们不喜欢的男孩生活中的事情的清单：

- 没法当妈妈
- 不可以哭
- 不能当拉拉队员
- 被要求干所有的活儿
- 需要喜欢暴力
- 需要打橄榄球
- 身上有味道
- 什么都没干就声名狼藉
- 四处长毛发

佩雷拉说，很多男孩都表示他们“不喜欢因为做男孩就不得不四处竞争，为了能当‘赢家’就要冲动好斗或者撒谎出老千”。在各个方面，男孩们都必须要获胜，有时甚至是不惜一切代价的。

有些人会提到男孩总是惹上麻烦，就像其中一个男孩说的“什么都没干就声名狼藉”。佩雷拉问那些男孩能不能讲讲“没法当妈妈”是什么意思。大多数男孩都说他们觉得自己不用经历分娩之苦挺好的，但是他们觉得自己没机会做父母。一个男孩站起身来说道，在电视广告中只有女孩才有机会玩各种玩偶，而男孩不可以。当佩雷拉对孩子们提及他们可以做爸爸时，这些男孩显得迷惑不解。佩雷拉写道：

> 面对这五十多个男孩我脑中思绪万千，我在想他们之中有多少人的父亲或者榜样虽然人在家里但是心不在焉，要不然就是干脆不出现。即便他们陪伴孩子们，也不过是打打球玩玩体育而已。我们需要为孩

子们长大成人提供地图。如果我们仍旧教给他们各种过时的男子汉观念和榜样，他们就会竭尽全力去做这种“男子汉”，而代价却是放弃做人的根本。[46]

没有父亲和缺失成人过程对于男孩社会情感发展过程所造成的消极影响显然被低估了。当家中没有父亲或者缺乏正向的男性行为楷模的时候，男孩们深受其害，继而就开始从其他地方搜寻男性的认同感。一些孩子在恐怖组织或者黑帮团伙里面找到了，另外一些在毒品、酒精、电子游戏或者跟女性纯粹的性刺激中获得。举例而言，2014 年的纪录片《心竞技》（*Free to Play*）中所记录的三位顶级游戏玩家都是来自于没有父亲的家庭的年轻男性，这恐怕绝不仅仅是一个巧合。其中的一位玩家“登迪”（Dendi）的父亲在他很小的时候就去世了，他在父亲死后就开始疯狂地打游戏——他说失去父亲这件事“让他深陷游戏难以自拔”。另一个玩家“恐惧”（Fear）的父亲在他年幼的时候离家出走，在落选篮球队之后他就开始大把大把地把时间花在打游戏上；他说自己今天的状态跟父亲的离去关系很大。第三位玩家“嗨嗨”（Hyhy），说自己的父亲在自己从小长大的过程中几乎天天工作 15~16 个小时，并且“几乎放弃了其他的一切”。这部纪录片追踪了几个世界上最高水平的 DotA 玩家角逐一项奖金高达一百万美元的锦标赛的过程[47]。我们还需知晓，2015 年锦标赛的奖金已经增加到了令人难以置信的一千八百万美元，并且北美队在历史上第一次获得冠军，领衔的队长正是“恐惧”[48]。

没有父亲的另外一个副作用就是注意力问题和情绪困扰的增加。瑞典一项针对超过一百万名 6~19 岁儿童的研究发现，单亲家庭的孩子们需要药物治疗注意力缺陷多动障碍的比例要高出 54%[49]。美国国家卫生统计中心（National Center for Health Statistics）的数据表明，只有父母一方带孩子的未婚或离异家庭中，儿童出现需要专业干预的情绪问题和行为问题的比例高出了 375%[50]。

男孩成人导师网（Boys to Men Mentoring Network）的联合创始人克雷格·麦克莱恩（Craig McClain）对于成年男性常常不愿花时间跟十几岁的男孩在一起的原因，给出了一个较为悲观的观点：

> 成年男性惧怕十几岁的大男孩们，而且是怕到死，他们不愿意跟这些小年轻有任何的瓜葛。我自己在跟很多男性群体的对话中都会见到这种情况："喂，大家谁愿意跟我一起去和 30 个十几岁的男孩共度周末？请举手。"举手的人寥寥无几，然后我会说："这就是问题。"成年男性惧怕十几岁的男孩们，其实是因为他们对自己十几岁时的记忆只有苦恼、悲伤、难过和孤独，他们看到这些孩子也处于同样的状态，走着一样的路，这就是他们退避三舍的原因。[51]

那么年轻的男性会怎么做呢？纪录片《时间旅人》（*Journeyman*）追踪了两个明尼苏达州的青春期男性迈克和乔在导师的帮助下从男孩长大成为男人的经过，以及他们成人礼的整个过程。在最初阶段，两个男孩都对外面的世界缺乏信任，他们在自己的生活中都从来没有过父亲。迈克和乔各自跟一个男性导师结对，而他们两个人的导师也来自没有父亲的家庭，并且在自己的青年时代也都同对自己感到羞耻和内疚的情感进行过斗争。其中的一个导师，丹尼斯·吉尔伯特（Dennis Gilbert），对自己指导他人的能力并不确信：

> 最初我是这么想的：我不知道自己是不是愿意做这个导师。我那个时候不知道自己跟青春期的男孩子们相处会有问题，尤其是成群的孩子们。我有这种恐惧的现象。很多时候，我们就呆坐在车里面盯着对方看，并且我几乎从对方那里得不到任何响应。大概过了六个月

之后，我想：我这么做是对的吗？我发现不了任何事情。我们没感到像好朋友一样，我只是一个在他无聊的时候能带他出去走走的人。于是我给查理打了电话。我说："我认为作为导师我是失败的。他并不喜欢我，我们之间没有任何可说的……或许有其他人比我更能胜任这个导师的活儿。"查理说："丹尼斯，你现在做的就是你该做的事情。"他说对了。这个阶段过去了，又过了三个月之后，他开始对我交心了。[52]

在这些年轻人长大成人的路上有一件至关重要的事情，其实非常简单，就是有个喜欢他们待在自己身边的成年男性为他们提供一些指导，让他们感到自己是被认可和喜爱着的，同时又要求他们对自己的行为负责。被认可和喜爱，实际上就是妈妈们通常给予的"无条件的关爱"（unconditional love）；而基于表现和有效尝试的赞赏，一般是由爸爸来负责的。在这种情况下，导师们身兼两职。

两年之后，迈克的成绩从门门不及格渐渐变成了名列前茅，并且他也在"男孩长大成人"的周末活动中第一次作为志愿者参加。他说这种体验好像脱胎换骨，他说他以前走投无路看不到将来，但是现在他能见到自己的未来了。乔现在已经有了自己的孩子，并且满怀希望地准备养家糊口。这些男孩的导师们发现，通过跟他们互动，自己也同样经历了一段面对自己童年中诸多悬而未决问题的情感和心灵旅程。

MAN (DIS)CONNECTED

如果身边有投入而关注的父亲，或者积极的男性榜样，孩子们对他人的态度就会更加开放、接纳和信任。在一个社交能力测验中，一组家里有爸爸的小学生在总共的 27 个项目中有 21 个都比家里没有父亲的孩子得分更高[53]。很可能正是由于这个原因，他们也有更多的玩伴[54]。他们也都更喜欢学校生活，并且接受了更高等的教育。在 9 个

> 学业度量指标中，被父亲抚养长大的孩子有8个得分更高，而且父亲在各方面的显著影响一直保持到了高中阶段[55]。

男孩们的生活中需要成年男性是个毋庸置疑的事实。母亲的角色当然也同样至关重要，但是，“面对儿子们在青春期里如何保持头脑冷静、行为符合道德规范这一问题，单亲妈妈实际上是束手无策的”，《男孩的脑子想什么》（*The Minds of Boys*）的作者迈克尔·古里安（Michael Gurian）如是说。“男孩们需要父亲。为什么呢？因为这是自然规律，这就是人性需求。有来自于母亲的养育，也有来自于父亲的养育，这两者在本质上就大相径庭。男性采用跟女性截然不同的抚养方式，对于孩子们而言——无论是男孩还是女孩，他们两者都需要。”[56]

成年男人们也需要明白，想要参与进自己儿子的生活之中是个很好的观念。性别问题研究者和活动家沃伦·法雷尔（Warren Farrell）提出，对于年轻男性成长可能的更加平衡的视角，不仅仅对年轻人自己，而且对各方都有好处：

> 在妇女运动之前，女孩们只学会了怎么从右边来划动家庭之船（带孩子），而男孩们则只学会了从左边划船（挣钱养家）。妇女运动帮助女孩们长大成为女人，并且懂得了用两只桨划船；但是男孩们却没能和她们齐头并进，变成了仍然只知道从左边划船的男人——还是只知道工作挣钱。这会带来什么问题呢？如果我们的女儿们运用了她们新获得的从左边划船的能力，而我们的儿子们仍然只会从左边划船，那么这个家庭之船就只能原地打转了。而一条原地打转的船更有可能撞上“经济衰退”这一岩石而触礁沉没。在过去，一个男人可能是全家的唯一经济支柱，并且会在一个公司里工作一辈子。在将来，高度发达的科技让经济情况始终不停地变化，而这就需要家庭之船具有更

多的灵活性，需要我们的儿子们最终也学会抚育儿女，就像女儿们现在对挣钱养家也应付自如一样。[57]

仅仅是在几代人以前，男孩们身边不只有爸爸，还有叔叔伯伯、爷爷外公、堂哥表哥、家族的男性朋友和邻家玩伴儿，这提供了一个扩展的群落，一个男孩们获得社会支持和学习社会规范的非正式的来源。Facebook、Twitter、游戏论坛和其他互联网媒体，它们似乎是今天这些功能的替代物——但是这远远不够。这些年轻男性需要的绝不仅仅是所谓“联络人”①，他们需要的是知己之交。他们需要当自己困惑彷徨的时候能够活生生出现在他们身边的人，那些因为对男人的内心了如指掌，不用说就能感受到他们的情绪变化和需求的人。对每个人来说，开口寻求帮助都是困难和尴尬的。多数人在多数情况下都是这样，因此我们就要知道，在我们感觉对方需要帮助的时候，问一下对方是很有好处的。这也是年轻男性需要富于同情心的朋友和家庭的另一个原因，当他们需要帮助的时候，这些人能感觉得出来，而且愿意帮忙。同样重要的是，在小伙子们有了积极贡献或者成就的时候，他人能够给予应有的关注，这种有保障的赞誉让他们能渐渐树立自己的信心、荣誉和自豪感。

与此同时，只有成年男性才能让男孩们接受既定的社会和道德规范。如果没有人能够让他们意识到摇摆不定的行为的真正后果的话，男孩们就会得寸进尺，一发不可收拾。对于妈妈来说，扮演这种角色即便不是痴心妄想也是非常困难的，尤其是在孩子们青春期的时候；在男孩子变成男人的进程中，她没法做到一面给予无条件的关爱，另一方面又做一个赏罚分明的规范化身。诚然，由这样自相冲突的母亲或者高科技来完成教育一个男孩长大成为一个男人的任务，总比放任自流要好得多；但是这样就会给年轻小伙子们带来关于男人世界的扭曲和似是而非的认识。

① 也就是各种社交应用中的“朋友清单”。——译者注

媒体影响

做一个男人意味着什么？年轻男孩们从哪里得来男子汉到底是什么的观念？我们在研究中访谈的很多男性都回答说，当他们坦然面对真实的自己的时候，充满信心地作出决定的时候，以及主动追求自己梦想的时候，觉得自己最像个男人。男性天生就喜欢冒险和探索，他们喜欢对事情有所掌控的感觉。知道自己要什么会让他们充满动力，同时他们需要来自于同伴的敬重，尤其是其他的男性。自始至终，这种尊重来自于他们自己是谁和他们的所作所为。

然而，这种充满意义的尊重理应来自于亲社会行为，即那些能让自己和他人的生活变得更加美好的事情。这种尊重不应该来自于酒量比朋友大或者比他们更能搞怪作乱。不幸的是，很多流行的影视节目中只提供了这种不堪入目或者猥琐龌龊的男性形象。

我们深信电视节目中其实可以出现更多性格立体的男性。影视中的男性特征多数都是冲动而头脑简单的笨蛋、变态警探、纠缠不清的大厨、吸血鬼、性变态或者脑满肠肥却娶了个艳若桃李的妻子的男人，缘何如此其实并不是什么秘密。马里兰大学（University of Maryland）的一项研究得出结论，不开心的人们花在看电视上的时间明显更多[58]。这也是顺理成章的事情——看电视是被动的行为，它为人们提供了一种逃避方式，让人们可以不费吹灰之力地把自己的注意力从现实生活中移开。戏剧具有惊人的转移注意力的能力。当你看到两个古铜色皮肤的健壮大汉拳脚相加一决雌雄的时候，就像在看水族箱里的两只斗鱼在抢地盘，你就不觉得自己的生活有多么匮乏了。

不和谐的故事自有其吸引力。如同列夫·托尔斯泰在《安娜·卡列尼娜》中所说：“幸福的家庭都是相似的，不幸的家庭各有各的不幸。”[59]只要看了一个描写幸福人生的节目，就跟看了所有类似节目差不多。

但是这里面有个问题，如果年轻男性在现实生活中没有更好的行为榜样，他们就会不知所措，不理解什么样的行为是作为男人可以接受或者不可容忍的。暴力与性，这两个在媒体中被过度夸张表现，而在生活对话中却甚少提及的话题，尤其让他们迷惑不解。“这让那些男孩子非常困惑。暴力在他们周围俯拾皆是：在电视上，在新闻中，在电子游戏中——与此同时，他们却也会被告知男孩们自己心里所渴求的东西都是坏的。我觉得最危险的是，这会让有这种想法的男孩们开始觉得自己是不好的人。”《远离猛虎》（*Far Away from the Tigers*）的作者，幼儿园老师简·凯奇（Jane Katch）这样说[60]。

沃伦·法雷尔在他的《男权的神话》（*The Myth of Male Power*）一书中煞费苦心地详尽阐述了这一观点，他说很多男孩无意识中被灌输了性实际上是比杀人还要肮脏和不好的事情的观点，因为他们的父母会让自己的孩子看杀人如草芥的西部片，但是在电视上有裸体镜头或者性的内容的时候，却会立刻把电视关上[61]。毋庸置疑，现今男孩们唾手可得的网上色情图片也不可能改变他们对于性是肮脏的、回避爱和情感连接的这样的观念。

到了13岁或14岁的时候，男孩们脑子里已经有了一个根深蒂固的想法：男孩比女孩对性的需求更强烈——或者说在性方面采取主动的女孩是不值得信赖的，这就让他们认为自己必须要在性方面扮演主动的角色。自然而然地，每个人都非常害怕被拒绝，而这就会强有力地抑制他们的动机。如果一个年轻男性不认为自己是人群中凤毛麟角的杰出人物，他就会认为自己最心仪的女孩肯定会拒绝自己。而看电视和色情片并不需要任何承诺，而且被拒绝的概率为0，它能让你即刻飘飘欲仙并且在某种程度上缓和恐惧的心情。然而一个副作用就是，它们同时也减少了男孩们练习追求女孩们的技巧的动机，反而让他们离自己的最终目标越来越远了。

福利体系的瑕疵

2015年，美国大概有420万人领取了社会福利，包括“贫困家庭临时救助计划”（Temporary Assistance for Needy Families，简称TANF）和“美国国家补助计划”（State Supplemental Program，简称SSP）。这些福利在每个财年按月发放，其中大多数的领取者为儿童[62]。来自皮尤研究中心的一项研究报告显示，18%的美国成年人曾经在生活的某个阶段中获取过“补充营养援助计划”（Supplemental Nurtrition Assistance Program，简称SNAP）的帮助，或者使用过“食品券”（food stamps）。民主党支持者使用食品券的可能性是共和党支持者的两倍，女性使用该券的可能性是男性的两倍，还有就是少数族裔使用救济券的可能性也比白人高出一倍。65岁以上年龄段曾经使用过食品券的人数最少，而学历较低的人群（高中毕业或者更低学历）领取这些救济的可能性比大学毕业人群高三倍[63]。

在最近二十年间，针对最贫困家庭的现金救助力度正变得越来越弱而不是越来越强[64]。每个人一辈子之中接受社会福利救助的上限是五年，在最近的一次金融危机之中，很多人都已经达到了这个贫困家庭临时救助计划的强制上限。不论你是否相信社会福利加剧了未婚生育、毁掉了人们寻求和获得收入的动机，大多数人都会同意当前的社会福利体系问题多多。尤其是与联邦政府对于公共教育、职业培训与支持、创造工作机会方面的配套资金之间缺乏平衡。

当前的体系实际上并不鼓励单亲妈妈们建立一个稳定的双亲家庭，尽管福利基金中确实有一部分被分配用来促进这类家庭结构。美国卫生与公众服务部（Department of Health and Human Services，简称HHS）规划与评估书记助理办公室的一份调查显示：

对于符合贫困家庭临时救助计划领取条件的有孩子的女性而言，

> 她们建立同居或者婚姻关系的意愿是受到该政策的影响的。对意愿或者动机的影响取决于她们选择的同居或者结婚对象的经济来源，以及他们跟孩子的血缘关系。影响这些动机或者意愿的相关条款包括领取资格的确定、基本补助金的构成、混合家庭被如何对待、没有血缘关系的同居者被如何对待，以及和工作相关的规定。[65]

已婚的或者跟孩子生父在一个屋檐下生活的女性都面临着被救助额度减少或者失去被救济资格的风险：

> 我们的主要发现就是，如果一个男性有一些经济来源，根据政策，他建立或者维持一个血亲家庭是最不划算的，而建立一个没有血缘关系的同居家庭是最划算的，甚至是被鼓励的。如果在一个家庭里父亲是所有孩子的生父，他和他所有的经济来源都要被计算进入这个家庭。而在一个没有血缘关系的同居家庭中，他不是家里任何一个孩子的生父，他的经济来源就不会被计算进来。除此之外，多数州都不会计算没有血缘关系的同居者的资源，而是直接把现金支付给贫困家庭临时救助计划的受益人和她的孩子们。[66]

换句话说，贫困家庭临时救助计划当前的结构实际上鼓励了与除孩子生身之父之外的其他人同居，阻碍了家庭的建立，甚至是鼓励了家庭的破裂。

在西方其他国家里这样的事情同样在发生着。举例而言，英国的单亲家庭数量比大部分欧洲国家都要多（只有爱沙尼亚、爱尔兰和拉脱维亚超过了英国）[67]。按照平均水平而言，英国单亲家庭领取的政府福利的数量是双亲俱全的家庭的两倍还多[68]，而陷入贫困的可能性也要高出两倍半[69]。据社会公正中心（Centre for Social Justice）估计，“家庭破碎”所造成的经济损失比整个美国的国防预算还要高[70]。在美国，单亲家庭中的孩子们也更有可能在贫困之中长大，并且跟双亲俱全的孩子们相比向社会上层发展的可能性更小[71]。

本质上来说，当前的福利体系并不能帮助人们脱离贫困，反而会让他们的穷苦一代又一代地循环下去[72]。最重要的是，政策改革的努力并没有触及儿童们生于贫困这个现象。在成长过程中经历过家庭破裂过程的孩子们坚持上学或者完成中等教育的可能性更低，而教育程度低的人更有可能依赖社会救济过活、更难以找到或者保住自己的工作，顺理成章地也就更有可能负债累累或者身陷囹圄，并且持续地贫困下去。

拔苗助长，望子成龙

跟这些不见踪影的父母截然相反的一种情况，就是那些望子成龙、拔苗助长的父母——这些家长对子女的成长环境控制得事无巨细，不肯给孩子们自力更生、磨砺性格的机会，也不肯锻炼他们自己解决问题的能力。纽约的一位临床心理学家洛丽·戈特利布（Lori Gottlieb）在《大西洋月刊》（*The Atlantic*）上写了一篇关于父母在其子女的幸福感中所扮演角色的文章。她怀疑在童年时期过度保护不让儿童体验任何不快乐，实际上剥夺了他们长大之后本应得到的快乐。而望子成龙式家长的出现似乎印证了这种看法，他们把自己的孩子们用各种学习环境团团包围，为的是让他们事事无碍一心向学。佛蒙特大学（University of Vermont）甚至雇用了“父母驱逐保镖”（parent bouncer）来专门负责让家长们跟自己的孩子保持健康的距离[73]。

尽管他们的初衷肯定都是好的，望子成龙式父母的监管方法实际上不仅仅伤害了孩子们的独立性，而且还妨碍了他们自己展翅高飞的进程。通过把目的和意义强加给子女，孩子们自己探索人生意义和目的感的机会也就被剥夺了。这种问题的一种极端的表现就是在中国出现的“陪读妈妈”的形式。全家把孩子视为珍宝，尤其如果是儿子的话，妈妈们负责一路陪伴孩子直到大学，孩子们则担负着功成名就光宗耀祖的重任。她们会在学校附近租房子居住，并且一刻不停地严格监督任何跟自己孩子有来往的小朋友们。有些时候，如果妈妈没法在学校附近居住而爸爸又常年公务繁忙的话，就会由“陪读奶奶”来代理这个职责。

失败和挫折从来都是人生之中不可避免并且常常被低估的部分，但是有很多父母却从来不让孩子知道，人生中大部分事情都可能有失败的时候，这是司空见惯而且合情合理的。从未经历过失败的生活，也就是从未面对过风险和挑战的生活，也就是自保有余而不求进取的生活。如此过活将来必然要付出代价。在我们的访谈中，一位大学男生提出了如下的忠告：

> 让男人们在年轻的时候经历失败，这样等他们成年之后再面临失败时，就不会觉得天昏地暗走投无路了。我认为自己的父母所犯的错误之一，就是他们每次都会出手把我从失败的边缘“挽救”回来。我在上大学之后最大的问题就是自己从来没学会如何从失败中吸取教训。我也看到身边其他很多男生面对同样的错误屡教不改，没有能力从中学到任何教训。

望子成龙式父母的另一个感觉，就是他们坚信自己居住的社区环境不再是一个安全的场所，因而不让自己的孩子随意参与体育活动，而只能参加家长们精心安排严格监督的运动，这实际上间接地通过作弊让孩子们丧失了锻炼组织能力和社交技巧以及自己解决各种冲突的机会。花时间去不断提升自己的生理、心理和精神的幸福感是人类的天性，但是现在的孩子们却没学到这些。从父母的言传身教中得来的基于恐惧的“安全第一”心态已经非常有效地让这些孩子对户外活动兴趣平平甚至是敬而远之了。现在到国家森林公园或者荒郊野外去远足的人里最少的就是十几岁的年轻人，近些年他们的比例已经下降到了访客总数的 3%[74]。再次强调，我们仍然深信每个人的自然天性都是需要不断增强的，而方法就是通过经常身临其境地与大自然相接触，对外在环境产生切身感受和体验。无论是身处丛林之中还是沙漠荒野，或者是青山环抱、海阔天空，这些都会让人心生敬畏，并且感受到生机勃勃的鲜活生命。同时这也会让你的头脑在做其他事情的时候更加聪明[75]。

同性恋父母

对子女抚养有同等义务和责任的离婚父母确实没有一直保持原有婚姻状态的父母们有效率，但是同性恋父母的有效性仍然没有被充分地研究，因而尚且不得而知。孩子们是否需要有一对婚姻中的父母才能发展良好前途无量，抑或从出生开始就与两个同性别并且有类似于婚姻的亲密关系的父母一起生活也会产生同样的效果？现在在美国和世界上其他一些国家里，同性恋婚姻已经合法了，但是仍然有很多同性恋伴侣本可以选择结婚却并不这么做。这也就意味着有的孩子会生活在同性恋婚姻的家庭中，而另外一些孩子的同性恋父母只是同居一隅，但有着类似的家庭风格和模式。

这些本就寥寥的关于同性恋伴侣作为父母的有效性的调研尚未被充分研究分析过，并且现在收集的各种数据之间也有矛盾的地方。一个备受诟病的研究发现，如果某些儿童的同性恋父母是在儿童的童年晚期才开始有同性恋爱关系的，那么与跟原始血亲父母生活在婚姻家庭里的儿童相比较，这些孩子在未来的生活中更有可能吸食大麻和烟草、作奸犯科，更可能因为焦虑或者抑郁而接受心理咨询或者治疗，以及花更多时间看电视[76]。与之相反，其他也有着各自瑕疵的研究却认为同性恋家庭和异性血亲婚姻家庭中的孩子们在快乐程度[77]、健康程度[78]以及性和社交的发展程度上面都难分轩轾（尽管他们更有可能被欺负[79]）。美国心理协会（American Psychological Association）宣称，目前没有科学研究支持同性恋仅仅因为性取向就不适合做父母的说法[80]。

随着适合作为结婚对象的适龄男性渐渐成为稀缺商品，我们认为会有越来越多的女性开始选择非常规的或者双性恋的同居生活，这一点可以从我们所见到的“非一夫一妻制运动”（non-monogamy movement）中获得证实[81]。在贯穿整个历史的过程中，每次当女性的数量过剩的时候，婚姻和家庭被赋予的价值就会下降，继而就是婚外性关系的增加，并且更多地被公开谈论和被社会规范所接受[82]。

家庭关系的变化日新月异，但是这种飞速变革所带来的连锁反应尚未充分显现出来。而另一方面，教育体系的发展却是笨拙迟缓，被令人心痛地远远抛在了后面，这就是我们下面将要讨论的。

MAN (DIS)CONNECTED

提　要

- ♂ 拥有一个温暖的童年至关重要，丰盈关系的缺失会对我们长大以后关爱他人的能力产生非常消极的影响。
- ♂ 如果父母不肯给孩子自力更生、磨砺性格、锻炼能力的机会，将会伤害到孩子的独立性。
- ♂ 男孩需要在身边和媒体上看到更多积极的男性形象，获得身为男性的自我认同，踏上自己的英雄之旅。

09

失败的学校教育

儿童们的生存和发展空间强烈地取决于他们所受教育的质量。经合组织成员国中教育体系表现最好的，是那些同时做到了高质量和平等两方面的国家。在这样的教育系统中，绝大多数学生都可以根据自己的能力和兴趣学到高水平的知识和技能，而不是基于自己的社会经济背景选择专业。对教育公平进行大力投资的收益超过了个人和社会的开销，如果这种投资是在早期进行的话尤其如此。

——经济合作与发展组织，《教育公平与质量》(*Equity and Quality in Education*)[1]

年轻人可能在学校里折戟沉沙。但是同时，学校体系也在他们面前铩羽而归。美国平均在每个学生身上花的钱要比大多数发达国家多得多[2]，但是投资收益却非常之低。现在众多的学校获取美国联邦政府和州政府资助的额度都跟考试成绩挂钩，于是老师们教学的目标都锁定在考试成绩上，而不是刺激学生们的好奇心或批判式思维，也不是为了让他们学习做人的一般道理或者价值观。不仅是穷极无聊的学生们会慢慢变傻，经年持久的针对事实记忆的训练可能会让教师自己的智力水平也开始下降。

“几十年来教师的素质越来越差，但是人们都对这个话题避而不谈。我们需要寻找一个更强有力的方法来吸引那些最有前途的候选者们加入教师的队伍。”在 2000 年的时候纽约市公立学校的总理事哈罗德 · 利维（Harold O. Levy）曾经这样说[3]。的确还有很多非常出色的老师在辛勤耕耘，但是就总体状况而言，当今的教师们和他们的前辈相比较而言智力水平更低，他们的 SAT 成绩位居最低的三分之一[4]。

诚然，智商并非是否能做一名优秀教师的唯一预测因素，但是一个老师是强还是弱所造成的差异却是持续终生的。九岁的时候身边有个好老师的孩子们在十几岁就成为未成年父母的可能性更小，更有可能升入大学学习，并且平均在一生中多挣五万美元[5]。如果把这个研究中的研究对象换成其他年龄段的儿童，结果估计也会相差无几。

然而，因为成为一名专职老师的可见收益实在是寥寥无几（工资待遇差、社会地位低），随着时间的推移，很多教育工作者渐渐失去了动力，不再殚精竭虑地试图让他们的学生在课堂上兴味盎然，或者让教学内容与生活息息相关。继而很多孩子也就在死记硬背、博取老师的认可和满足学校的成绩要求之中渐渐变得麻木不仁。与多数人对于教育的信念背道而驰，有太多的教学中缺乏问题聚焦或者解决方案的内容，跟现实世界的挑战也毫无干系。

学校体系的其他问题在哪里呢？太多无聊至极的作业，太多为工作精疲力竭或者根本就不在身边的父母，他们对孩子们的学业进展和遇到的问题毫不关心，只知道看成绩单。有太多的学校已经把体育课和自由活动时间排除在外，也就是说，学生们不再有时间和场所来发挥自己那些被压抑的精力，在休息的时候交朋友，或者开发自己的想象力了。财力上的约束让科学课没有了实验，一切能够激发创造力的课程也都被放弃，甚至把校外参观也限制在了诸如自然历史博物馆之类的地方。并且，因为孩子们在课堂上受到的挑战越来越少了，他们也就更禁不住诱惑要从网上冲浪上面找乐子了，而这些事情又把孩子们在课堂上的注意力吞噬殆尽。

过去孩子们曾有过的学校自由活动时间已经消失得一点儿不剩了。三十年前，小学里每天会有两次休息时间。现在很多美国学校每天只有一次休息，而大概有四万所学校完全取消了自由活动时间。少数那些仍然能走出教室的幸运儿却经常被告诫要放慢速度，最好是走路而非奔跑。他们也没机会了解自己的能力极限在哪里，没机会在无人监督的环境中尽情玩耍，甚至连“无人监督”的错觉也成了奢望。于是，小男孩们那些无穷无尽的精力无处释放，只能释放在教室里，在课堂上。

课间休息到底有什么好处呢？它使得孩子们在上课的时候更能够集中注意力[6]。研究显示，坚持不懈的有氧运动对于男孩和女孩们的记忆力、运动能力以及学业成绩都有着非常积极的影响[7]。年长的学校管理人员告诉我们，课间休息的自由活动对很多孩子的社交圈拓展来说都是至关重要的，因为那是交朋友的时间，各种小群体也在那段时间里找机会互动。

四处闲逛或者白日做梦的时间甚至在幼儿园里就被斩草除根了，现在幼儿园里教授的是过去出现在小学一年级课堂上的东西。因为男孩的大脑发育过程和女孩的有所不同，他们没有能力接受现在幼儿园里要求的高强度阅读训练。一般来说，跟女孩相比较，学龄阶段的男孩在身体方面更加活跃，但是人际方面和语言方面的成熟要稍晚一些。由于男孩比女孩更加活泼好动，他们很难一动不动地坐着待上很久[8]。一个五岁男孩的语言能力大概与一个三岁半的女孩不相上下。而试图让他在这个年龄开始学习阅读，从发展心理学的角度而言是不合理的[9]。

不仅如此，小学课堂上的教学内容有五分之四是以语言为基础的[10]。如果一个男孩被迫学习超过自己大脑发育进度的内容，他就被无意中训练出了对这个任务的厌恶，而这些早期的消极体验会让他对学校和学习产生出普遍的反抗和怨恨。根据密歇根大学的一项研究，说自己不喜欢学校的男孩数量从 1980 年到现在增加了 71%[11]。这种厌恶态度跟糟糕的学业成绩互为因果，恶性循环。这也就意味着学校必须照顾孩子们千差万别的学习风格，以及参差不齐的知识吸收能力，还有就是年龄和不同科目造成的巨大性别差异。男孩们倾向于在动手体验的学习过程中学到最多东西，而学校却不能提供足够的上手操作机会。雪上加霜的是，学校环境更加青睐日记或者第一人称叙事这些女孩更偏爱的写作风格，而不是男孩更喜欢的探险或者科幻这类主题[12]。

教育采用的单一模式无法适应所有的孩子，并且可能最终对男孩的“不适配”要超过女孩。新的证据揭示了一种老师们对于男生的偏见：当测验被匿名评分的时候，得分的性别差异缩小了三分之一[13]。就本质而言，这是女性教师对于男生的偏见，因为 98% 的幼儿园老师，绝大多数的小学老师、特殊教育老师以及初中教师，都是女性[14]。

当老师与自己性别相同的时候，不论是男孩还是女孩都会表现得更好。但是在科学、社会学和英语这些科目中，女性教师把女孩们的标准测验成绩平均提升了 4%，同时也把男孩们的成绩降低了大致这么多，这就造成了 8% 的性别差异[15]。考虑到男孩们很可能在几乎所有科目中年复一年地跟着女老师学习，请想象一下这种混合效应的后果会是怎样。

另外一个问题可能就是多数老师教学的时候针对的是平均水平的学生，而男孩们的水平两极分化更严重：一部分很差，一部分非常好[16]。因而很多男孩因为在课堂上没有挑战而感觉无聊，而另一些男孩却听不懂，或者也许也不关心课上讲的到底是什么。

在我们的调研中，一位女老师意识到了这种不平衡现象：

我在美国的私立学校中教了18年的书。绝大多数的老师是女性，而且我发现学校的学习环境更加适合女生而不是男生，尤其是长时间保持正襟危坐，循规蹈矩，诸如此类的要求。男生被处方要求服用哌甲酯和其他药物的概率要远远高于女生，这大概就能让他们符合女权主义环境的要求了。性别是由社会建构的①，这一观念虽然在大多数情况下是真实的，但却只会让那种试图梳理当今美国男孩们莫可名状的生活的努力变得更加错综复杂。

MAN (DIS)CONNECTED

在2012年进行的国际对比测验中，美国学生的数学能力排名全球第36位，阅读能力排名第24位；而英国学生的数学排名25，阅读是23，这恐怕就是最好的证据。英联邦国家的成绩是：加拿大分别排名第13和第8位，澳大利亚是第19和第13位，新西兰是第22和第14位[17]。欧洲排名最高的国家之一是芬兰，而那里的孩子们正式上学的年龄是7岁[18]，但是他们在家里面跟自己的家庭成员们学到了很多东西。当根据年龄和性别因材施教，并且正确选择所教授材料的时候，早期教育实际上益处良多。在蒙台梭利（Montessori）体系的幼儿园里，两三岁大的小孩子们都可以学到很多数学甚至是基本的科学原理，这也说明了触觉技能（亲手摆弄代表各种东西的物体，例如数字和事物的模型）无论对男孩或女孩们来说都一样，是一个非常有用的儿童思维通道。

在这个年龄段，孩子们需要一个充满耐心并且经验丰富的成年人来引导，如同在我们的调研中，一位家里有一儿一女的中年母亲所观察到的：

对年纪非常幼小的孩子来说，最困难的事情就是集中注意力了。

① 即性别实际上不是一种自然生理差异，而是人为的社会角色的差异。——译者注

一旦孩子的专注能力到了极限，他们就开始坐立不安、手舞足蹈或者满地乱跑。除了好好坐着不动，他们什么都干。他们真的会从需要他们关注的活动上直接走开。他们的身体、思维和情感都会一起开小差。大脑发育得更成熟时，他们才能更长时间保持聚精会神地安静坐着。当我跟一个开始不由自主地坐立不安的孩子在一起的时候，我本能地知道试图继续教他东西是徒劳的。如果我们强人所难，超过了某个限度的话，孩子们就会开始对学习活动本身感到厌恶。如果他们经常在自己无法专注时仍然被逼着学习，他们就会找任何能分心的东西来逃避。电子游戏就是个触手可得而且充满诱惑的消遣。不幸的是，它们也会让人麻木不仁，脱离社会。

存在证据支持，跟年轻的女性相比较，年轻的男性对于外部激励更敏感，但是同时却更少因为做一个好学生而得到褒奖[19]。对于年轻的男生和女生来说，跟学校和家长相比较，同伴的接纳和独立的感觉要有意义得多。但是跟男生不一样，女生仍旧还会“接受”在学校里勤奋学习。一个年轻男孩可能意识到了努力学习和成绩优秀的价值，但是他却会对家庭作业和学业成绩轻描淡写，为的是在其他男同学面前装酷。一些人甚至提出，对男孩来说，学业优秀的动机从小学阶段就已经开始消失[20]。

一旦学生们进入大学学习，他们还会面临更多的挑战。斯坦福大学杰出的传播学教授克利福德·纳斯（Clifford Nass）在晚年时关注到了无处不在的数字生活的后果：

环顾四周，你会看到人人都在一心多用。他们在打游戏，也在读邮件，也在刷朋友圈，还在做种种事情……在大学校园里，大多数孩子都是同时在做两件事情，也许是三件事情……几乎所有一心多用的人都认为自己是熟极而流的高手。你知道一个巨大的发现吗？其实大家都是成事不足败事有余！实际上一心多用的人们在每个任务上都非常笨拙，他们自始至终都在分神，记忆也会乱作一团。我们最近的研究工作指出，他们的分析推理能力一塌糊涂。我们在担忧这会催生一堆没有能力进行高质量思考和形成清晰思路的人。[21]

这对于世界上最才华横溢的一部分大学生来说是非常真实的写照，这1 500名学生是从每年超过3万的申请人中精挑细选才被斯坦福大学录取的。如果连他们都不能一心多用，但是却自以为应付自如，那么那些资质平平的普通大学生又有多少可能会做得很好呢？一个简单干脆的答案就是——没戏。

我们所有人都会强迫自己的大脑瞒天过海自欺欺人。那种能在多个显示器上打开多个网络窗口的能力，跟我们关于自己可以一心多用的信念相结合，意味着我们拒绝了早先单一专注、聚精会神的智力运用传统，而恰恰是这样才会让我们减少需要记忆的内容。同时，当图书馆逐渐减少了开放时间[22]，传统意义上能够专心致志学习而不被打扰的地方也渐渐消失了。

心无旁骛更会成功

另外一个让年轻小伙子们感到灰心丧气的压力来源可能是良好职业道德的缺失，很多西方国家的父母们已经不再认为对孩子们进行职业道德的教育是当务之急了。在国际学生评估项目的测试中，来自中国上海的学生们取得了数学和阅读双项的第一名。东亚的其他地区，例如中国香港、新加坡、日本、中国台湾和韩国紧随其后[23]。中国的学生们对自己的学习成绩看得非常之重，学校和家长都目标坚定地为了孩子将来的成功做准备，有时甚至会走向极端，譬如前面说的“陪读妈妈”。越南的学生们在这个测试中数学名列第8，在那里有一半的家长成年累月保持和孩子老师的紧密联系，以便监督孩子们的进步[24]。

这种“只学习不玩乐”的哲学也是有代价的。在中国，15~34 岁年轻人的死亡原因中排名第一的就是自杀[25]，大多数的原因都是年轻人感到难以承受的学业压力、愈演愈烈的社会不平等以及担心毕业之后无法找到工作[26]。过度上网和打游戏在中国和韩国也已经是众所周知的问题，针对这些成瘾者（大部分为年轻男性），有上百个治疗项目或者集训营模式的住院机构，大都采用规范睡眠饮食以及锻炼的方式来帮助他们摆脱自己的成瘾行为[27]。

显而易见的是，为了促进在学校和职业生涯中的更可靠的职业道德，父母和社会必须形成一套更平衡的方法，同时能让我们的儿童更加全面发展。给孩子施加高压让他们满足父母定下的过高标准，会彻底毁掉孩子们。与之相对的另一个极端，就像现在很多美国父母所采取的放任自流的方式，却很可能让孩子们长期处于成绩低下的状态，甚至无法完成学业，其影响不仅仅是在学校里，而且会让他们在未来一生之中的无数挑战面前一溃千里。

走出校门了，现在能干什么

今天，所有的目光都投向了公立和私立的教育机构、医疗保健、社会部门[28]以及理工科技（也就是科学、技术、工程和数学）领域，认为这些地方的就业机会在未来的日子里有充分的保障。当前，中国和欧盟中获得工程和科学学位的学生人数几乎是美国的两倍，这就让美国的竞争力每况愈下。美国国家科学基金会（National Science Foundation）对 24 岁的年轻人中第一学位是“硬科学”（Hard Science）的人数进行了统计，美国在 24 个工业化国家中排名第 20 位[29]。

同样的观点也被凯西研究每日快报（Casey Daily Research）所强调：不仅

仅是在就业市场上，而且在整个国家经济发展的层面上，“智力资本”都将成为最为重要的因素。为了保持自己的竞争力，一个国家必须要把理工科技领域的研究作为高优先级的事业对待，譬如大量投资于计算机、微电子、生物科学、工程技术以及其他飞速发展的高科技领域，因为越来越多的职业需要高水平的技术和知识。本质上，现在人文学科的专业太多了！[30]同时还有太多受教育严重不足的人们，他们用劳动换取薪酬的梦想可能很快就会因为自动化的大规模实施而破灭[31]。

乔治城大学（Georgetown University）的一个研究列出了失业率最高的大学专业（与其流行程度作了交叉检验），临床心理学、艺术杂项（miscellaneous fine arts）、美国历史、图书馆学、军事技术以及教育心理学都榜上有名——这些专业的失业率都超过了10%。而理工科技专业的失业率在0~3%左右徘徊：天体物理学或天文学0%左右，地理和地质物理工程0%，自然科学2.5%，地球科学3.2%，数学和计算机科学3.5%。附带说明一下，身为心理学家，这些都是同我们自己息息相关的令人担忧的统计数字。

在理工科技领域工作的工资也更高。按照大学学位专业分类，职业生涯中期平均薪水最高的20个行业中不包含任何人文学科的职业。人文学科学位在研究生院里前景也不好。而这个气泡还在越吹越大。在2015学年，一共有超过一百万非美国公民注册进入美国大学学习[32]，美国的外国学生数居全球之首。在很多理工科技领域，外国学生获得的高等学位都超过了半数，让他们的美国同学们望尘莫及[33]。

所有在我们的调查中勾选了“跟其他第一世界国家相比，美国的年轻男性将会失去创造力和能力的优势”的人们可能都已经明察秋毫地发现了这种趋势，此时此刻霓虹灯下的耀眼光芒不能掩饰未来的危机。

大学校园里的阴盛阳衰

图 9-1 可能是对于本书主题的最强有力的视觉展示了——男性在学术水平上江河日下，而女性却蒸蒸日上，甚至比前一辈的女性还要更上一层楼。

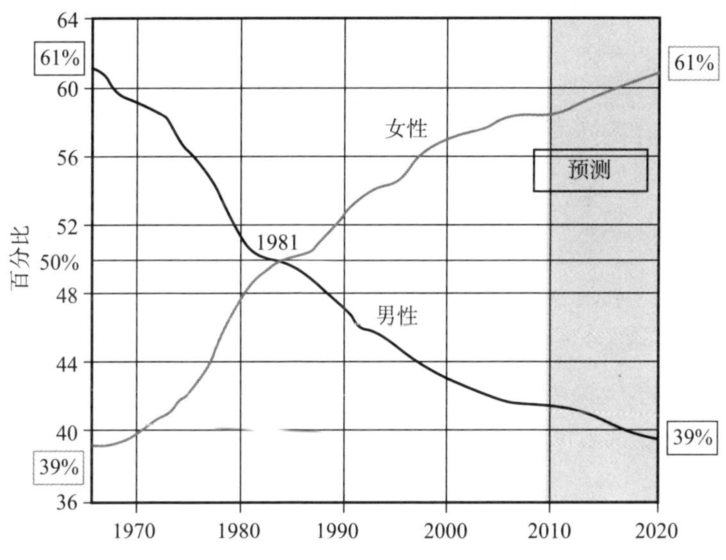

图 9-1　大学校园里的阴盛阳衰

资料来源：美国教育部（教育科学研究所），2009 年。

性教育还是色情“教育”

性和亲密关系治疗师、躯体疗法创始人西莉斯特·赫希曼（Celeste Hirschman）说：“互联网上充斥着色情内容，加上性教育的缺失，就意味着很多年轻男孩对于自己所接触到的东西会让自己变成什么样一无所知。他们意识不到这些东西会在他们的性方面造成怎样的影响或者改变，因而将来他们在跟女性交往的时候会备受挑战。对他们而言，性变成了一个纯粹的肉体刺激经验。我曾经跟这样的一些小伙子谈过话，他们甚至在跟自己的伴侣在一起的时候都需要对其进行性幻想，因为他们已经失去了对自己的身体跟另外一个身体的实际联系进行感知的能力。”[34]

性教育与色情片的关系就仿佛现实生活与幻想的关系一样。对年轻人而言，针对现实生活中的性的信息来源寥寥无几，触手可及的只有那些俯拾皆是的免费幻想素材。我们也不能说色情内容一无是处，但是如果年轻男性把它们视作一日三餐的例行公事，并且是在真正开始跟女性有性行为甚至是第一次亲吻一个女孩以前的话，我们就需要认真思考一下这究竟会怎样影响他们对亲密关系和性相关行为的基本观念了。几乎所有人都能回忆起自己所看到的第一张艳照，它就像一个闪光灯效应①一样永久地铭刻在我们的大脑里。奥吉·奥格斯和赛·格达木解释了色情线索可能会造成的一些长期影响：

> 很多男性的性成瘾（sexual obsession）似乎是在仅仅一次的性曝光之后就形成了。男性的几乎所有持续终生的性偏好都是在青春期开始形成的。临床治疗师们反映，对成年男性而言，对一个视觉对象产生新的性成瘾是极为罕见的。如果男性的欲望“软件”当真只受到条件反射原则的操纵，那么年龄段就不应该是个显著因素。与之相反，

① 闪光灯效应（flashbulb memory），指的是某些令人震撼的记忆栩栩如生，并且在未来会经常闪现。——译者注

显然存在着一个可以形成视觉性偏好的时间窗——也就是神经科学家们所说的“关键期”。[35]

一个来自意大利的研究提出，当这个关键期被“劫持”，男性似乎就可能被一种叫作“性厌食症”（sexual anorexia）的现象所困扰，这种现象会发生在大量观看网络色情视频之后。在这个参与对象多达2.8万人的调查中，很多的男性从十四岁开始就“大量消费”色情网站，然后在他们二十多岁的时候，就会对“即便是最为暴虐的图像”也习以为常[36]。如果年轻男性的性欲发展过程同真实生活中的性亲密关系截然分开的话，情况就会更糟糕。在大量观看色情片之后，他们的生理反应会逐渐下降，于是力比多也就越来越少，继而就会无法勃起。从2005年到2013年，意大利青少年报告自己性欲减退的比例从1.7%飙升到了10%以上[37]。在我们自己进行的有两万人参与的调查研究中，也有很多年轻男性说色情片扭曲了他们对于性和亲密关系的观念，而且当他们在同真实的异性相接触的时候，脑海中总有色情片的“剧本”在持续播放着。然而很多女性都会拒绝这种剧本，尤其是在男性期望某种角色扮演而又没有跟她们提前沟通的时候。

诚然，如果有更高质量的性教育，或者跟男孩们更好地探讨一下在真实性关系中应该期望什么，这些情况可能会有所改善。在我们的调研中，一位高中男生这样回应：

我觉得在我们的社会里，可以允许在公众电视网上堂而皇之地展现血肉横飞、脏器四溢的场景，同时却对一个若隐若现的乳头都会遮遮掩掩，这可能是受到了苟延残喘的清教徒思想的影响。我们其实应该对性更加习以为常并且更少以之为耻，尤其是考虑到跟对死亡和开膛破肚的司空见惯相比，性要平常和有用得多。

很多孩子在上初中的年纪就已经看过色情片了。而在非宗教性的公立学校里，性教育大多也在同样的年龄段开始进行，美国的性教育一般用以下两种方式之一进行：禁欲教育或者综合教育。禁欲教育提倡禁止任何婚前的性行为。综合教育也提倡禁欲，但是同时也告知学生们如何避孕，以及性传播疾病的预防。不论是禁欲教育还是综合教育，对于色情内容都只字不提。根据疾病预防控制中心 2010 年的报告，全美青少年几乎全部在 18 岁之前接受了正式的性教育，但是只有大约三分之二接受了生育控制方法的教育[38]。令人倍感惊讶的是，虽然有 37 个州要求学校提供禁欲的相关知识，却只有 13 个州规定这种指导必须从医学角度而言是正确的，有 19 个州规定了需要提供避孕措施和避孕套的信息[39]。

如我们所料，禁欲教育和综合教育都没办法有效达成自己的使命。人们结婚的年龄前所未有地推后了，美国的平均婚龄是男性 28 岁，女性 26 岁[40]。与此同时，88% 的青少年承诺禁欲，而全美总体人口的 90% 都有过婚前性行为[41]。

显然，所有像美国这样在政治领域具有很强宗教取向的国家，都有全面降低性的地位的压力，他们把性看作是为婚姻所保留的东西，而且在任何有礼貌的公开对话中都应该避而不谈。

《美国对性的战争》（*America's War on Sex*）一书的作者马蒂·克莱因（Marty Klein）说，这种限制年轻人接触避孕手段的方法最终会自食其果。那些接受禁欲教育的孩子跟其他孩子对性的接触一样多，只不过他们更少采取保护措施。并且，尽管禁欲教育并不能影响孩子们的性行为本身，这种教育仍然影响了他们对于自己行为的看法。青少年受到的性教育越少，就越不理解性和自己的身体，也就更加不知道珍惜自己，并且更不愿意跟成年人开诚布公地讨论自己对性的感受和体验[42]。有现象显示，跟没有接受过任何性教育的年轻人相比，接受了综合教育的年轻人的性伴侣数量要少一些。性教育实际上并不能推迟青少年们开始进行性行为的时间，但是当性行为开始的时候，确实可以让他们更多地使用避孕套，更少意外怀孕，并且更少感染性传播疾病[43]。

MAN (DIS)CONNECTED

在美国，15~24 岁年龄组构成了性活跃人口的四分之一，然而他们却占去新感染性传播疾病人数的将近一半[44]。2012 年，15~19 岁年龄段的女孩每千人的怀孕人数是 29.4 名，这个比例高出其他任何一个发达国家[45]。据估算，2008 年人工流产的女性中有 84% 是未婚的[46]。尽管青少年怀孕生孩子的整体趋势正在下降，美国的少女妈妈里面有六分之五都是未婚的，而在 20 世纪 60 年代的时候这一比例只有六分之一[47]。

根据疾病预防控制中心提供的数据，青少年未婚生子每年会造成美国大概 30 亿美元的公共开支和 60 亿美元的税务流失[48]。另外，美国每年 15~24 岁年龄段人群由于性传播疾病所造成的直接医疗费用估计还有 65 亿美元[49]。与此同时，进行禁欲教育所需的全部费用，防止怀孕、性传播疾病、艾滋病的项目及相关的教育项目，以及计划生育服务所需的全部费用，加在一起也就是区区的 8.74 亿美元[50]。如果觉得问题还不够显而易见的话，这些数字本身就显示了让相关的项目更有效果是当务之急。

学生们也希望有更行之有效的性教育项目，然而不幸的是，他们对学校给他们提供什么样的信息并无发言权。在几乎没有任何公共资源和父母的一点点支持的情况下，互联网变成了回答问题和满足好奇心的最简便易行的手段。唾手可得的色情片成了性教育的来源，同时也是各种性需求浮现之时的“梦幻天堂”。

屋漏偏逢连夜雨，人格中的时间观念在性决策中助纣为虐，尤其是当今的青少年大都属于享乐主义的现在时间导向。对于大多数成年人而言，及时行乐和未来计划之间还会有个平衡，包括了设定未来长期目标、制订规划和整合过去的经验感受。而这些现时享乐主义者主要寻求的是持续的刺激、新奇和快感，并且竭力避免任何会让人很快厌烦的重复的东西。

在斯坦福大学的沃尔特·米歇尔（Walter Mischel）很多年前所进行的一个经典研究里，托儿所年龄段的幼儿在游戏获胜之后会被奖励一个棉花糖。实验为参与者提供了两个选择，立刻吃掉这个棉花糖，或者如果他们能够在实验者走出屋子的时间里抵抗住诱惑不吃这个棉花糖，就能在实验者回来之后额外得到另一个棉花糖。孩子们当然都想要两个棉花糖，但是只有一部分孩子能坚持等待。这个简单的测试实际上是对于意志力和自我控制能力的测试。当多年以后，实验者再次考察参与者们现今的状况时，他们发现当年能等的孩子们和不能等的孩子们之间的生活有令人惊讶的差异：能够延迟享受的孩子们长大后在学业、社交、事业和家庭生活中都要成功许多。米舍尔在2014年将他的这个发现出版成书，即《棉花糖实验》（*The Marshmallow Test*）①。

我们可以对此进行讨论：那些更能够抗拒诱惑的孩子更加偏向于未来时间导向，能够意识到迟一点得到两个棉花糖要比立刻吞掉桌上的一个棉花糖更合算。而那些不能抵抗眼前棉花糖诱惑的孩子生活在一个更狭窄的享乐主义的时区里，他们不仅看不到将来，甚至想都想不到！我们有理由相信，这就是那些年轻的或者年纪更大的游戏或性成瘾者的主要思维方式。事实上，最近的一些研究认为，网络色情片所提供的奖赏会造成普遍的延迟享受能力的降低。在持续观看了几个星期色情片之后，用户们就会更倾向于选择较小但是来得较快的报偿，而不是选择迟一点获得更大的奖励[51]。

很多年轻人冲动行事不顾后果，先行后思。他们同时也充满好奇，这是本

① 此书中文版已由湛庐文化策划，近期即将出版，敬请期待。——编者注

性使然。无论通过何种途径，年轻人总能学到性知识，各种高科技也挥之不去，这就为家长们出了难题：你是愿意自己对孩子进行性教育呢，还是把这项任务交给产业链，譬如色情网站或者其他媒体？当你放手不管的时候，它们就会乘虚而入，成为孩子们主要的性教育来源。“不许做”或者“注意安全”算不上是性教育。尽管避孕套比禁欲誓言要牢靠，孩子们仍然需要更多能跟自己谈话的大人，以及当他们有问题或者困惑的时候可以就近获取的资源。父母们最迟要在孩子 10~11 岁之前开始跟他们讨论这些敏感问题。

MAN (DIS)CONNECTED

提 要

- ♂ 以语言为基础的学校教育更适于女生的发展，大量女教师也会不自觉地给女生评分更高。
- ♂ 当性教育敷衍了事不切实际，色情片就会成为学习性知识的首选途径。

10

日益糟糕的环境

没人知道这些化学鸡尾酒会怎么在人体中相互反应，对我们整体的健康水平又有着怎样的影响。

——朱莉·韦克菲尔德（Julie Wakefield）

今天的年轻人真的比他们的父辈和祖父一辈生育能力差吗？新近的一些研究认为确实如此。在美国，男性的精子数量平均每年都要下降1.5%[1]。爱丁堡大学的男性生育健康专家理查德·夏普（Richard Sharpe）从一系列同步化的研究中发现，北欧青年男性中有五分之一的人的精子数量已经降低到了影响生育的水平。为什么在如此短暂的时间里会有这么巨大的变化呢？《华尔街日报》关注了夏普的观察结果，并且将其和另一个来自澳大利亚的研究发现放在一起进行了讨论，该研究发现精子数低跟男性自身吸食大麻、母亲在怀孕期间吸烟、出生时体重较轻，以及儿童时期体重超重都有关系[2]。某些诸如抽烟喝酒之类的生活方式，或者非法药品的使用（包括合成类固醇和可卡因）、压力、肥胖、长时间处于电脑或者电子屏幕前，都有可能引起这种刚刚被发现的精子数目逐渐下降的现象[3]。

诚然，这些都是非常重要的因素，但对于我们试图揭开的谜底来说只能算是冰山一角。存在着很多个人根本无法控制的因素。近年来，越来越多的人开始关注那些遍布在我们生活环境里的能够对激素产生破坏性改变的化学品，例如内分泌干扰素。

内分泌系统也被叫作激素系统，它在从怀胎十月到死亡时刻的整个人生中管控着所有的生理过程，包括大脑和神经系统的发育、生殖系统的生长和功能，以及对新陈代谢和血糖水平的调节。它是由各种腺体组成的（主要包括女性的卵巢、男性的睾丸、垂体、甲状腺和肾上腺），激素由各种腺体分泌之后被释放进入血液循环中，全身各个器官和组织的受体对各种激素进行识别并且作出反应。激素的工作机理就像是一个化学信差，跟特定的受体绑定，一旦发生接触这些受体就会读取激素携带的指令。某些内分泌干扰素会模拟自然生成的激素，让身体受骗，过度生产或者减少分泌某种激素（例如生长素、雌激素、雄激素、胰岛素或者甲状腺素），而这就会让身体的激素分泌失衡[4]。

根据美国环境卫生科学研究院（National Institute of Environmental Health Sciences，简称 NIEHS）提供的信息，起到内分泌干扰素作用的化学物质可以在很多自然或者人造的产品中找到，例如药物、食品、金属罐头盒、塑料饮料瓶、洗涤剂、化妆品、玩具、杀虫剂和阻燃剂，这些化学物质以多溴二苯醚（PBDE）的形式存在。在老旧家具、地毯、汽车座椅和床垫里也有这些成分。这些产品都含有二恶英或者类似成分、多氯联苯、DDT 或其他杀虫剂，或者诸如邻苯二甲酸盐和双酚 A（BPA）之类的塑化剂。虽然具体计量尚待确定，但它们都会干扰人体的内分泌系统，并且会对包括人类在内的所有动物的免疫系统、生殖系统、发育过程和神经系统造成有害效果[5]。

早在1950年，研究者们就注意到杀虫剂DDT会阻碍公鸡的性发育，导致其被“化学阉割”，以及其他的生殖系统变异，如同《失窃的未来》(*Our Stolen Future*)的作者西奥·科尔伯恩(Theo Colborn)、黛安娜·度玛诺斯基(Dianne Dumanoski)和约翰·迈尔斯(John Myers)所说。自那以后，北美和欧洲出现了越来越多的状况：鸟类、水獭、短吻鳄以及鱼类都出现了显著的激素系统和生殖系统异常症状，原因是暴露于富含多氯联苯(一种用来给电力设备绝缘的化工产品)和其他人造合成物的环境中[6]。

朱莉·韦克菲尔德在《新科学家》(*New Scientist*)上发表的一篇文章中，描述了在20世纪80年代，亚拉巴马州桑福德大学(Samford University)的一位鱼类生物学家迈克·豪厄尔(Mike Howell)所观察到的现象，佛罗里达河中的雌性食蚊鱼(mosquitofish)生长出了本来只有雄鱼才会有的在交配时使用的巨大的臀鳍。在深入研究之后，他发现这些异常的鱼类来自于河流上游的一个造纸厂。在韦克菲尔德发表这篇文章一年之前，豪厄尔和他的团队在下游被另一个造纸厂所污染的水源中采集了样本。他们在这些样本中发现了雄激素，尤其是雄烯二酮(androstenedione)，这正是健身者和运动员们经常服用的睾酮和合成类固醇的前体物质。在这个特定的案例中，造纸厂生产的木浆中含有的固醇和水体中的细菌产生了反应，制造出了雄烯二酮，豪厄尔的团队怀疑正是类似的生化过程使得环境中的雄激素含量越来越高。韦克菲尔德更进一步，认为雄激素并不是唯一需要我们关注的东西，抗雄激素(anti-androgens)也需要引起重视，也就是那些会阻止人体内雄激素分泌的化学成分。抗雄激素会导致睾酮分泌机制的崩溃，阻碍其与细胞之间的通信，让它没法启动关键基因，甚至损害与睾酮相关的基因活动。“这让人忧心忡忡，”韦克菲尔德说，“因为睾酮是雄性性器官正常发育的关键因素。”[7]

最大的未知因素实际上是内分泌干扰素的累积效应。在华盛顿州立大学（Washington State University）主持一个研究实验室的迈克尔·斯金纳（Michael Skinner），在他2005年进行的对怀孕老鼠的实验中发现了生物指令如何被转移至下一代。这个实验考察的是将怀孕老鼠暴露于杀真菌剂环境中是否会影响未出生胎儿的性别，尽管斯金纳和他的团队发现这些老鼠的雄性后代中确实存在精子数量低和生育能力下降的现象，但在性别差异方面并没有发现任何影响。

在此之后，一个研究人员阴差阳错地繁殖了这批实验鼠的后代，产生了它们的第四代后裔。斯金纳告诉这个研究人员也可以顺便研究一下这些老鼠。研究的结果让人们大吃一惊。被暴露于杀真菌剂之后所生出的第三代后裔中的雄性跟它们的祖父辈一样都有精子数降低的症状，但是研究者们同时也发现了被暴露于污染环境中的怀孕母鼠本身——也就是这些老鼠的曾祖母，出现了被称作甲基原子团（methyl groups）的分子模式的改变，这一改变会聚集在胚胎鼠的生殖细胞中的DNA上，而这些生殖细胞最终会成为其出生后的精子或者卵子。就如同“干净毛衣沾上了毛毛”一样，这些甲基分子干扰了DNA的正常功能，并且会传给下一代，使得它们产生各种疾病。斯金纳预测，在未来的医学诊断中，会对甲基化模式进行筛查，因为这意味着前一代曾经暴露于某些化学物质中，并且会导致当前病人的某些不健康症状。美国国家环境保护局（Environmental Protection Agency，简称EPA）对他的研究进行了批评，认为他的实验中使用的化学物质剂量太大，因而对于这些化学物质的风险评估已经失去意义了，但是无论如何，这个研究结果都会让人感到心惊肉跳。毋庸置疑，未来的研究肯定会继续揭开这种基因遗传机制的谜团[8]。

总而言之，这些很难分解的、有可能造成生物累积的[①]有毒化学物质已经被投放进了我们的生态环境中，因而需要更多由各个独立研究小组进行的深入

① 即在生物体内会形成堆积，例如三文鱼和金枪鱼体内对水银的集聚。——译者注

考察。可以理解，诸多研究的非确定性结果，再加上慢性和致命疾病比例的逐年增加，让事情变得更加扑朔迷离。譬如现在在全球范围内，睾丸癌的发病率比 20 世纪 60 年代翻了一番[9]，尿道下裂的比例也有所增加，这是一种先天缺陷，其原因是阴茎发育不良和尿道开口的位置异常。

MAN (DIS)CONNECTED

在丹麦，睾丸癌自 20 世纪 40 年代到 80 年代整整飙升了三倍[10]。丹麦研究者尼尔斯·斯卡科贝克（Niels Skakkebaek）发现，好几种与生育相关的问题不约而同地一起呈现出来了，例如睾丸癌、生殖器异形以及精子数量低下。他和他的团队认为睾丸发育的异常是这些问题的原因，把这种情况称为“睾丸发育不全综合征”（testicular dysgenesis syndrome，简称 TDS）；斯卡科贝克认为睾丸发育过程有可能在子宫里就受到了影响。他说，如果精子细胞发育成为精子的自然过程被内分泌干扰素所抑制的话，就会让一个人在未来成为不育症或者癌症的易感人群[11]。研究已经发现，怀孕的女性和新生儿对于这些化学物质的影响最为敏感，因为这个阶段恰恰是幼儿器官和神经系统形成的最初始阶段[12]。

加拿大环境部的科学家迈赫兰·艾莱依（Mehran Alaee）提出，每 2~5 年北美地区的多溴二苯醚水平就会翻一番；美国和加拿大女性乳汁中的多溴二苯醚含量比起瑞典女性要高出四十倍，而瑞典政府对于内分泌干扰素的关注度要比美国和加拿大政府高得多[13]。布鲁斯·兰菲尔（Bruce Lanphear）和西蒙菲莎大学（Simon Fraser University）的研究者们共同发现，如果母亲在怀孕早期暴露于高水平的多溴二苯醚中，其婴儿就会出现智商下降的状况，非常类似于暴露于铅污染的环境中所产生的症状[14]。

现在在全美普遍流行的肥胖现象更使得情况雪上加霜，一个人身体内的脂肪越多，体内集聚化学成分的可能性就越高。韦克菲尔德提出，这些化学混合物大部分并非由身体内部分泌，而是在身体的脂肪组织内部逐渐集聚的。然而，真正的问题在脂肪分解的时候才会浮出水面，因为随着脂肪分解，这些有害成分就会被释放到血液循环中。她说："没人知道这些化学鸡尾酒会怎么在人体中相互反应，对我们整体的健康水平又有着怎样的影响。"[15] 这应该为两方人士都敲响了警钟：有购买力的消费者和有责任保护公民健康的卫生当局。

MAN (DIS)CONNECTED

提 要

- ♂ 内分泌干扰素在环境中的扩散，会侵害人们的身体健康和激素平衡。
- ♂ 环境污染对于肥胖者的危害尤其严重。

11

奇幻科技助力兴奋成瘾

技术对我们能否坚持人性的价值提出了挑战，但是首当其冲的问题是，我们需要理解它到底是何方神圣。这看似简单，实际上很难。科技并不是一个非此即彼、黑白分明的东西，它威力无穷，而且错综复杂。我们可以对它带来的方便善加利用，也可以理解它究竟能做什么，但是也要提出问题："科技对我们的影响是什么？"假以时日，循序渐进，我们终究会找到平衡之道，但是，的确需要时间。

——雪莉·特克尔[1]

《魔戒》（*The Lord of the Rings*）的作者托尔金（J. R. R. Tolkien）用"魔力"（enchantment）来定义人类在架空世界（secondary world）中那种全身心的投入。他说："如果你越多地认为自己真的身处一个架空世界，这种体验就越发地跟梦境相似。但是，你是在一个由他人的思维编织的梦境里，而对这种令人担忧的事实的认识，却偏偏很容易在我们不经意间溜走。"[2]托尔金察觉到了人类这种在故事和传说中迷失的能力。想象一下我们在虚拟现实中该有多么更加难以自拔，其中所有故事的呈现都不是语言描述或者白纸黑字，而是栩栩如生的视觉刺激。托尔金的警告实在是振聋发聩。

语言的结构和文本阅读的缓慢让人们没有那么容易在不经意间深陷其中，不像潜移默化吞噬人心于无形的网络游戏世界。譬如，除了成功解决其中谜团的满足感，或者对某个寓意深刻的隐喻心领神会的快乐，书本里面没有其他报偿。纸质书籍不像电子游戏，不能根据阅读进度获得权力、地位或奖励；也不像网络色情片，总能以高潮作为结尾——仅有的例外是那些色情文学作品，诸如《五十度灰》(*Fifty Shades of Grey*) 之类，才会有些相似之处。

当我们沉湎于丰富的视觉刺激环境中的时候，有太多需要即刻关注的信息，而这种认知需要会让我们的工作记忆过载，因而能进入长时记忆中的内容反而寥寥无几。大量认知任务的高压只会让人加倍地心烦意乱，并且让思维更难以区分哪些数据至关重要，哪些无关紧要。思维被铺天盖地的各种信息掩埋，目不暇接的自动弹出窗口、超链接，都让大脑穷于应付，不停地判断哪些需要点击哪些不用理会，于是只有较少的脑力会被用来理解内容本身是不是相关。观看色情片也会影响男性的工作记忆，尤其是当他们的兴奋水平（和自慰的需要）更高的时候[3]——这也就解释了为什么很多男生在长时间沉湎于色情片之后，会缺课或者爽约。

尽管书籍和电影也能够把人们的思维带入另外一个世界，但是它们无法提供在游戏化①虚拟世界中扮演各种逼真角色的时候所体验到的那种满足或者成就感。在色情片里，年轻的小伙子们得以品尝做一个妻妾成群的虚拟酋长的滋味；在电子游戏里面，他们不用像现实生活中那样付出代价，就可以体验做一

① 游戏化（gamification）是一个术语，指一个专门设计的系统，通过给予各种奖励、反馈回路和公开状态指示（例如排行榜、进度图、“升级”能力、朋友数等等）提高人们的动机，激发人们的竞争行为。

个盖世英雄或者犯下滔天罪恶，也不会有生命危险或者身体伤残。顺理成章，这也就是为什么那么多小伙子对于各种令人眼花缭乱的网络游戏和色情片的热情，会远高于他们能在现实生活中遇到的一切真实了。

电子游戏在固定的环节里提供奖励，一般是在达到某个水平或者掌握了特定的技能之后。这种有节奏的强化跟著名心理学家斯金纳（B. F. Skinner）所用的操作性条件反射如出一辙，20 世纪 40 年代，在著名的“斯金纳箱”中，他教会了鸽子无休止地按压一个杠杆以得到更多食物。受到正强化的行为更有可能被多次地重复，尤其是如果回报的频度变化无常的话①；而且在电子游戏里，当所需的努力和技能都达到之后，报偿是确定无疑的。

有的游戏在通向目标的过程中增加了零星的随机奖励。类似于诱导转向法②的技术，这些游戏只在有些时候会给予奖励，这就更让游戏者们兴致勃勃。偶尔加点惩罚措施——譬如没收来之不易的稀有武器，是另一个控制玩家行为的有效方法，并且会让他们勤学苦练完善技能，以求不再犯同样的错误。

哈佛医学院临床心理学系的助理教授玛丽莎·欧泽科（Maressa Orzack）在她最近的研究中，确认了电子游戏中的角色发展和奖惩体系都是完全符合操作性条件反射规律的，并且是游戏设计者们处心积虑地精心设计在系统中的[4]。《游戏成瘾》（*Game Addiction*）的作者尼尔斯·克拉克（Neils Clark）和莎瓦恩·斯科特（P. Shavaun Scott）认为，问题在于“一个原本被自己内心的原因所驱动而追求成就的人，可能逐渐变得对这些外来的报偿产生依赖，继而就会失去他们固有的内在人生追求的驱动力”[5]。

更有甚者，现实生活绝不像电子游戏的世界一样，所有的曲折最后都会变

---

① 这就是成瘾行为的机制，亦即不规则的回报会让人更渴望尝试。——译者注

② 诱导转向法（bait-and-switch），即一种“钓鱼”的战术，用小恩小惠引起兴趣继而推销更昂贵的东西。——译者注

成坦途。当游戏化的过程在真实生活中无孔不入的时候，作为被习惯驱使的人类会在自己的真实生活中也寻找类似的模式，一旦无法发现这种捷径，就会失去动机或者感到失落。这当然不是第一次有年轻人在现实中迷失方向，但是毋庸置疑，在面对复杂的真实世界中的探索、决策和问题解决任务时，当前这代人是准备最不充分的一代。

最让人气恼的事实就是，这种类型的刺激，也就是这种类型的环境条件，在当今的社会中已经无孔不入、无远弗届了。互联网、电视、电子游戏和色情内容，都在我们身边的各种电子设备上随时随地唾手可得（电脑、笔记本、手机、电视机、**iPad**，诸如此类）。男孩子们之所以比女孩子们更容易被这个虚拟世界所诱惑，其中一个原因就是我们告诉这些男孩他们的精神世界本来就是坏的、令人恐惧的，因而他们“与生俱来”的冲动就无家可归。这些都严重地弱化了他们对于真实世界中的事务的参与和贡献的意愿，更不要说那些极为复杂、有着诸多层次的语言与非语言“代码”的人际关系了。

一个年轻男性在我们的访谈中告诉我们：

> 色情片和电子游戏都是立刻回报、百试不爽的，与之相比，别的寻求过程，譬如女性、体育运动和学校，就变得黯然失色了。年轻人现在已经屈服于按钮游戏，也就不需要任何电视机和电脑屏幕之外的快乐源泉了。有了这两种活动所提供的多种多样的丰富刺激，他们对之前提到的那些真实世界中的追求自然就会觉得味同嚼蜡。（我还要说，在抽大麻和吸毒之后，这一点仅存的兴趣恐怕也就烟消云散了。）

盖布·迪姆（Gabe Deem）作为一个色情成瘾的康复者，转而成为了一名公众演讲者，并且在得克萨斯州担任了年轻人的成长顾问。他也对这种感受有着深深的共鸣：

我之前一直认为电子游戏和色情片太迷人了。电子游戏不仅让我乐此不疲，同时也满足了我与生俱来的争强好胜和作为男人有所成就的内在驱动力。因而我更希望让自己的线上排名保持领先，带领一堆游戏玩家攻城略地，把时间全都花在跟素不相识的大男孩们线上聊天上，而不是想要找个好工作、立业成家和参与社区活动。

而且，色情片除了让我飘飘欲仙之外……好吧，我看色情片也就是为了得到那种快感。我从没有试图用色情片或者电子游戏来应对自己生活中的问题，我接触这些东西是因为它们得来全不费工夫，而且让我神魂颠倒。对于它们可能造成的消极心理影响我一无所知。在成长的过程中我几乎总是有女朋友的，而且也没有什么童年创伤，从未被虐待，我的家族中也从没有过任何成瘾的历史。

我就是那种有时候被称作“当代瘾君子”的人，因为生活在这种超级刺激取之不尽用之不竭的环境中，经年累月地过度消费这些内容就是我们难以自拔和麻木不仁的原因。我不是你们传统意义上的“典型成瘾者”，我仅仅只是把自己的生活转向了那些能“让我体验人生快乐”的行为和东西。

我经常听到人们道听途说，说只有那些生命中有严重问题需要调和或者逃避的人，才会对色情片上瘾。至少我自己不是这样，还有很多我认识的大量观看色情片或者花了太多时间打游戏的人都不是这样；在我这种情形中，是先大量消费这些东西之后，才引起了“问题”。[6]

每当我们定时定点地激活自己大脑中的习惯回路，我们不仅仅制造了自己的行为习惯模式，同时也在改写着自己的心理神经回路。在《浅薄》这本书中，尼古拉斯·卡尔讨论了我们的大脑可塑性有多么强，还有它们对新的刺激有多强的适应性：

几乎我们所有的神经回路都是可以被改变的。随着年龄日增，这种可塑性会逐渐下降，但是永远不会消失——大脑绝不会因此而止步不前。我们的神经元总是在推陈出新，打破旧连接建立新连接，并且全新的神经元细胞也总是在不停地生长出来。[7]

本质上，我们的大脑具有随时自我重新编程的能力，可以灵活改变自己的功能。这就是神经可塑性（neuron plasticity）的确切含义。

尽管有着高度的可塑性，随着时间的增加，大脑中的沟回越深，那些相关的行为就会越牢固，通过重新训练来改变这些行为就越困难。卡尔在他的书中举了几个非常生动的例子。20 世纪 70 年代，生物学家埃里克·坎德尔（Eric Kandel）使用一大块被称作海兔的海蛞蝓生物证实了神经突触的连接是可以改变的。他发现，即便是受到非常轻微的触碰，海兔都会灵活地缩回去；与此同时，在没有受到伤害的情况下，如果它被反复地暴露于触碰中，就会很快对之习以为常，然后其收缩本能就会消失。坎德尔观察了海兔的神经系统并且发现这种习得性的行为（或者说行为缺失）跟神经突触连接的逐渐退化有着一一对应的镜像关系，也就是负责"感受"被触碰的感觉神经元和负责退缩的运动神经元之间的连接退化了。在这个实验的早期，海兔鳃上的感觉神经元中有 90% 都跟运动神经元之间有着连接，但是在鳃被触碰了 40 次之后，只有 10% 的感觉神经元还保留着连接。坎德尔因为这个系列实验及其理论推论获得了诺贝尔奖。

哈佛医学院的神经病学研究者阿尔瓦罗·帕斯夸尔－莱昂内（Alvaro Pascual-Leone）提供了更多线索，来说明我们知觉事物的方式是如何影响我们大脑中的连接的。他招募了一组从未弹过钢琴的人，教他们学习了一段基本旋律，然后将他们分成两组。一组人被命令在接下来的 5 天中每天在钢琴键盘上练习几个小时；另一组人被要求坐在钢琴键盘前面，用同样多的时间想象自己在演奏，但不可以真正地触

> 碰琴键。在实验期间，帕斯夸尔－莱昂内采用经颅磁刺激（transcranial magnetic stimulation，简称 TMS）扫描了被试的大脑活动，发现两组人的大脑都产生了同样的变化；换句话说，就是那组仅仅想象自己在弹奏旋律的人的大脑也产生了变化，单纯因为他们的思想，而没有任何真正的主动行为。在这种情形下，思考和想象成真了。坎德尔和帕斯夸尔－莱昂内的这两个研究都展现了这种奇妙的现象，也就是大脑在仅仅短期暴露于条件作用下之后，就能对重复而熟悉的体验产生习惯化[8]。

色情内容的这类条件作用所具有的含义让人坐立不安：想象一下让人们习惯于对性作出反应有多么轻而易举吧，一堆显示器上的像素就能做到。但是另一方面，这似乎也给那些希望重新训练自己的大脑，让自己能对性伴侣有更多反应的人带来了一线曙光。成也萧何，败也萧何。两个神经突触之间的连接会由于重复体验的特定刺激而变得更加强大和丰富（例如释放出更高浓度的神经递质）；同样道理，大脑对于较为不熟悉的体验的反应程度也就会变得较低。

有不少观看过津巴多的 TED 演讲的人都认为，不应该把色情片和电子游戏混为一谈。游戏玩家跟色情片观众未必是同一批人，反之亦然。当然，从某些角度来说，色情片和电子游戏当然是风马牛不相及的，但它们也同样有很多不那么明显的相似之处。两者都能让人兴味盎然，并且都有很多有趣和实用的应用程序，但是它们也同样都会让人浪费太多的时间，并且可能会在心理上和人际关系上对某些男性造成损伤。

我们非常担心那些过度沉迷于电子游戏和色情片的男孩子们会形成社交隔离。目前还没有一个非常清晰的指导方针，指明游戏或者色情片到了多大程度应该算是“过度”[9]；但从根本上说，如果这些使用者在有了明显的社交、情绪、人际或者学业上的不良后果之后，仍然无法自控，情不自禁地去打游戏或者看色情片，这肯定就是一个问题了[10]。对问题的严重程度的考量，应该和每个个体的反应情况相关。

旁观者常常会误解游戏玩家的动机。很多玩家实际上都是在某个特定的游戏中被自己脱颖而出击败其他玩家的能力所驱动，并且深陷其中难以自拔的。对他们来说，最重要的是自己在游戏中的表现。在游戏上所花的时间只是在跟游戏中的表现水平高低相关的时候才有意义（例如，在一定的时间之内杀灭敌人的数量，这可以为他们带来声望值或者靠前的排名）。游戏玩家们已经全心投入了一个层级森严的特定系统，并且希望在其中能卓尔不群。他们从不会考虑自己已经花了多少时间在上面，他们只会想着自己在这里有多么出类拔萃；因为这才是同一个游戏群体中其他同伴对你进行评判的依据。玩家们是从游戏内部系统的视角来判断什么才是有价值的，而不是游戏行家里手的人是没法即刻窥其究竟的。

对于非游戏玩家来说，一个可能有用的类比就是一个人对事业功成名就的追求。不同的行业有着不同的驱动力。譬如，销售人员跟牙医的动力肯定不一样，但是因为不同职业之间有经济上的可比性——即存在一个经济和社会地位的奖赏系统，每个行业还是能够理解其他行业从业者所追求的目标的。通过财务指标和社会地位，大家能够达成共识。每个电子游戏都有着自己的“经济生态圈”，就像真实世界中销售人员和牙医们各自所属的圈子一样。不一样的是，现实世界中的经济圈是被几乎所有人接受的，而虚拟“经济圈”在自己建构的疆界之外却不被承认，因而跟外界可以交换的东西就少得可怜，因此对于外人而言除了茶余饭后的笑谈之外，也就毫无价值。

电子游戏和网络色情片都是新近才出现的，是在社会环境中出现了数字化娱乐之后才崭露头角的。随着越来越多的人开始投身虚拟世界，也会有更多的人看到这些虚拟世界里存在的巨大价值，继而推动“过度”的定义不断演变。

当前，游戏和色情两个产业正在以惊人的速度相互融合，尤其对那些独来独往的玩家和那些希望在线挣钱的人有着极度的诱惑力。《游戏上钩》（*Hooked on Games*）一书的作者安德鲁·多恩（Andrew Doan）指出：

> 电子游戏中性和色情的组合有着惊人的成长潜力，这已经是既成事实了。据报道，游戏《第二人生》（*Second Life*）有超过两千万用户账号登记，其中超过半数都是当前活跃着的游戏玩家。现在已经有人通过"虚拟陪伴服务"① 真正发了大财，其中一些人的收入达到了六位数。白天，一个女人可以是妈妈、律师或者其他行业的专业人士。夜幕降临，她的声音就化身无数，成了一个向男人提供虚拟陪伴和虚拟交媾的色情女郎，每小时收费 20 美元。[11]

位于加利福尼亚州的创业公司"罪恶机器人"（Sinful Robot）是一家采用头戴显示器技术设计虚拟现实类游戏的公司，头戴显示器是一种 3D 技术，能够像滑雪镜一样完全覆盖使用者的全视野[12]。该公司在 2013 年解体了[13]，但是迟早会有其他的公司创作这种沉浸式的 3D 游戏，其中会包括虚拟性爱，或者像 Lovense 公司的产品那样，加入跟色情影星的一举一动交相呼应功能的同步交互式的性玩具[14]。

情欲和动机都是以唤起为基础的。如果在性方面欲火中烧，兴奋就会转而指向性的方向；如果决心要获得成功，兴奋就会把一个人带向设定目标和长期成就之路。色情片和电子游戏俯拾皆是，得来全不费工夫，给人享受并且让人轻松愉快，因而在生活的各个方面，真实的生活都在与自己的数字替代品进行着竞争。很多年轻的男性通常就会情不自禁地抛弃真实存在的物理世界，而选择那个数字替代品。

《飞出个未来》（*Futurama*）里面"我跟机器人约会"那一集跃然映入眼帘，

---

① 陪伴服务（escort services），即国外最普遍的色情服务。——译者注

在这一集里，偶然落入公元3000年的年轻男子弗莱创造了一个长得像刘玉玲①的机器人，并且为她编制程序让她爱上自己的一切。仅仅过了很短的一段时间之后，他就只想和这个机器人待在一起，觉得其他任何事情都索然无味。这个时候他的朋友们决定插手，于是给他放了一个老生常谈的讲述人机恋爱危险的片子。在这个片子中，一个叫比利的年轻人迷恋上了一个酷似玛丽莲·梦露的机器人。除了跟这个机器人耳鬓厮磨之外，比利什么都不想干。甚至当他的邻居梅维丝，一位魅力十足的年轻女性，邀请他晚些时候到自己家里来卿卿我我，他都会告诉她为了亲热而需要走到街对面去太麻烦了。这个古板影片中的画外音低沉忧郁地问道："你在结尾的这个场景中看到有什么问题了吗？"画外音继续说道，在有这种机器人之前，为了跟梅维丝佳人有约，比利必须要在自己报童的岗位上加倍努力挣钱，才能有机会博得异性的青睐，继而有机会发生性关系乃至繁衍后代。"但是在一个青少年可以随意约会机器人的世界里，有必要这么麻烦吗？"顺理成章地，不久之后外星人就把这个星球夷为平地了[15]。

尽管真实世界中所有的社交和人际需求在数字世界中都有相应的顶替，这些数字替代物能否像原始的东西一样地满足那些需求目前尚不得而知。在亚伯拉罕·马斯洛的"需求层次理论"中，描绘了人类的需求发展过程往往像个金字塔，最底层是最基本的需求，而其中最主要的两个生理需求必须在真实的物理世界中满足。然而，马斯洛需求层次中的上面三层需要——归属感、爱与尊重以及自我实现，是否有可能在数字现实中得到满足呢？一个人是否能在数字现实中得到同样的，甚至更多的满足呢？答案既是"是"也是"否"。诚然，有些需求能够在数字世界中获得满足，但是这些需求在被满足的时候没有任何的风险成分，并且多数都是在社交隔离的环境中满足的，就像一场彩排。举例而言，一个人单打独斗玩游戏，可能会非常好地满足其自尊需求，但是这对于归属感完全没有触及，也不会对爱的需求有任何贡献。

① 好莱坞知名的华裔性感女影星，代表作有《霹雳娇娃》《杀死比尔》等。——译者注

游戏玩家们可能会觉得自己已经成功地“越狱马斯洛”（见图 11-1）了，但这并不是完全没有代价的：得到了权利，却失去了与他人建立关系的能力。如同我们的调查中一个人所说：“游戏把你放到了一个虚幻的成熟情境里，万事俱备，但是却没有任何的代价。你可以感到自己有权有势而且‘经验丰富’，却不用经历那些在真实世界中取得同样成就所必需的失败。”于是一个游戏玩家可能在一个世界里“红得发紫”，觉得自己不可一世，但是在大多数人眼里，他仍然名不见经传，对其作为也一无所知。此外，不满足他人的某些需求，一个人就不可能获得自我实现的感受，而这种与他人的亲密感和对他人的欣赏的缺失，就创造了一种跟任何共有的社会现实毫无关系的扭曲的能力感和成就感。换句话说，建立关系能力的缺失，尤其是人际社交技能的缺失，会对社会成就的评估造成严重的扭曲。

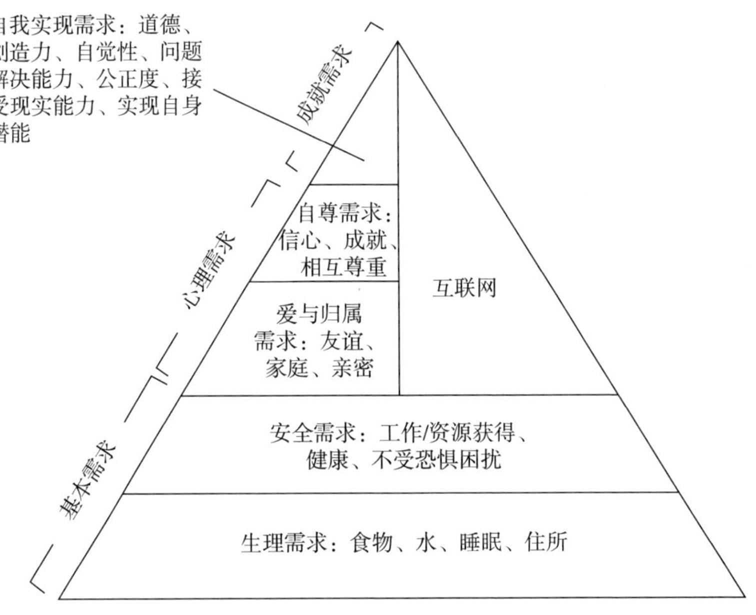

图 11-1 马斯洛越狱版

资料来源：Nikita Coulombe & Philip Zimbardo.

对于这个问题，我们访谈的一个25岁的男性游戏玩家是这么看的：

> 电脑游戏玩家的精神世界是极度精英主义的，其实从本质上来说是一种优越情结和低劣情结的混合物。他们之中的很多人面对“圈外人”的时候感到自惭形秽，于是就需要得到补偿。他们有一种在线上扮演凶神恶煞的需求，因为这样他们就能感到自己比其他人更强有力了。如果你搞砸了一个游戏，他们之中的大多数人都会大发雷霆。过去有种说法叫作“GGWP”——游戏好，打得也好（Good Game, Well Played），但是现在这早就一去不复返了。在打败仗的时候，人们相互嘲弄，攻击辱骂。就算这场胜负仅在伯仲之间，你的对手也会让你卸载这个游戏，或者会说“炮打蚊子，胜之不武”，只不过是为了想让你生气，搞点动静出来。他们也可能团结起来勒索或欺负你，把你放到“低级队列”，让你在游戏中进退不得卡在中间，不是因为你做错了什么，而是他们把整个队伍的失败责任都推到你头上来，或者仅仅是因为别的几个人讨厌你。这种现象在DotA里司空见惯，我玩过的其他游戏里也有不少，并且也不仅仅是在大型多人在线游戏里才有。

当我们问他游戏世界中的优越感在真实生活中又会是哪般模样的时候，他说有很多游戏玩家在社交技能上低于平均水平，但却“在游戏里感觉自己好像勒布朗·詹姆斯（LeBron James）一样”。这些人在真实社会中的人际交往中碰得头破血流，而这种线上人格和真实世界的巨大落差又反过来让他们更加疯狂地打游戏，让自己的技能日臻完美无人能及，因为显而易见，在游戏世界里比在日常生活中更容易让自己心满意足。

斯坦福大学“虚拟人际互动实验室”（Virtual Human Interaction Lab）的主任杰里米·拜伦森（Jeremy Bailenson）和他的研究伙伴尼克·伊

（Nick Yee），把这个现象称作“普罗透斯效应”①，也就是一个人日常生活中的行为中越来越多地掺入了自己的“数字人格”[16]。普罗透斯效应也有积极的一面，它似乎有助于帮助人们摆脱毒品和酗酒问题，并且，在虚拟世界里会面，相互支撑一起应对现实生活中的成瘾问题也确实切实可行，尤其是对那些无法入住物理上的戒断中心的人们而言[17]。但是在消极的那一面，普罗透斯效应也会创造或者加强一个人本就膨胀的自我，让他和现实世界越走越远，进一步“去个性化”②，或者改变一个人的思维方式。

在真实的生活中，当人们彼此之间互动的时候，会不由自主地模仿对方的措辞和姿态。拜伦森、伊和杜尚诺（Ducheneaut）在实验中展示了一个现象，在虚拟世界的对话中，如果一个替身能够模仿对话参与者的头部运动的话，则参与者对于这个模仿者的观点的认同程度，要比在真实世界里一个人被模仿之后的认同程度更高。在另外一个实验中，替身竭尽全力游说一名参与者，这个替身的脸部经过了处理，添加了20%~40%的参与者的面部特征。面部相似性是个强有力的线索，甚至能够改变参与者对政治竞选活动中候选人的选择。在电子游戏中，人们所扮演的人物的吸引力甚至是穿着打扮、衣服的颜色和样式，都会改变他们对自己的知觉，并且继而影响他们如何与他人互动，不仅在游戏里，也在真实的生活之中[18]。

除了虚拟自我跟现实生活的南辕北辙之外，我们对儿童和青少年们到底是如何穿插游走于真实生活和数字世界之间的了解依然匮乏。在纽约“追求学习”（Quest to Learn）学校中主管设计的凯蒂·萨伦（Katie Salen）对我们说：

---

① 普罗透斯（Proteus）是希腊神话中的一个早期海神，面部千变万化。——译者注

② 去个性化（de-individuation），指抛弃自己独有的个性和追求，藏身于屏幕背后。——译者注

> 人们总是对虚拟世界和现实世界之间的区别反复强调，并且也有一种对于年轻一代有没有能力区分两者的担忧。但是我却认为所谓的“区分”实际上是一个非常成年人视角的观念，这种观念来自于上一代人，对于这些人而言，虚拟世界原本并不存在，是后来无中生有地加入这个真实世界的。但是孩子们却有能力在数字和真实之间游刃有余地切换。[19]

拜伦森认为，当前数字世界和真实生活之间的界限已经非常模糊，两者甚至是等价互换的同一回事。在纪录片《数字民族》(*Digital Nation*)中，拜伦森制作了一个外貌逼真、栩栩如生的主持人道格拉斯·罗希霍夫（Douglas Rushkoff）的数字替身：

> 在一个实验中，我们把你的替身做得比你本人的身高高出10厘米，然后让你去同某个人进行谈判。跟自己的真实身高之间10厘米的区别，会让你在虚拟世界的谈话过程中动手打人的概率比现实世界高出三倍。不论我们的实际身高如何，当我们在谈判过程中的时候，你就会对我动手。而即便是短时间曝光在虚拟世界中的体验，也会被带入人们现实生活中面对面时候的行为。我们也有儿童参与的实验，在其中，孩子们在虚拟现实中体验了自己同鲸鱼一起在水中嬉戏；一周之后，有一半的孩子真的相信了自己曾经和鲸鱼一起游过泳。[20]

这让我们不禁想起了“离水之鱼”（fish out of water）——一直身处水中的鱼儿意识不到水的存在，而对于在数字时代出生成长的儿童们来说，虚拟的“水”的样子和感觉都跟真实的“水”并无二致。那些稚嫩而全然沉浸在人工视觉世界中的眼睛，可能无法轻松区分虚拟媒体和真实生活中的内容。

色情的动力

在1975年的影片《爱与死》(*Love and Death*)中，伍迪·艾伦(Woody Allen)说："没有爱的性只是空虚的体验，但是就空虚体验本身而言，这是其中最无与伦比的！"果真如此吗？在当下时刻，色情片会令人痴迷沉醉，但是之后的巨大消极后果也需要被考虑进来。

我们调查中的一个高中男生是这样跟我们分享他的想法的："我觉得色情内容和电子游戏所提供的这种召之即来的便捷快感、享受、控制以及压力缓解，实际上大大削弱了我们的耐心，让我们产生了非常不现实的期望，甚至导致我们在社会上难以立足。"

色情内容本是对于性这个主题的外显呈现，本意是为了刺激性兴奋和产生满足。跟艺术或者色情作品不一样，今天的色情视频几乎没什么艺术价值，唯独聚焦于性的生理和图像方面来竭尽能事，而非展现这种亲密所带来的美妙、感受和情绪。自从史前时代就已经有了对于性的描绘，但是直到19世纪下半叶，色情文学的概念才被广泛地理解。在19世纪60年代的时候，对于庞贝古城的大规模发掘，引发了对究竟什么才算是淫秽或者猥亵的讨论，其结果就是被发现的大量色情物件被放逐到了私人博物馆里面。

1895年电影发明之后不久，就出现了色情影片的制作。紧随其后的，就是公然表现与性相关的内容被视为淫秽，法律禁止这样的内容公开呈现，一直到20世纪60年代才有所改观。《纽约客》杂志的一位常青树漫画家戴维·赛普雷斯(David Sipress)在一幅画里把这个过程描绘得惟妙惟肖：一个老头儿在跟他的儿子和孙子讲话，两人膝头都放着笔记本电脑，老头儿告诉他们："想当年我跟你们一样大的时候，为了看几个黄色画片儿，就必须要长途跋涉十几公里，穿过冰天雪地跑到某个商店里去才行。"[21]时移事易，年代不同了。

时至今日，匿名互联网的出现意味着任何人都可以随意地在任何地方看到色情片，并且不需要跟任何人互动就能手到擒来。理论上而言，18岁以上的人才可以获得这些色情材料，但是真的想要落实这种“社区标准”是镜花水月，更别说是在互联网这种地方了。大多数人都会同意赤裸裸的性行为描写不应该让儿童看到，但是接触到这种东西——不论是自愿还是非自愿，都是非常难控制的，更不要想去规范了。

尽管其利润似乎高达几十亿美元，产业大佬们仍然在抱怨色情业在这些日子里由于尚在恢复途中的经济而苦苦挣扎，同时还要受到盗版、免费或者超低价格的网络色情片的威胁[22]。

旅馆房间里的成人娱乐和DVD销售确实带来了非同小可的利润，然而这个市场仍禁不住物美价廉和匿名身份的诱惑，渐渐地投入了互联网的怀抱中。现在，色情内容仅仅是轻敲几下鼠标就会跃入眼帘。高科技让整个产业的门槛变得更低。现在任何愿意在摄像机前面做爱并且公之于众的人，都可以成为色情片演员；而且只要能让人血脉偾张，一个女人甚至是女孩就可以成为一个收入可观的艳星。

那么观看色情片能让年轻的男孩子们学到性知识吗？从某种角度而言，当然可以了。他们能了解到性行为可以有形形色色的形式；然后，只要对方同意，一个人在一辈子里可以跟自己的性伴侣尽情尝试花样翻新，从而得到各种快感。除此之外，色情片能带来的恐怕就只有自惭形秽了。因为人们都会假设自己在片子中看到的是“正常的”，而且也只有这样才是可以被接受的表现，才是跟自己伴侣的正常关系。最糟糕的是，你会看到尺寸不仅至关重要，而且决定一切。俄亥俄州立大学（Ohio State University）2015年进行的一项研究发现，色情片的使用程度，与男性对自己身体的不满程度、对于自己外表的自信的下降程度以及对于关系的焦虑和回避程度呈正相关[23]。其他一些研究也都有类似的发现：

一个年轻男性越是对自己的身体感到满足，尤其是自己的阴茎尺寸，他与性相关的焦虑就会越少[24]。

几个年轻男生在我们的调查中慷慨陈词：

毋庸置疑，我相信这会让男孩子们都变成妄想狂而且有着极不现实的期望，因为在性教育中这些东西都只字未提（至少在我经历过的性教育中是这样）。这也就是说男孩们只能自给自足，自己去进行探索了，然后如果发现自己跟他们所看到的相去甚远，就会失去作为男人的信心……

男性朋友都会非常失望，因为女孩们没有他们在色情片里看到的那么闹，或者是她们没有达到哪怕是一次的性高潮，而他们已经在色情片里见过女人可以在男人之前达到很多次高潮……女孩们对于男人的活力只能持续短短的几分钟也倍感失望，这跟她们在色情片里见过的可以坚挺半个小时差得太远。

我当前没有受到任何的性教育。然而，我的确相信网络色情片让人们产生了对性非常不现实的预期，因为色情片里展现的都是某种“艳星”形象，这跟生活中的任何平常人比起来都是一个天上一个地下。这不仅仅让年轻人对自己的身体不满意，而且彻底击溃了他们的自尊，同时也毁掉了他们的性爱观，因为其中展现的都是自私的快感和生物吸引力，而漠视了对伙伴的情感和依恋。

也有几个年轻女性讨论了她们所观察到的东西：

我参加过一个关于男女平等的研究，这个研究强调了媒体对于女性如何看待自己身体的巨大影响。这是千真万确的，但我对于教授似乎认为媒体对男性的身体形象感觉毫无影响感到非常气愤。当我和我的男朋友刚刚开始约会的时候，对他来说，在我们的关系中，性是一个非常艰难的事情。后来他决定去进行治疗，消除他对自己的身体和满足我性需求能力的怀疑。我相信这跟媒体的影响有着非常大的关系，例如电子游戏和色情内容中所描绘的男性气质以及男人怎么样才算是性感。这些东西虚构了一个画面，使得这个我深爱并且非常吸引我的男人对自己妄自菲薄，想到这一点的时候我感到伤痛莫名。认知行为治疗确实调整了他对自己表现的焦虑，我们现在好多了。

因为老一辈人没有为这种事情伤过脑筋，他们不理解今天的男人们需要得到一些性教育，理解性是一件需要两情相悦、双方都得到满足的事情。现在有很多男人根本不明白，女性需要在性生活里被当作伴侣而不是艳星或者色情女郎来对待。年轻的男性们对这两者的区别全然不知，并且对于我们为什么不愿意像他们在色情片中看到的“那么做”感到莫名其妙。

色情片千真万确地让年轻人（主要是男性）对于性的预期完全脱离了现实，它提倡了一种镜花水月般的“完美景象”，继而梦想破灭就会一落千丈。另外，它也把性描述成一种毫无情感、没有任何意义的纯生理活动，这在未来的亲密关系中肯定也会造成很多问题。

色情片让性变成了廉价品，并且让男人们离浪漫和真正的亲密关系越来越远。它让他们学会了忽视女人的情感需求，只用很自私的方法对待性。

我的观点是，男性和女性的角色似乎正在飞速变化着。举例而言，在很多夜店里面你可以轻易看到，过去的那种男人急不可耐追求女人的情景已经迅速消退了，取而代之的却是女性显得更加迫切，主动投怀送抱到那些只会逢场作戏然后飘然而去的男人身上。这种情形简直跟色情片上的情节一模一样。然而尽管我自己强烈反对色情片和与之相关的一切，人们却不能把这种情形怪到男人头上，因为现在实际上是女人们变得更加轻易行动，并且在需要获得男人尊重的时候并不自重。

绝大多数的网络色情片中没有任何故事情节，激烈交媾之前也没有任何准备过程。没有只言片语，只有高潮澎湃。对于在真实生活中所存在的浪漫序幕、沟通讨论、柔情蜜意、亲吻爱抚和甜言蜜语，都全无提及，甚至连说话都省了。在这些视频中，隐含的理解都是女人跟男人一样或者比男人更加渴望性交，并且她们甚至非常主动地拉开男人的拉链，脱掉他们的裤子，然后立刻开始为他们口交。这在现实世界中并不是非常常见的情形。

请大家想象一下，我们学习踢足球的方法是观看英超联赛中的球队如何把对手大卸八块，或者我们通过观看全明星击球手阿尔贝·皮若尔（Albert Pujols）在世界职棒联赛[①]中打出三个让人目瞪口呆的本垒打来学打棒球。他们都是最杰出的专业运动员，天赋极为出众并且经过多年艰苦的训练才能成为各自运动中的顶尖高手。他们的确能让你热血沸腾，但是真正的学习却是在自己的少棒球场或者学校后院的空地上，在教练的指导下，和跟自己年龄相仿、个头相似、水平相近的同伴们一起勤学苦练来进行的。

在色情片中，几乎所有的男性都有着尺寸巨大的阴茎。他们就是因为这种尺寸和精力才会被选来当演员的，在上镜的时候还需要吃药增加兴奋程度。你看不到的是，在镜头切换的中间，他们也会萎靡不振，需要助理帮他们“加把劲”，吃点药，甚至需要用真空泵或者阴茎注射才能再添一把火。因而，他们那看似毫不间断而且持久强劲的性功能里面，实际上也有着太多的幕后间歇。

通过观看色情片，男人们还会感觉压力巨大，因为他们会认为女性对于性

---

① 美国人把自己的全国棒球联赛称作“世界联赛”。——译者注

生活质量的期望自己根本满足不了——坚硬似铁，金枪不倒，而且能挺上几个小时。很多男性因为自己有个尺寸平常的阴茎，就觉得自己的身体有问题，或者如果自己在十分钟的时候达到了性高潮，就会觉得自己早泄。这就像把跑步机设置成最快速度和最陡坡度——几乎没人能够在上面待多久。无论如何，当准备跟一个现实生活中的真实女性发生性关系的时候，很多男人都有着性表现的焦虑，就是因为他们脑子里充满了经年累月大量观看色情片之后形成并且固化的对于性的不现实预期。

男孩们观看色情片的另一个非常确定的消极后果就是阴茎妒忌（penis envy），换句话说，就是觉得自己不争气。这种在男性身份认同中如此至关重要的领域的自我觉知，确实是变相自我攻击的来源之一。这在公共更衣室里面屡见不鲜：有很多年轻男性不愿意解开浴袍，他们会到了淋浴喷头下面才摘下浴巾，洗浴完后包裹严实再回到更衣室。

在性能力增强药物“伟哥”最初做市场营销的时候，它的广告用的是一个两鬓斑白的中老年男性形象。再看看今天，空前数量的 30 岁以下男性都需要“伟哥”来增强自己的性能力[25]。一旦这种药品被认为是保障性功能所必不可少的，它就成为了一种喧宾夺主的东西。于是那些曾经用中老年模特来推广这类药物的广告公司，现在都开始用相貌年轻得不能再年轻，甚至生理上看起来也很活跃的男模特来做广告了。永远伺机而动，始终准备充分。

长期刺激，长期失望

在大多数宗教取向的国家里，性一直是社会中暗中涌动的潜流，但却很少和爱一起被当作一个整体来看待。爱情被人颂扬，性欲却被否认，甚至是被主流的媒体视而不见听而不闻。但是，性欲却始终无法淡出人们的视野，只不过不是在平面媒介上，而是在网上风生水起。互联网简直是集体无意识的杰作，让我们得以窥视我们的欲望、需要和幻想。色情片最初的本意可能是帮助人们对性更感兴趣，时过境迁，过犹不及，现在它却起到了完全相反的作用。很多研究发现，色情片的观看跟抑郁、焦虑、压力和社会问题都有相关性[26]。而疾病预防控制中心发现："跟其他人相比，频繁观看色情内容的人更有可能报告抑郁或者低水平的身体健康状况，这意味着色情片可能造成了一个社会和性隔离的怪圈，并且替代了健康的人与人之间互动交往的活动。"[27]

我们文化中的多数领域对于贪欲和奢靡都予以压抑和忽视，而色情片却是一种补偿的尝试。在线上王国中，它被非常好地展现了。在2011年，美国500个最热门的网站中有24个是色情网站。提供一些背景信息：500个网站中有将近47个是不同国家的谷歌首页。而最流行的色情网站比其中36个网站的流量都高，包括了谷歌加拿大、墨西哥、澳大利亚和德国[28]。这个色情网站的流量也比CNN、AOL（美国在线）、MySpace甚至Netflix①更高[29]。然而，不像其他网站面对的都是普罗大众，色情网站的观众主要都集中在24岁以下，并且其中的大多数不是在学校里偷偷看就是在家里关上门看，秘不告人。

2015年，PornHub正式登顶成为美国最受欢迎的色情网站。因为男性更加有可能付费观看，色情片会一如既往地针对男性的口味精益求精，但是尽管如此，PornHub的女性观众数量也是与日俱增，尤其是在《五十度灰》的小说和电影面世之后[30]。互联网流量追踪报告网站Alexa在2011—2015年的数据中证实了这一点——2011年的时候，每个色情网站的用户群都是男性主导的偏态分布；但是到了2015年的时候，有四分之一的流行色情网站中女性用户的流量要稍高于男性。同样在2011—2015年之间，在网站500强中色情网站的数量由24

① 美国在线视频销售网站，挤垮了原来的录影带租售连锁店blockbuster。——译者注

个减少到了 12 个，更多的年轻男性从学校访问色情网站（比家里和工作场所更多）[31]。“拉拉”（Lesbian）是年轻女性最常用的搜索关键字 [32]。

所有最流行的色情网站都提供免费内容，同时也有更高级的独家秘方，譬如高清视频或者网络摄像头直播节目，而这些也都价格低廉。几乎任何你想要找的东西都有免费的版本，并且这些内容在任何时间任何地点，只要是有互联网的地方都唾手可得。

一个顶级的刺激自助餐在虚位以待——PornHub 上面列出了 56 个不同的分类，而且便捷地按照字母排序；每个分类平均有 5 832 个独立的视频。这些分类中最受欢迎的视频平均被观看过 2 230 万次，每个视频平均大概 20 分钟长。平均而言，每个视频在三分之一的内容之后才会进入真正的阴道交或者肛门交。这些视频中只有大概四分之一包含了可辨别的女性的性高潮，但是有 81% 都有显而易见的男性性高潮——男性达到高潮通常是这些视频的闪亮结尾。

在这些最流行的视频中，没有哪怕只言片语谈到任何关于性安全的问题、生理或者情绪的期望或者界限的问题。这些视频中也极少出现男性的面部特写，却有太多女性的面部特写。

一般情况下，这些视频的镜头视角都是直接对准生殖器的，而女性的胸部或者脸部会作为可以看得到的背景。色情片一般都是在男性射精之后就匆匆收场，从而暗示了男性射精是性行为的巅峰之作，剩下的都是附属品。

这些影片潜移默化地暗示着，在性爱天堂里语言是多余的。哪怕是一点点关于情感亲密的描绘都没有，言语交流也极为稀少，即便有也是词不达意。但让人惊讶的是，尽管色情片的口碑很差，其中却罕有对于女性的脏字——至少在那些最受欢迎的色情片中没有。色情片中的身体亲密动作也非常少，因为如果两个人贴得太近的话，摄像机不容易拍摄到好的特写镜头。另一个非常受欢迎的视频类型就是青少年的性行为，这个类别被称为“大学女生艳遇”，制作人会问这些女孩多大了，她们面对摄像机说自己是十八岁①，尽管她们实际上看起来要年轻得多。

总体而言，我们想说的是色情片中实际上既没有性，也没有爱，只有在一个充满了视觉诱惑的环境里的动作，而且主要是针对男性观众的。并不是说女性不喜欢观看他人的性行为，很多人都乐在其中。简而言之，多数女性仅仅是不喜欢那种只有连续不断的肉体部位来回扭动的特写而没有其他任何情节背景的东西。色情片和浪漫毫不相干，也没有任何的前戏或者序曲，更没有循序渐进逐渐建立深层的情感。有的只是从一开始就是召之即来的口交，然后就是阴道或者肛门的交配动作，然后就是各种千奇百怪的位置或者姿势。这些对于女性观众的诱惑力远远不及男性观众。

从积极的角度来看，色情片可以作为一种挖掘白日梦的发泄方式，或者寻找其他性嬉戏可能性的途径。另外，色情片也可作为在现实生活中缺乏性伴侣时候的一种替代品，譬如非常害羞的男性、没有经济能力购买色情按摩或者陪伴服务的人，抑或是那些不想与不止追求一夜情（或者就是几十分钟的身体摩擦交互运动）的女性接触，以免造成情感纠葛的男人。问题是，这种同外界孤立独自享受色情片的行为可能会让人逐渐地在未来真的进入隔绝状态，并且离真正的亲密关系更加遥远。也就是说，色情片会瓦解一个人与他人结伴的能力和意愿[33]。最近在英国进行的一次民调里显示，有三分之一的色情片轻度使用者（每周 1 小时或者更少）和 70% 的重度色情片观众（每周超过 10 小时）都报告说看色情片影响了他们的亲密关系[34]。过度使用色情片还会造成其他不良问题，年轻的男性往往当时意识不到这些问题，后来才追悔莫及。

① 美国法律规定的成年年龄。——译者注

哥们儿，我咋起不来了

最强有力的性器官实际上是大脑，对于男性而言，这里也是勃起最初开始的地方。那么如果你看了太多的色情片，会对大脑造成什么样的影响呢？《你的色情大脑》的作者加里·威尔逊把长期过度消费网络色情片同其他的成瘾行为进行了比对，譬如大量赌博、电子游戏成瘾或者食物成瘾。他指出，现在已经有了超过 90 个关于互联网成瘾、游戏成瘾和网络色情成瘾的研究，所有这些研究全都呈现出类似于毒品成瘾时大脑所出现的变化[35]。

这完全在情理之中，因为你大脑中兴奋出现的位置跟成瘾发生的位置是相同的，都位于所谓的“奖赏回路”（reward circuitry）。这个回路的大部分早在很久之前的进化路上就在我们脑中生根发芽了。这里也是当你产生动机想要有所成就的地方，或者享受饕餮大餐、性爱、决定冒险或坠入情网的地方。这里也就是你兴致勃勃，或者意兴萧索，抑或成瘾而不能自拔的地方，因为这里也是渴望升起的地方。

威尔逊解释说，因为多巴胺（dopamine）是触发奖赏回路的主要神经递质，你越是感到性兴奋，你的多巴胺水平就越是飙升。尽管我们多数时候认为多巴胺是“快乐分子”，但威尔逊说：

> 它实际上跟寻找和追求快乐的过程，而不是快乐本身有关。因此，让多巴胺水平升高的是期待，也就是让你追求潜在可能的快乐或者长期目标的那些动机和驱动力。但是如果你长期让自己处于过度刺激之中，你的大脑就会开始造反。为了在过度刺激中自我保护，大脑就会降低多巴胺响应的程度，于是你的满足感就会日趋下降。[36]

如果没有足够的多巴胺来引发奖赏回路，勃起就不会发生；不仅如此，跟多巴胺调节失常有关的色情相关的性问题还有很多其他的表现形式：

- 不能自发勃起。
- 对色情图片或者已经看过的色情片不再能产生兴奋，常常需要依靠极度刺激的东西才能感到兴奋——这也是成瘾的标志。
- 阴茎敏感度下降。这表明大脑已经对快感非常麻木了。
- 延迟射精或者跟真正的性伴侣进行性行为时无法达到性高潮。
- 性无能，跟真正的性伴侣进行性行为时不能保持勃起。
- 最终完全无法勃起，即便观看最极端的色情内容也不行。
- 勃起功能障碍的药物失灵。伟哥和希爱力只是通过扩张血管来延长勃起时间，它们并不能在大脑中产生兴奋。如果没有兴奋，什么都不会有。[37]

因为在遇到新鲜事物的时候多巴胺水平会急剧升高[38]，网络色情片可能会让本来在年轻人身上千疮百孔的性表现问题瞒天过海，直到一发不可收拾时才发现自己原来问题多多。当处于每个全新的性情境或者面对全新的性“伴侣”的时候，大脑就会激烈释放多巴胺。如果你的多巴胺水平开始下降——也就是你的勃起越来越疲弱，你可以立刻点击鼠标从网上找些新鲜玩意儿，给自己点儿刺激或者疯狂。

在位于柏林的马克斯·普朗克人类发展研究所（Max Planck Institute for Human Development）所进行的一项前所未有的对于网络色情片用户的脑部研究中，研究者们发现，经年累月观看色情片的行为，跟大脑中奖赏敏感性相关区域的灰质数量减少是正相关的，同时也和对于静止色情照片的勃起反应减弱正相关[39]。灰质减少意味着多巴胺以及多巴胺受体的减少。这个项目的领导者西莫内·屈恩（Simone Kühn）推测：“定期规律地观看色情片会或多或少地损耗我们的奖赏系统。”[40]另一个独立的德国研究也显示了色情片用户的问题是同打开的窗口数量和兴奋的程度紧密相关的[41]。这也帮助我们解释了为什么有很多用户变得对新鲜的、令人惊奇的或者非常极端的色情非常依赖。他们需要越来越多的刺激才能够获得兴奋，产生勃起，乃至于达到性高潮。

对奖赏回路进行狂轰滥炸是所有那些二维网络伴侣得以“滋润”而蓬勃兴起的秘诀。如此这般，大脑创造出了新的神经元连接，它们不需要多巴胺就能够激活奖赏回路，而只需要这些特定的“有价值的”活动。

让人扼腕的后果是，日常生活和同熟识伴侣的性关系都变得稀松平常、淡而无味，唯一让大脑觉得被吸引和值得去注意的东西就是网络色情内容。如我们早先所说，有很多用户在真正的性行为里无法达到高潮，或者甚至不能保持勃起状态（即勃起功能障碍）。或者即便他们能够在第一次的时候勃起（因为伴侣是全新而陌生的刺激），也会在未来很快就发现伴侣不再能让自己兴奋。他们的大脑现在需要屏幕上持续不断的花样翻新。他们深陷泥沼无法自拔，除非重新训练自己的大脑。

威尔逊说道：

> 时至今日，网络色情片已经成为了一个强有力的记忆，在潜意识的层面让你情不自禁——因为它是最为可靠的多巴胺来源、勃起的保障以及欲求的归宿……这其实也是所有成瘾行为的机制。你越多地通过爆发的多巴胺来过度刺激奖赏回路，它就越不敏感。想象一个电量不足的手电筒。简单点儿说，你的奖赏回路没能给你带来足够的电量让你勃起。[42]

用更容易的方法来解释这件事，就是色情片把它本来想要强化的东西变得更麻木了。或者，如同尼古拉斯·卡尔所言：“当我们用人为的方法对自己的某些地方拔苗助长的时候，我们同时也就是在跟这些地方的自然功能背道而驰[43]。

兴奋成瘾：刺激依旧，却要花样翻新

有很多原因让电子游戏和色情片的成瘾特性令人担忧。所有的成瘾问题都是这样：某个活动变成了最爱和唯一，生活中的所有其他东西都不值一提——就像每个强迫性的嗜赌者、酗酒者或者吸毒者都会告诉你的一样。我们可以认为这些全是“兴奋成瘾”——为了保持高度兴奋感而四处寻求新鲜刺激。

在高速互联网进入千家万户之前，人们对于色情片的消费习惯是迥然不同的。今天的这种兴奋成瘾在过去根本不可能[44]。六十年前，那不过是在《美国国家地理》杂志上面出现的一小幅土著女性袒胸露乳的照片。三十年前，也不过就是翻翻《花花公子》或者《阁楼杂志》（*Penthouse*），能在里面看到全裸的美女身体；《好色客》杂志（*Hustler*）引入了阴道部位的“粉红色”景象；我们也可以发现某些男人会出高价躲在影剧院里看全时长的成人电影，譬如《深喉》（*Deep Throat*）或者《无边春色绿门后》（*Behind the Green Door*）。二十年前，有的是一堆堆的录影带，而十年前是自制的DVD精彩片段集锦。但是到了今天，你可以在自己的电脑里尽情打开无数窗口，来上十几个高清视频流点播，你需要做的只不过是在这些窗口之间游来荡去。

每个人都会记得自己看过的第一张色情照片、第一部黄色电影，它们会在我们的脑海中铭记终生。因而，如果你是个从没有过性经验的年轻男性，并且看着赤裸裸的色情影片长大（实际上，今天每个人都会大量观看赤裸裸的色情影片），并且你只有在看这些片子的时候才会自慰——一般是“销魂欲死”，请想象一下这对你未来真正的性体验会有怎样的影响。如果你已经把你的大脑和身体训练成了对大量的赤裸淫荡至极的色情片段很兴奋，那么正常生活中的真实性伴侣很可能完全无法让你达到真正的兴奋，这跟你从未看过这种材料时的情况不可同日而语。你可能会客观上认为对方非常有吸引力，但她就是无法让你在生理上或者心理上感到兴奋。

在很多年轻的男性只有依赖色情片才能兴奋起来的时候，问题产生了，因为最初让他们感到兴奋不已的东西已经不再有同样的作用。一位感到担忧的妈妈曾经在儿子告诉她自己除了赤裸裸的性交色情片之外什么都不看的时候，写信给一位知名的性问题咨询专栏作家：

> 我 15 岁的儿子一直在看那些虐待狂变态色情片——并且只看虐待狂变态色情片。这种情况已经持续好几年了。他还告诉我们（我丈夫和我自己），尽管自己从没有机会发生性行为（他将之定义为阴道交），他已经有过了口交、手淫，诸如此类，并且他在那些时候并没觉得这些暴力性色情内容有多么“惊人”。但是他也说自己无时无刻不在想着那些色情片段——每天，每刻，幻想着在自己约会女孩的时候能做这些变态性虐的事情。这些都是在我们开始进行关于尊重和约会的对话时冒出来的！……我丈夫倒是并不觉得这有什么大不了的，因为在我们眼里，在他的朋友、家庭、女朋友（至少在我知道的范围里）的眼里，他是个截然不同的人，从幼儿园到高中，他从来没有过任何暴力的行为。我不知道这是不是一个严重的“红灯”警报，我只是一想到他会伤害到什么人就不寒而栗。现在我在他身边的时候也会感到羞耻和尴尬。我很讨厌他的形象在我心中一落千丈。有没有一些更多的迹象需要我给予关注的？我们到底哪里做错了？[45]

她得到的建议非常离谱。尽管有着积极的迹象，就是那个儿子目前似乎仍然有着健康如常的社交生活，她得到的回复却是“您的儿子有着非常严重的怪癖，总有一天，他能跟一个心甘情愿的成人伴侣来一起探索这种怪癖”，还建议他去研读更多关于变态行为的伦理规范的资料，并且找到自己的行为榜样。至于色情片对性偏好的影响以及愈演愈烈的猎奇口味，建议中却都只字未提，也没有任何人来问问这个儿子，一切事情最初是如何开始的。也许他的最佳决策应该是看看能不能坚持一段时间不再边看色情片边自慰了，然后看看自己在“重启”（reboot）之后是不是还有这个倾向。

在色情片的世界里，很容易对重复的内容习以为常，只有不一样的东西才会始终让人聚精会神，这有时候甚至意味着跟一个人的性取向不一致的稀奇古怪的东西，譬如极端行为、同性恋或者“变性人”色情。剑桥大学的研究者们发现，那些有着强迫性性行为的人们跟没有这些行为的人相比，需要更多和更新奇的图片才能被唤起，因为他们对自己所见的东西习以为常进而不以为意的速度比常人要快很多[46]。另一项研究证实，有强迫性性行为的人们在观看色情片之后会在大脑边缘系统呈现出一种与毒品成瘾时非常相似的行为成瘾症状。他们的性欲和他们对于色情片的反应是分离的——他们有可能错误地把色情片带来的兴奋认为是自己的性能力[47]。

不幸的是，个人的长远利益跟产业最大利益之间是相互冲突的。电子游戏和色情片产业通过线上实时视频流提供了花样无穷的新鲜素材，因而色情成瘾的人们总能找到自己的“解药”。跟成瘾物质或者成瘾过程相关联的中性的刺激物和事件，例如赌场或者吸毒的程序，都可以成为产生更多兴奋和增加身体化学反应的调节因素（即环境线索）。

兴奋成瘾让人们在饥渴难耐的时候陷入了一个扩展了很多倍的享乐主义的时区。过去和未来显得如此遥不可及，而此时此刻被扩展到了支配一切的地位。并且这个“此时此刻”是变幻无穷的，不停地展现出不一样的图景。色情片铸造的大脑被“数字化再造”成了一个全新的东西，要求着变化、新奇、兴奋和连续不断的刺激。

诺曼·多伊奇（Norman Doidge）在他的《大脑可以改变》（*The Brain That Changes Itself*）一书中如是说：

当色情作家们自吹自擂说他们总会推陈出新、引入更为刺激的主题的时候，他们避而不谈的是自己其实是迫不得已，因为他们的客户会对当前的内容很快形成耐受性。男人们坐在电脑前紧盯着色情片，一次次地把数量惊人的图像写入自己大脑中的快乐中枢，达到了塑造变化所需要的那种全神贯注的程度。他们认为非常刺激的内容时时刻刻都在随着网页上介绍的主题和文字的变化而亦步亦趋，而这些东西在他们毫无知觉的情况下潜移默化地改变着他们的大脑。因为可塑性依据的是优胜劣汰原则，于是这些刺激十足的图景的增加，是以之前曾经吸引过他们的东西被淘汰为代价的。[48]

尽管每个人兴奋成瘾所造成的行为和生理反应千差万别，仍然有必要检视一下大量观看色情内容所引发的比较普遍的生理、精神和情绪后果，因为很少有人能够意识到，观看色情片对自己在真实生活中进行性接触时候的大脑和他们获得兴奋的能力有着多么巨大的影响。

兴奋成瘾的这些或潜移默化或显而易见的后果，会对一个人生活中任何固定的或者重复的方面产生消极的影响，包括了规划未来、延迟享受和长期目标的设定。那些我们曾经访谈过的具有兴奋成瘾症状的年轻男性们普遍地对于社交情境感到焦虑、更不愿意去设定目标并且努力达成、感到对自我失去控制，甚至会谈到自杀。他们已经跟传统的学校课堂脱节，因为课堂是模拟的、静止的、被动互动的。学校教授的是如何用过去的经验来应对未来的问题，诸如规划未来、延迟享受、先予后取或者长期目标的设定。

大家是否能感到这其中的失衡？兴奋成瘾者同时也跟浪漫关系绝缘，因为这需要循序渐进并且非常难以捉摸，需要很多互动、分享、建立信任，以及对于生理欲求的暂时压制，直到“合宜的时机”。

柯立芝效应

一般情况下，每个男性都会在性高潮之后体验一种被称为“射精后不应期”的现象。翻译过来就是：每次性行为之后需要缓一缓、暂停一下，然后才可以重新来过。但是在新奇刺激的性体验面前，这个时段被迅速地缩短了。对于你的大脑而言，看色情片就跟你在真实生活中妻妾成群毫无二致。尽管这些体验都是来自于屏幕上的二维世界，每个片段依然都是一个全新的性机会。

柯立芝效应（Coolidge Effect）描述的就是这样一种现象。这个名字来源于野史中一个有关美国前总统卡尔文·柯立芝（Calvin Coolidge）和他的夫人格雷丝·柯立芝（Grace Coolidge）的故事，他们曾经先后出现在一个政府农庄里面。当柯立芝夫人走过一只正在跟母鸡交配的公鸡的时候，她问仆人这只公鸡多久会如此交配一次，仆人回答说：“每天十几次到几十次吧。”柯立芝夫人接着说道：“总统过来的时候把这个告诉他，让他开开眼。”仆人把这话告诉总统之后，他反问道这只公鸡每次交配是不是都是跟同一只母鸡。回答是：“哦，当然不是了，总统先生，每次都是不同的母鸡。”总统然后说道：“把这个告诉柯立芝夫人！”

现在估计你有个概念了。柯立芝效应指的是雄性哺乳动物的一种偏好或者怪癖（显然这种现象在雌性身上少得多），就是每跟一个新的性伙伴相遇，自己就会性意盎然。在一个对于性兴奋的习惯化的研究中，40 个男性被分成了两组，一组被试看到了 5 对不同的性伴侣的性行为照片，另外一组把同一张照片看了 5 次。第一组的兴奋程度逐渐增加，而第二组的兴奋程度越来越弱[49]。在另一个采用了视频片段展示的类似研究中，男性参与者们在看到新鲜的女性形象时，他们的精子数量、质量都有显著的增加，同时射精所需要的等待时间明显减少[50]。

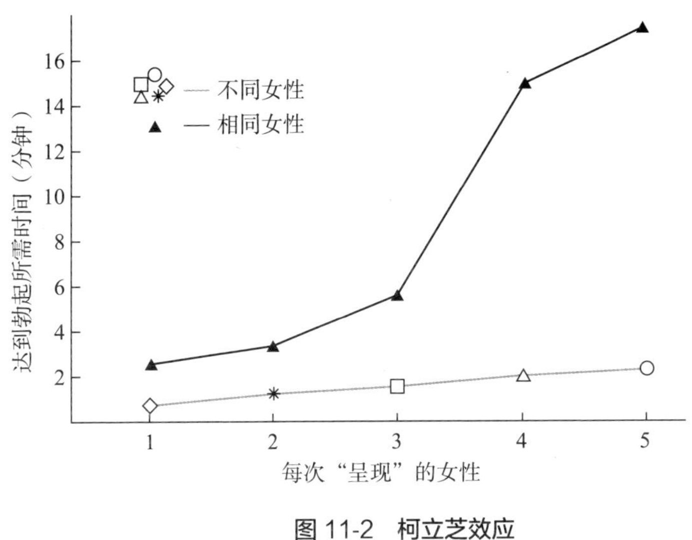

图 11-2 柯立芝效应

因为他们选择多多，每当触手可及的时候，艳星们就新鲜不再，价值陡降了。有一种“新女孩效应”（New Girl Effect），说的是大多数的网络视频表演者在自己出现的第一周就几乎已经挣到了她们能挣到的所有钱财，之后很快就无人问津了，而这种落差导致她们非常苦恼[51]。但是这种猎奇心态和召之即来挥之即去的习惯，对于真实生活中的亲密关系又有怎样的影响呢？

佳人有约，却买椟还珠

“你的指甲好漂亮。”观察着对方的纤纤细指，他说道，“是假的吧？”在泡妞专家的世界里，这样的婉转奉承被称作“挤兑”（negs）。一夜情高手把这些心理操纵的技巧运用自如，譬如用这种欲盖弥彰的挤兑方式吸引女孩们的注意力。

听到这话的女孩显然对这种手段一无所知。“当然不是了！”她毫无防备，掉进了陷阱。她会自认为这个男人毫无技巧可言，但是他其实有一套熟极而流的公式。从某个角度而言，这个公式屡试不爽。他们在那晚结束的时候已经相互缠绵了。但是这种火花就像流星般一闪而过，也许她会悔不当初，或者他觉得这个游戏进入真正的人际交往之后耗费了太多精力，而她带来的吸引力已经直线下降，变得不好玩了。

近来，很多诸如《谜男方法》(*The Mystery Method*) 和《把妹达人》(*The Game*) 之类的书籍如雨后春笋般涌现出来，教给人们很多非常有效的、有时候甚至是污蔑性的，供人消遣的勾引女人的方法。男人们为了一睹芳颜居然会如此处心积虑实在是让人瞠目结舌，但不幸的是，他们的解决方案却并没包括其他对于建立关系至关重要的方面，譬如发现共同的兴趣爱好、从陌生人到约会对象乃至成为长期伴侣的转变过程。也许这些其他的方面并非他们的初衷，但是总有一天，当他们需要一个真正的亲密关系的时候，从游戏模式转变到关系方式可能就没有想的那么容易了。他们的整个思路都必须从把女孩或者女人当成可能被征服的“狩猎目标”，转换成把对方当作是一个有着潜在价值和长期兴趣的“活生生的人”。在老套的结局里，他们需要最终真的爱上另外一个人，而不是仅仅为自己而活。

此中关键是需要精心把握一个平衡，也就是即时欲望和长期目标之间的平衡点，并且时刻觉察各种行为对自己和他人的影响。当那种跟异性建立连接的自发性逐渐淡却之后，原先遇到一个有趣女孩的那种动机，就被“跟更多女孩上床”的动机所替代。从原本的逐渐建立信心，到现在的“气焰嚣张”，整件事已经变成了不断升级的得分竞赛游戏，而跟建立情感连接再无半点干系。这种感觉更像是玩虚拟足球赛，而不像对于同一个有血有肉有情感的女人做爱的幻想，人们只顾着寻欢作乐，而把其他人看成是随时可以替换的物件。

在我们的调查中，两个性别都有机会对这些态度的后果作出评价：

> 男性：我相信这些行为可能会使得谈恋爱“抬高门槛”——年轻男人不再是“简简单单做自己”，而是开始做某种“成本收益分析”。如果电子游戏和色情片就能让你心满意足，同时却又没有在真正的亲密关系中随之而来的“累赘”和“闹剧”，年轻男人们可能就没什么兴趣去建立真的恋爱关系了。

> 男性：社会上的性别歧视起到了一定的作用。因为成天从媒体上耳濡目染，盯着自己偶像们的一举一动，男孩们自幼就被教育着不要尊重女性。如果一个男人连尊重女性都做不到的话，又怎么可能指望他走出自己的舒适区，跟女性进行交谈乃至建立起一段浪漫关系呢？

> 女性：现实很不争气，据我所知的那些痴迷于色情片的男人中没有任何人跟女性有着健康和相互尊重的关系。在社交场合中，他们可能在有限的时间里“表现得”合情合理，但是色情片自始至终都会影响到他们的态度和内在价值。在曾经同沉迷于色情片的男人在一起生活或者工作的女性眼里，他们身上非常明显地自始至终存在着不一样的态度和一些印记。有句老话，叫作“种瓜得瓜，种豆得豆”（在这里则是“放进去的是垃圾，拿出来的还是垃圾”）。人类的大脑不可能做到一边大量吸收这种色情片给予的自我满足的消费行为，一边又能够去主动追求跟另一个真正的人的成熟、复杂、深刻而又持久的关系。

既然浪漫关系的愉悦不可能存在于人为安排的场景中，那么靠这些方法获得快乐的男人们到底想要什么呢？用那些年轻男性的话来说，对于幸福和满足感的渴望已经被重塑成了对于刺激、消遣和控制的需要。

畅销书《我希望在地狱里仍有酒喝》（*I Hope They Serve Beer in Hell*）以及

《小人得志》（*Assholes Finish First*）的作者塔克·马克斯（Tucker Max）曾经在网上张贴了一则约会启事，并且得到了无数的回复。他用多项选择题表格的方式询问了潜在约会对象一些问题，例如："如果我的朋友们见到你他们会怎么说？"下面是那些供给答题者选择的选项：

- "又一个没心没肺的高挑靓妹，今晚他又能风流了。"
- "今晚估计会看见一个衣着凌乱的潮女，两个人会翻江倒海一塌糊涂。"
- "天啊，她闻起来像是水产市场。"
- "这个女孩好像颜值太低了一点吧……但是我赌 10 块钱，他还是会跟她上床。"
- "我不会说她是肥婆，但是请神容易送神难，估计他将来要扒层皮才能脱身。"
- "她就是个廉价小姐。不知道今晚他花了多少钱。"
- "早知道就口交了还好一点。"[52]

从某种层面而言，这只是个玩笑。但是这也确实让你不得不琢磨一下为什么马克斯的书能够攀上《纽约时报》的畅销书排行榜首位，而那个时候却是一个人们连购买避孕套都觉得很不好意思的时代，也是大家都不知道如何坦诚地谈论性的年代——跟谁都不行。

性在我们的生活中随处可见，但是为什么同时却又那么羞于启齿呢？是否粗俗是它唯一的表达方式，所以才上不得台面，只能被浅薄之徒津津乐道？正是部分由于这种古怪的不一致性，在西方化的世界中有很多年轻男性都产生了"圣母－荡妇情结"，也就是有爱无性和有性无爱。男人们希望自己有一个健全优雅的生命伴侣和一个淫荡低俗的情人。当他们在真实的世界中遇到一位既优秀又性感的女性的时候，他们反而感到焦虑，并且经常会逃之夭夭。对他们来说，性千万不能和私人情感结合在一起。这种情况对任何亲密关系中的双方都是巨大的问题和挑战。

我们跟一个二十出头的女孩谈了谈，她跟自己同样年轻的男朋友有三年多的亲密关系，并且也有着这样的内心纠结：

> 在大概约会了七个月之后，我们开始同居了。我们的性生活质量一直都不高。他在我们的性行为中总是难以为继。有的时候他确实能勃起，但是每每当我们马上要开始性交的时候，他就会阳痿。他说跟所有的女孩发生性关系的时候都有这个问题。早晨醒来的时候他也会“金枪不倒”，然后就会成功地自慰——显而易见他的问题是在头脑中而不是身体上。他喜欢跟我耳鬓厮磨，也喜欢卿卿我我，除了这个问题之外我们确实情投意合。我们之间的谈话都非常开诚布公，无话不谈。他在自己的电脑里收集了大量的色情片。这些东西本身其实并不困扰我，但是我觉得这些片子毋庸置疑地对他的性观念产生了大量极为负面的影响——他有严重的表现焦虑，从来没办法全心投入。
>
> 他初高中上的都是寄宿学校，宿舍里面全是男孩，他告诉我他们一起看了数量惊人的色情片，并且这是在他们都还没有任何真实生活中的性经验的时候发生的。我觉得这个是他自始至终有阳痿（以及表现焦虑）的关键因素——他在真正的性体验之前看了太多赤裸裸的色情片，让自己的思维完全混淆错乱了。他说过对他来说把我看成是性对象非常困难（也就是说，对他来说自己爱的人也同样是自己的性伴侣这个观念让他非常难以接受）。他把性视作是跟一个自己漠不关心的人所做的事，一个性对象，而不是一个有情感的人。在这段关系结束之前的那段时间里，我们就像室友那样一起生活。

在过去，亲密关系被视为双方一起建立家庭的前奏，人们会把自己的伴侣当成持续一生的伙伴。但是到了今天，年轻人建立浪漫关系的理由越来越少，他们也就只会把女性看成是可替换的临时性对象而已。

电子游戏的来龙去脉

几十年前，如果你戴眼镜，就会被称作“四眼儿”，读书太多的孩子们会被大家捉弄取笑。对于婴儿潮一代的人来说，学习好的孩子们只是在考试那几天稍微让人羡慕一下而已，并且喜欢学习或者对电子产品津津乐道的孩子们都会被称为是“书呆子”（nerd），而书呆子都是自己在一起扎堆儿的——在社交层级的底端。

在过去的日子里，在弹球机和游戏街机、《大金刚》（*Donkey Kong*）和《毁灭战士》（*Doom*）还没出现的年代，《使命召唤》更是连影子都没有，那个时候十几岁的男孩们聚在一起是为了体育运动、骑自行车、漫无目标地开车闲逛，或者就是玩牌。他们抽烟喝酒、醉生梦死、扛着空气枪四处跑，要么就是自己做个独木舟在倾盆大雨之后从河里顺流而下。那是个邻里之间相互能叫出名字的年代，家里人会一起晚餐，你不会住得离自己的亲人太远，并且人们需要自己给自己找乐子。

从20世纪70年代和80年代开始，一切都变了。书呆子们找到了机会发挥自己所长：发明创造，推陈出新，不断发现新的方法开发资源探索宇宙。第一代街机游戏、掌上游戏机和通用计算机，都是由书呆子发明制造出来给书呆子用的。这帮人对于科技的知识比跟人打交道要多得多，对时髦也不感兴趣。有的书呆子是对制造新东西感兴趣，其他的则只是社交迟钝，非要手头上有点事做方肯罢休。他们天生就对接近女性缺根弦儿，根本就不懂得要追求女孩。但是随着游戏公司的经营合法化之后，游戏的功能越来越强大，图像质量越来越高，并且越来越易用，刹那之间，“书呆子”变成了“极客”（geek），而极客是受欢迎的人物。现在如果参加任何一个游戏或者电子设备的发布会，你都会看到青春靓丽的模特和活泼性感的摇摆舞，吸引着人们的注意力。

也可以说这一切都开始于1977年，第一部《星球大战》电影问世。就在同一年，苹果II型电脑（Apple II）在旧金山举办的第一届西海岸计算机展示会上初次亮相，这个事件后来甚至被一些人认为是个人电脑产业诞生的标志。仅仅一年后，中途岛公司（Midway）发布了《太空入侵者》游戏，1979年，雅达利公司（Atari）发布了《爆破彗星》（*Asteroids*），继而在1980年南梦宫公司（Namco）发布了所有街机游戏中最为著名的《吃豆人》（*Pac-Man*）。1981年，第一个关于电子游戏的杂志《电子游戏》（*Electronic Games*）正式出版发行。在20世纪80年代早期，电子游戏产业有个小小的瓶颈，但是任天堂（Nintendo）几年后异军突起成为新星。康懋达国际（Commodore International）的创始人杰克·特拉米尔（Jack Tramiel）生产出了简单便宜的电脑，自始自终针对“普罗大众，而非精英阶层”[53]。电脑的易获得性、互联网、触摸屏以及运动控制，都给人类之间互动交流和玩电子游戏的方式带来了革命性的改变。

随着价格越来越低，技术的威力真切地进入了主流社会的生活中，风起云涌的技术进步都迅速地被照单全收。电子产品的消费狂潮激发了技术进步，正如同英特尔公司的广告词“与你共创明天”所说，涌现出了一种新型的明星。那些曾经被婴儿潮一代人们视为笑谈的口袋上系扣子的书呆子们今天却令人刮目相看，前呼后拥为人瞩目。之后，电影《龙虎少年队》（*21 Jump Street*）中就出现了一个情节，卧底警察为了让自己受欢迎做了很多怪事，在残障车位停车、装成愤世嫉俗的嬉皮士、殴打同性恋同学，结果反倒弄巧成拙变成了笑柄。他用的是老套的游戏规则，却并不知道“坏男孩”在人们心目中的印象已经风光不再了。如果我们停下来反观一下最近几十年来社会的指数增长状况的话，我们就会更理解和感激那些“狂人怪咖、古怪天才、叛逆者、捣蛋鬼、格格不入者和不按常理出牌的人”，就如同苹果公司的神话人物史蒂夫·乔布斯一针见血地指出的[54]。丑小鸭现在变天鹅了。

其实玩电子游戏好处多多——游戏乐趣无穷，而且提供了很多的社交纽带、问题解决、策略分析甚至是身体锻炼的机会。网络游戏也让很多人有机会成为电脑和通信专家，这种技能在未来就业市场的价值不可限量。还有很多的网络游戏让人们有机会能够接触全世界各个角落的人，也有机会了解更多不同的文化。但是这些好处也需要适可而止，很大一部分人实际上并没有从中获益。

如同早先所说，我们最为担心的是那些花太多时间在游戏上面并且形成了社交隔离的人们。在皮尤研究中心的调查中，82% 的玩家说自己有时候会独自打游戏，但是有 24% 的玩家说自己完全是单兵作战。每五个玩成人级（M 级别）或者限制级（AO 级别）游戏的玩家中有四个是男性，与此同时，12 岁的小孩会跟他 17 岁或者更大的哥哥玩一模一样的游戏[55]。

打游戏的坏处，尤其是大量玩那些高度刺激游戏的坏处，是会让玩家们觉得其他人或者整个世界都无聊透顶，不值一哂。同在游戏室跟其他人一起玩游戏的人相比，那些独自享受的人对于时事新闻或者政治更不感兴趣，也不理会慈善捐款或者参与任何公民事务[56]。意料之中，跟不太玩游戏的孩子相比，青少年游戏族的阅读时间少了 30%，写作业的时间少了 34%[57]。2010 年发表在《心理科学》（*Psychological Science*）上的一个研究发现，当 6~9 岁的孩子们得到一个游戏系统之后，他们的读写成绩就会下降，老师们也会更多地报告他们的学习出了问题[58]。本质上，过多游戏跟学业成绩下降以及对暴力行为变得麻木不仁都有直接联系，并且会潜移默化地影响一个人学习和社交的方式，因为游戏时间和进行其他活动的时间难以平衡[59]。

在本章前面曾经提到过的色情片上瘾者迪姆曾经告诉我们，如果在他 23 岁的时候，把他花在打游戏上面的所有时间平摊的话，相当于他从出生之日开始每天打游戏 4 个小时。如果这个估计是靠谱的，那就是说他花了 33 000 个小时打游戏（几乎是获得7个学士学位所需要的时间）！

> 回忆我的童年，现在我能意识到色情片和电子游戏是如何让我对于日常生活中的快乐变得麻木，并且通过提供太多超越平常感受的刺激，把我在日常生活中的渴望替换成了对于虚拟空间的狂热追求。在电子游戏中我能够享受到的兴奋和刺激程度如此之高，最后就让平常的体育运动显得淡而无味。
>
> 我觉得，今天的游戏就是为了成瘾量身定做的。有着高手如云并且需要巨大努力才能登上的排行榜、层出不穷的各种“大礼包”（新奇程度），它们让人沉浸其中难以自拔，并且当你稍稍有点厌烦的时候，他们就立刻添上新的级别或者新的能力，让你的排名上升一点点。经年累月地这样过日子，我开始越来越难以对日常生活集中精力，因为我脑子里想的就只剩下赶快回家去打游戏了。[60]

尼尔斯·克拉克和莎瓦恩·斯科特揭示了跟其他节奏较慢或者较为内倾的娱乐形式相比，电子游戏为何如此让人难以自拔：

> 跟其他媒体相比较，游戏要主动得多，它们把我们跟其他人联系在一起……“游戏”这个词其实已经无法囊括今天我们的数字化客厅里所发生的一切了。不论你是把它叫作交互活动、代理替身、自主性或者其他任何东西，游戏最让人无可奈何的优势就是，它让我们不再去被动地看电视或者阅读。你当然还是可以在电视上看到高速追车，但是这永远比不上你能自己开着一辆红色法拉利以每小时240公里的速度甩掉警车来得过瘾。玩游戏的时候，我们坐的是驾驶座。让事情变得不一样的是可以操控的程度，这让大脑有了截然不同的感受。电视里的故事报道会让我们知道一些事情，但是并不能让我们感觉身历

其境的真实，而这正是游戏的强项。让我们能够真正体验做了危险的决定之后会发生什么，让我们能够自发地做出决定改变历史的轨迹，这些就是游戏让我们沉迷、兴奋和乐此不疲的缘由。[61]

问题是，这些充满想象力的梦幻探险究竟让大脑有了什么不同的感觉呢？在《浮萍男孩》一书里，伦纳德·萨克斯指出电子游戏会影响大脑从而造成动机水平的下降。伏隔核跟大脑的另外一个被称作背外侧前额叶皮层（dorsolateral prefrontal cortex，简称 DLPFC）的部位携手合作，伏隔核负责直接的驱力和动机，背外侧前额叶皮层提供了动机的情境：

最近一项对于 7~14 岁男孩的脑成像研究发现，打游戏似乎阻断了背外侧前额叶皮层的血液流动，让这一系统严重失衡。玩这些游戏会让伏隔核充血，与此同时却让与之相对的脑区血液流失。打游戏的净效应是让男孩们在达成目标时获得相关的奖励，但是却跟真实的世界毫无半点干系，其中的故事情节不需要任何背景信息。[62]

大脑并非唯一的受害者。一些老师发现，有些更年长的孩子无法完成纸笔形式的测验，他们的记忆系统因为过度暴露于显示屏而遭到了损坏。因为花了大量时间玩触摸屏，有些年幼孩子的手指丧失了应有的灵活性。因为过度暴露于电子设备屏幕前，有个年仅 4 岁的儿童需要接受强迫行为的治疗[63]。

对于游戏、注意力缺失和冲动行为之间的双向因果关系有了越来越多的证据。儿童心理学家道格拉斯·基恩泰尔（Douglas Gentile）、爱德华·斯温（Edward Swing）、林俊元（Choon Guan Lim）和安杰林·邱（Angeline Khoo）最近在一项研究中考察了这些变量之间的相互影响，他们的实验包含了超过 3000 名新加坡青少年，时间跨度超过三年。他们发现，即使在对性别、种族、年龄、社会经济地位以及各种早期注意力问题都采用统计手段进行控制之后，玩更多游戏的孩子们还是会在未来有更多的注意力问题。他们同时也发现，即便是在控制了最初玩游戏的时间长短之后，本来就较为冲动的孩子或有某种程度注意力问题的孩子，都会花更多的时间打游戏，继而让他们的冲动或者注意力问题恶化[64]。这些数据有助于解释为什么男孩比女孩更有可能被诊断为注意力缺陷多动障碍，以及为什么他们会花更多时间打游戏；这也预示着注意力问题可能会受到环境因素的影响，也就是说，减少游戏时间或者改玩其他类型的游戏有可能改善其情况。

几年前，艾伦·赖斯（Allan Reiss）和他在斯坦福大学的同事们用功能性磁共振成像（fMRI）检验了在打游戏时人们的大脑里面究竟发生了什么。他们发现在打电子游戏的时候，男性比女性感受到了更高程度的奖赏，并且他们对其产生上瘾感觉的可能性要比女性高出两到三倍。赖斯用来做实验的游戏是从屏幕上消除各种小球，从而占领更多空间，让小球碰不到被称为“墙壁”的一条竖线。尽管女性参与者也同样理解这个游戏，并且战绩不错，但是根据赖斯所说：“男性们期望成功的动机却远比女性要强烈得多。”

他们的研究揭示了一个事实，跟女性相比，男性参与者大脑边缘系统中心（mesocorticolimbic centre）的激活程度要远远超出，这个脑区包含了伏隔核、杏仁核以及眶额皮层，并且这些区域的激活程度跟游戏里所占领领土的大小相关。对于男性而言，在打游戏的过程中这些脑区之间的相互影响也比女性更为强烈，并且这些区域之间的连接越强的男性在这个游戏上面的表现就越出色[65]。这些发现可以解释为什么包含了征服或者攻城略地的游戏对于男性而言更有吸引力，以及为什么他们花在这种游戏上面的时间比女性多得多。男性的大脑构造更加擅长知觉和协同行动之间的连接，而女性的大脑构造更加擅长于分析过程和直觉过程之间的通信[66]。也许我们在另外一些不同目标的游戏中会看到女性大脑的激活程度超过男性。如同一位参与我们调查的女性所言：“如果有更多针对女性爱好的游戏的话，我们也可能会比男性更多地购买它们，并且玩得更起劲。”

我们希望能看到更多的脑成像研究，测量那些更为中性或者女性化的电子游戏的内在奖赏机制。同时，我们也对测量青春期如何影响各种不同主题的游戏对青少年玩家的吸引力很感兴趣，因为女孩们在成熟期之后玩游戏的时间就会显著下降[67]。

游戏何时对人有益

瑞士发展心理学家让·皮亚杰说过："任何新鲜事物的出现都得益于游戏。"电子游戏之所以如此风靡是有原因的——它们让挑战更有趣，其乐无穷。如果我们合理运用电子游戏，就会营造出一个新奇刺激的环境，我们可以在里面学习、获胜、有机会建立社会连接，还可以在游戏过程中得到奖励。玩那些大型多人在线角色扮演游戏的玩家们同时也在拓展自己的声誉，继而就可以跟其他的玩家建立相互信任，这对他们而言可能会是在现实生活中非常难得的。诸如《魔兽世界》和《第二人生》这样的游戏里有非常多的人际互动，虽然在游戏中玩家们是用化身伪装起来进行游戏的。积极有益的游戏还能够通过学习或者培训项目的方式对真实世界造成巨大影响。

简·麦戈尼格尔开发的游戏《没有石油的世界》(*World Without Oil*)里有一句话："在此游戏——趁你还不必在此生活。"有 1 500 多个玩家身临其境地生活在这个石油危机的虚拟环境中。后来的情况就是：

> 关于这个事件（石油危机）的大量怪诞而逼真的图景，加上那些能阻止这些情景发生的行之有效的行动，绝不只是"提高了大家的意识"。《没有石油的世界》使这个问题变得有血有肉，继而导致了人们在日常生活中真正的关注和行动的改变。[68]

在网站 http://worldwithoutoil.org 上可以看到更多的信息。

《在线蛋白质折叠游戏》（*Foldit*）是另一个让很多人痴迷的游戏。这个游戏需要玩家们通过设计蛋白质来解决科学问题①。在模式折叠任务中，人类的模式识别和谜题解答能力要比现存的电脑程序强很多，因而这个游戏背后的科学家们使用游戏玩家们给出的答案来教给电脑如何更快地折叠蛋白质和预测蛋白质的结构。游戏玩家们集体智慧的结晶真的帮助科学家们解决了一个困扰他们超过十年的艾滋病病毒的相关问题。网站 http://fold.it 上有更多的信息。

微软游戏机（Xbox）的体感游戏和任天堂 Wii 游戏系统也是积极游戏的绝佳例证。Wii 受到了比其他任何游戏机更广泛的人群的欢迎，并且还具有更多锻炼身体和社交的内容。游戏可以让整个家庭一起嬉戏娱乐，同时也能让青少年们自得其乐或者一起玩耍。我们曾见过 90 岁的老奶奶在养老院里用 Wii 玩保龄球。这就是那种"孩子们喜欢、父母批准"的双赢情景。在我们的调查中，16~24 岁的年轻人中有五分之一都说如果他们定期玩 Wii 的游戏的话，就不用去买健身房的会员卡了；根据"TNS 科技"的一项新近研究，父母们也相信诸如 Wii 这样的社交型游戏平台不仅能鼓励孩子们更多地进行身体运动，还会对家庭产生积极影响[69]。在一个研究中，超重和肥胖的儿童加入了体重控制项目，但其中的一部分儿童仅仅是做了体重控制项目规定的内容，另外一些儿童还被要求在 Xbox 运动版上面玩主动运动的游戏，玩游戏组的孩子们减重更多[70]。

对有的人来说，把注意力引导到一个虚拟的世界上去是件好事，甚至是具有治疗作用的，对于华盛顿大学和洛约拉大学（Loyla University）研究中的烧伤病患而言就是这种情况。打游戏分散了他们的注意力，让他们不再聚焦于自己身上的病痛，跟没有用游戏分散注意力的病患相比，他们更少报告痛楚。这

① 蛋白质的基本构成是被称为"肽链"的物质，众多肽链相互折叠缠绕的模式构成了不同性质的蛋白质以及蛋白质的"四级结构"。结构的改变会导致蛋白质性质的改变。——译者注

也被他们的磁共振扫描数据分析所证实：聚焦于虚拟现实确实减弱了大脑中疼痛相关活动的水平[71]。在儿童牙科，牙齿被打孔的孩子们被鼓励在手术过程中，在头脑中想象一个虚拟电视屏幕，播放着自己最喜欢的电视节目或者游戏。尤其是对于不能被麻醉的病患而言，这种催眠治疗的效果非常明显。

把基于游戏的学习方法引入学校课堂已经显示出了很多可取之处。这有可能对教育产生变革性的影响，因为这种方法能让学生们对于学习感到强烈的兴奋，而且让每个人按照自己的进度把握学习过程；但与此同时，这也可能会把学生们变得依赖于外在奖励，浅尝辄止，不再愿意对自己所学的东西进行更深入或者更广泛的理解。

对于流体智力（fluid intelligence）——也就是我们获取新信息和在陌生环境中解决问题的能力是否能够通过游戏进行提升，目前还存在争议[72]。举例而言，军方曾经报告说那些同时也是游戏玩家的士兵在知觉和认知能力测验中比不玩游戏的士兵平均得分高出 10~20 分[73]，跟控制组相比，那些每周至少打游戏三个小时以上的医生在复杂手术中更少犯错误，并且完成手术的时间也更短[74]。然而，如果游戏玩家只是周而复始地在游戏中做同样的动作或者解决同样的问题，并不会有这种好处。有趣的是，那些玩单机游戏并且程度适中（从每个月几次到每周都玩，但并没有天天打游戏）的年轻男性在数学、阅读、科学以及问题解决方面比从来不玩游戏的学生表现更好；与之相反，那些玩合作性网络游戏的学生却比从不玩游戏的学生成绩更差[75]。

这可能跟游戏中的目标有关系。很多电子游戏提供了多种多样的玩法，举例而言，如果你的游戏是静态的离线版本，你一般都是在一个特定的任务中开启自己的英雄之旅，但是在多人在线版本中，你就会发现自己只不过是一个跟其他玩家厮杀的随机角色，或者是跟在大队人马中跟另外一个队伍打仗。在多人版本中，除了尽可能多地杀戮其他人之外可能没有什么任务或者目标。

当我们考察大脑到底是如何响应的，以及游戏在认知层面可能的好处到底是什么的时候，最为重要的是玩家的动机以及他们对于玩游戏是否有个长期目标。韩国的神经精神病学家李载元（Jaewon Lee）提出，如果在玩游戏的时候设定一个长期目标或者把游戏用作训练手段，就像那些职业游戏玩家那样，打游戏的过程就不会干扰大脑的正常活动，不会像纯粹为了享乐或者减压而打游戏那样有消极后果[76]。还需要更多研究来确定游戏中特定目标对于游戏玩家所产生的影响到底是怎样的。

当然，研究显示大多数人并未做到如此专心致志。对长期打游戏的玩家进行研究发现，他们脑部的灰质减少，包括了前额叶、纹状体和脑岛——这些区域负责执行控制功能，包括了规划、优先级排序、组织、共情以及冲动控制。在游戏玩家的大脑中也发现了“有斑点”的白质，这意味着两个脑半球之间、高级（认知）和低级（生存）脑区之间的通信水平较低，大脑和身体其他部分之间的通信信号较弱，脑皮层厚度降低，认知功能受损（尤其是对于奖励的敏感度增加而对于损失的敏感度下降）以及多巴胺功能紊乱，这导致了类似吸毒成瘾的症状[77]。

显而易见，在这里也必须考虑各种社会因素。对任何人来说，花大量的时间与世隔绝独自打游戏都不是什么好事情。尤其是现在市面上的绝大多数游戏都没有能够帮助玩家们提高情商的设计。

游戏何时有害无益

很少有东西能作为共同的敌人让大家同仇敌忾。在过去，这个共同的敌人有可能是个临近的部落或者国家，但是今天所有玩家都有一个共同的敌人，就是社会义务：责任、时间管理、跟真人打交道和在生活里面对真正的风险。

正如同《飞出个未来》里有一集所呈现的，“比利在他自己的房间里”是个司空见惯的常识。走亲访友看看自己的叔伯婆姨兄弟姐妹会让大家都高兴，因为平时很少能见到彼此。在拥抱亲吻互换礼物之后，主人家里十几岁的大男孩就不见踪影了，并且一去不回，连说再见的时候都找不到人。亲戚们问：“比利去哪儿啦？”他妈妈就会习以为常地说：“在他自己房间里。”这个解释是用来搪塞那种连最基本的社会礼节都没法遵循的状态的，在过去，作为家里人最起码的礼貌，无论如何也应该出来招呼一声“回见，兄弟”，然后再跑回自己屋里继续打游戏。对任何珍视家庭和传统礼节的人而言，不仅比利的行为是不能被允许的，他父母的行为也是不可接受的，他们应该更明事理而不是给自己孩子的不礼貌打掩护。从某种角度而言，这种情况现在愈演愈烈而且俯拾皆是，成为了过度自我隔离玩游戏和看色情片的一个消极后果，实际上创造了新时代的“穴居人”。

当人们日复一日有规律地花大量时间独自打游戏的时候，也就是电子游戏开始成为祸害的时候。因为游戏体验可以满足诸多的生理和心理需求，继而打游戏与日常生活的平衡就会被打破并且失控。在我们的访谈中，几个成年人跟我们分享了他们的视角——他们已经充分准备好了精疲力竭、废寝忘食，并且放弃生活中的其他任何承诺，只是为了他们的游戏：

> 我估计自己可以算是第一代互联网游戏的成员了，我曾经严重痴迷于大型多人在线游戏，上瘾到了每天要花12~16个小时的时间打游戏的程度。所以我可以提供一些个人观点。最开始的时候是网上公告牌系统（BBS），你可以玩一些简单的游戏并且在线上给他人留言，渐渐就变成了在线聊天室，继而是有聊天室的在线互动游戏，直到今天

的线上社区。现在你可以实打实地把整整一天都花在里头，社区里总是有人等着跟你聊天或者玩游戏。这种活动替代了在真实世界中同自己身边的人之间的互动，提供了更轻松地满足人际需求的方式，直接后果就是人际交往能力的退化。尤其是当面对陌生人或者女性的时候，我们会觉得毫无共同话题可谈，没人会对于在网络游戏里打仗时发生的事情，或者我们的角色，或者我们如何设计自己的线上家园感兴趣，因而我们就会跟那些不玩网络游戏的人们分道扬镳，渐行渐远。

另一个让人害怕的后果是身体的健康状况越来越差。很多玩家（当我说“玩家”的时候，指的是那些我认识并且见过的人）上肢肌肉严重发育不良、饮食紊乱、健康受损，这都是花大量时间在电脑前面坐着的直接后果。当你发现自己已经网络成瘾的时候，会觉得改变自己是毫无意义的，因为这么做一点好处都不会有。如果你能设法成功地离开电脑屏幕，在那些原本用来打游戏的时间里你会变得无所事事不知所措。我发现在网络上没有任何帮你从这种成瘾中摆脱出来的途径或者工具。我觉得最好的办法就是严防死守，并且最佳的途径就是让孩子们振奋起来。

我是一个有神经科学研究背景的内科医生，也曾经是个游戏成瘾者并且为此苦苦挣扎过。作为一个曾经的成瘾者，最疯狂的时候我在九年的时间里花了两万个小时打游戏。我不计后果打游戏的强迫行为把自己变成了一个几乎把事业、家庭、婚姻都摧毁殆尽的怪物。这种飞速发展的新型成瘾如果不被重视，我们的社会就会付出惨重代价，会形成“游戏白痴”（Vidiot）[①]的一代，出现千百万在现实物理世界中毫无生存和发明创造技能的人。

---

① 把视频（video）和白痴（idiot）合在一起造的新词。——译者注

当玩游戏的人们开始对现实生活中的人际交往和现实世界变得麻木不仁的时候，也就是游戏变成祸害的时候。在20世纪90年代美国几次令人痛心的校园枪击案之后，科伦拜恩高中枪击事件[①]中两名凶手的一段录像浮出了水面，在其中他们谈到了自己的行动将会非常像流行电脑游戏《毁灭战士》中的场景。两周之后的一个国会听证会讨论了在针对儿童的市场营销中出现的暴力内容。《杀戮》（*On Killing*）一书的作者、在西点军校教授心理学的陆军中校戴夫·格罗斯曼（Dave Grossman）在陪审团会议中发言，认为一个身心健康的公民和一个随意杀戮的冷血杀手之间肯定存在着某种关联或者过渡：

> 第二次世界大战时期，我们在训练的时候让士兵们对准靶心开火。他们都奋勇向前。但是我们发现自己的训练方法中有个误区，就是当他们真正上战场作战的时候，那里没有靶子。他们没法把训练场上学到的东西转换到现实中。
>
> 第二次世界大战以后，我们大量引入了各种各样的仿真器。第一种就是自动弹出的人形标靶。当这些标靶突然出现在士兵眼前的时候，他们学会了本能地举枪射击。当真正的活人在他们眼前出现的时候，他们就能够把自己在仿真器上面习得的技能立刻加以运用。
>
> 时至今日，我们的仿真器已经非常高科技了。执法部门现在使用了大屏幕电视，显示着真人影像，他们射击用的枪械跟你在任何电子游戏机上面看到的一模一样，唯一的区别就是游戏机上的枪没有保险。整个游戏产业必须要回答这样一个问题，就是我们把销售给军方的一模一样的设备转回头来也卖给我们的孩子们，然后还宣称对他们安全无害，这可能吗？[78]

---

① 1999年4月20日在美国科罗拉多州科伦拜恩高中（Columbine High School）发生的校园枪击事件，造成12名学生与1名教师死亡，两名枪手自杀身亡。这次事件被视为美国历史上最血腥的校园枪击事件之一。——译者注

有些被许可出售给军方的非常暴力的电子游戏，是对士兵进行战术训练的利器。《使命召唤：现代战争 2》（*Call of Duty: Modern Warfare 2*）被证明是非常杰出的“训练模拟器”，它训练出了一个挪威的连续杀人犯。2011 年，此人先在奥斯陆引爆了政府大楼，然后又跑到于特岛（Island of Utøya）的夏令营中射杀了 69 个人，大多是青少年。这个杀手承认自己用打《魔兽世界》的方式来放松。《卫报》的电子游戏记者西蒙·帕金（Simon Parkin）认为，《使命召唤》只是他精神变态的媒介，而非原因，“精神不健康的人们毋庸置疑会从任何他们能找到激励的地方饥不择食地喂养自己的疯狂”，而且没有任何创作者能确保自己的发明创造不会被他人滥用[79]。另一些人则把暴力游戏看成是火上浇油。

尽管美国心理协会在 2015 年已经确认了攻击性增加同大量玩暴力电子游戏之间的关系，但是“关于这一关联是否会扩展成暴力犯罪或者行为不良，证据仍不充分”[80]。

李载元说：“互联网成瘾患者的脑扫描结果跟注意力缺陷多动障碍患者非常类似，跟其他形式的成瘾也很相像，表现为大脑功能的抑制。”[81] 令人惊讶的是，仅仅花一周时间玩暴力电子游戏，就可以让大脑中负责情绪控制的区域的活动被抑制[82]。一个关于电子游戏研究的元分析也得出了相同的结论[83]。

今天，多数人都会同意暴力游戏就是成功游戏的代名词[84]。具有更多攻击性偏好的儿童会更喜欢暴力性的媒体，而暴力媒体继而也会让他们变得更加暴力。这可能跟大多数的暴力游戏中都会对玩家的暴力行为提供奖励有关系，一般都是让他们通过暴力行为过关升级。而最近的研究显示出了真实生活中的攻击性和暴力电子游戏之间的关联性：一旦有机会，儿童和成年人都会在玩暴力游戏之后变得更具攻击性。那些在电子游戏中扮演暴力罪犯角色的人会用各种攻击行为把自己的角色诠释得淋漓尽致，这就会强化各种攻击行为[85]和男性的那种随用随弃的态度。就如同普罗透斯效应所描绘的，现在有越来越多的数据支持这样一种说法，即我们在跟他人互动的时候，自己的大脑会拼命地模拟其他人的思维状态，即便这些“其他人”只是虚拟的想象[86]。对某些游戏玩家来说，对暴力敏感性的降低、镜像效应和游戏中让人上瘾的因素，这三者结合在一起，就成为了制造灾难的配方。

一个测量社会拒绝（social rejection）对于自恋的影响及其带来的攻击性后果的研究发现，当那些非常自恋的人被自己的同伴拒绝或者感到自己被拒绝之后，他们就会变得具有高度的攻击性——这跟大规模射杀人群的犯罪模式中的状态毫无二致[87]。

在弗吉尼亚理工大学校园枪击事件之后，记者戴维·冯·得雷海尔（David Von Drehle）适时地指出，这些杀手的极度自我中心是“故事里的森林”，而其他要素——枪支、游戏、歌词、色情图片“都只是树木，只有极度自我陶醉的人才会坚信他的被孤立应该用陌生人的血流成河来扯平”[88]。然而，这些自我陶醉者越是花时间在这些“树木”间独处，他们的思维就会越偏激，越认为自己的行为是理所当然的。

1982年，在匹兹堡大学（University of Pittsburgh）西部精神病学研究所的演说中，卫生局局长埃弗里特·库普（C. Everett Koop）警告说电子游戏可能对于青年一代的身心健康具有决定性的作用：“越来越多的人开始理解游戏对于生理和精神健康的消极影响。游戏中没有任何建设性的东西，所有的东西都是消除、杀戮、毁灭。”[89]这是在三十年前，那时候最顶尖的游戏也只不过是《打气人》（*Dig Dug*）和《吃豆人女士》（*Ms. Pac-Man*）——那种靠着吃豆子得分和在迷宫里躲妖怪的二维平面街机游戏。

《终极电子游戏史》（*The Ultimate History of Video Games*）一书的作者史蒂文·肯特（Steven L. Kent）指出，作为电子游戏的前身，弹子机在1930年的时候第一次引入了“游戏赢钱”的概念，把游戏和赌博联系在了一起。政府官员们迅速地全面禁止了各种形式的弹子机。这个禁令持续了几十年，直到弹子机的狂热爱好者们最终证实了弹子机游戏需要的更多是技巧而非运气，这个产业才变得更加合法化。工程师哈里·麦布斯（Harry Mabs）在1947年发明的弹子机其实就是一种弹簧驱动杠杆装置，它就好比是控制器上面的操纵杆和按钮，会让人机互动变得更加深入，继而让玩家能够开发更高的技巧。

三十年后，街机游戏成了流行新趋势，为了能赚钱每个地方都成为兵家必争之地，必须要吸引那些不到两分钟就玩完一个游戏的玩家们，因此创造出有趣的图像、原创的路径和简单直接的目标就成为游戏公司必须做到的事情。那些易学难精[①]的东西会让人一旦开始就流连忘返，玩上一次又一次。这个公式非常灵验。20世纪70年代，在日本玩《太空入侵者》的人实在太多，以至于造成了全国性的游戏币短缺，并且人们会在任何当时最流行游戏的高手身边欢呼雀跃[90]。因而当游戏得到高分的时候，社会名望和个人满足感都会随之而来。

快进三十年，现而今的游戏由最具才华的人合力打造——从游戏设计师到拿过格莱美奖的作曲家，这些游戏作品就算没有超越好莱坞大片的效果，也绝对算得上是与之并驾齐驱了。电影和游戏中让年轻男性痴迷的常见主题无外乎飞车、体育和战争，但是在游戏中一切都是可以被玩家操控的。甚至，如果不喜欢游戏的规则，还可以有“出老千”的方法（譬如可以给玩家带来不公平优势的外挂软件），让他们用超过自己能力水平的方式来玩游戏，获取更多控制权。社交性的游戏（例如《魔兽世界》）的设计是对于循序渐进的角色能力提升给予奖励，玩家会得到更多武器和更高的技能等级，从而享有更高的社会地位，然后游戏就更令人愉悦。让玩家们感到心安的是知道有着这样无限多个世界，他们的努力和成就都在其中被保存完好，他们离开了也会原封不动。然而，当这些梦幻世界开始逐渐替代真实的时候，舒适就变成了依赖。

---

① 游戏设计师、雅达利公司的创始人诺兰·布什内尔（Nolan Bushnell）有个格言被称为“布什内尔原理”或者“诺兰定律”：“所有最受欢迎的游戏都是那些容易上手但是非常难以精通的。它们应该对排名最靠前的25%的玩家和排在第一百名的玩家都给予奖赏。”

山姆大叔 2.0 版

如同陆军中校格罗斯曼所说，暴力电子游戏有了越来越多的实际用途。举例而言，表现逼真的战场情境的暴力电子游戏现在被用来治疗具有创伤后应激障碍（post-traumatic stress disorder，简称 PTSD）的作战士兵。电子游戏风格的数字技术现今也被编进了军事行动中。对此，《战争线索》（*Wired for War*）一书的作者辛格（P. W. Singer）分享了自己的思考：

> 科技在战争中无处不在。看看我们身边的东西，从互联网到喷气式飞机，这些都是由于军事目的的驱动而获得的成果。科技还开创了新疆域、我们可以去探索的新方向，但是同时也带来了新的困境、新的需要回答的问题……开赴战场意味着你会到一个充满了各种致命威胁的地方去，有可能你会一去不回，再也见不到自己的家人了。现在把这种感觉跟“捕食者”无人机驾驶员的感觉比较一下。你坐在电脑屏幕的前面，用导弹对敌方的目标予以打击，杀伤敌方的有生力量。一天的工作结束后，你回到自己的车里，20 分钟之后，你就坐在自家的餐桌前跟家人共进晚餐、讨论孩子的家庭作业了。[91]

辛格暗示了一个非常重要的问题。这种使用暴力替身，或者把一个人从真实世界中发生的直接暴力场景下解脱出来的情形，对于我们看待他人的方式和现实生活中的行为产生了怎样的影响呢？电子游戏会不会让我们对他人和自己的感受都变得麻木不仁呢？

《奔赴前线路上的涅槃》（*It Happened on the Way to War*）一书的作者赖伊·拜考特（Rye Barcott）告诉我们，在 2005 年伊拉克战争时海军陆战队的军营里面，在双方激烈交火的日子里，年轻的陆战队士兵们回到营房之后通宵都在玩暴力游戏，第二天返回战场的时候就像是“麻木的僵尸”一样，并且这是很多士兵当时的真实写照[92]。

“电子游戏是永远不会代替真实世界的。”美国陆军中校小拉里·迪拉德（Larry F. Dillard Jr.）如是说[93]。但是其实谁都不能确定。

在奥森·斯科特·卡德（Orson Scott Card）创作的著名儿童科幻小说《安德的游戏》（*Ender's Game*）中，安德进入战斗学校学习，凭着自己的勤奋和机敏最终名列前茅。安德的实践课程是让他跟自己的同学们一起在3D战斗模拟器里面指挥太空船，进入一场又一场的战斗，面对的敌人是被称作“虫族”（Formics）的外星种族，也被叫作“虫人”（Buggers）。安德已经疲惫不堪，噩梦夜夜缠身，在他醒来的时候也萦绕不去。在他的“毕业考试”中，他的船员们在一个小行星附近面对着比自己多出一千倍数量的敌人。安德决定使用致命武器毁灭这个星球，并且把轨道上所有星际战舰都化为齑粉。他原本希望这个鲁莽的决定会让自己被学校开除。但事与愿违，他最终得知所有的这一切都是真实世界中的战争，而他最后的这一绝望之举有效地结束了跟外星人的整场战争[94]。

我们脑海中最为重要的问题恐怕是：如果安德知道这并非游戏的话，他还会把这些虫人杀光吗？如果距离作战更有效并且自身伤亡危险更少就差这一步之遥的话，军方怎会不朝这个方向努力呢？

更不用说年轻人在打游戏时的痴迷程度了，尤其是年轻的男性。《连线》杂志的资深编辑诺厄·沙赫特曼（Noah Shachtman）说，为了招募能够应付新世纪战争的士兵、飞行员和海军陆战队员，军方也明白自己需要面对并且欢迎这些痴迷于数字化的年轻一代[95]。但是当今天的年轻人们用非直接的技术手段执行命令的时候，他们能理解自己的行为究竟会带来什么样的影响吗？

现而今运用这种技术的可能是有真实战场作战经验的士兵们，他们身上的军装在时时刻刻提醒自己，按下的每一个按钮在地球另一端的真实世界中都会造成后果。需要我们仔细思考的是现在涌现出的新一代"数字青年"，他们生长于数字技术创造的逼真描绘暴力场景的世界中，并未身临其境，但是感觉却如此真实。这些在"树木"上面花费了太多时间的孩子，很有可能就不再具备跟其他人类共情的能力了，继而也就可能作出更缺乏人性的决策。尤其是在远程无人遥控技术高度普及的今天，真实世界中的一切看起来都只不过像是一场生死杀戮游戏的扩展版。

MAN (DIS)CONNECTED

提 要

- ♂ 长期大量的电子游戏和色情片，甚至能够从神经生理层面改变大脑的习惯回路。
- ♂ 数字世界和真实生活之间的界限日渐模糊，人们的线上人格会逐渐渗透到线下。
- ♂ 数字世界看似能够满足归属感、爱与尊重、自我实现的需求，但事实上这种满足只是似是而非。
- ♂ 享受美好生活需要的是真实的性，而不是色情网站上的虚拟刺激。
- ♂ 偶尔打打电子游戏有益无害，但重要的是别把现实当游戏。

12

应得感和现实的冲突

一只饥饿难耐的狐狸看到了葡萄藤上面悬挂着令人垂涎的葡萄，但是它们高高在上遥不可及。狐狸竭尽全力也够不到那串葡萄，于是他放弃了尝试，离开的时候没有灰心丧气而是昂首挺胸。他说："我原本以为这些葡萄甜美无比，但是现在发现它们实际上酸得难以下咽。"

——伊索寓言《狐狸与葡萄》

为了保护自我感觉，我们很多人在充满压力的情境下都会调整自己对现实的理解。"酸葡萄"寓言所提供的核心信息并非狐狸得不到葡萄，而是他对于失败的反应。通过一点点轻微的自欺欺人，他保住了自己的信心和颜面。"这是人人都有的诉求，"匹兹堡大学名誉教授阿什黎曼（D. L. Ashliman）说，"每个读者可以按照自己的期望和需求来解读和回应狐狸的自欺欺人。我们也许会批评狐狸的不诚实和前后矛盾，但是我们也有可能为他的实用主义和积极的自我形象鼓掌庆祝。"[1] 狐狸的反应让他完整的自我形象在自己的心中得以保全。

斯坦福大学社会心理学家克劳德·斯蒂尔（Claude Steele）在 1988 年最先描述了自我肯定理论（theory of self-affirmation）。他的学生们，心理学家戴维·舍曼（David Sherman）和杰弗里·科恩（Geoffrey Cohen）在将近二十年之后，描绘了这个理论在他们的研究中所扮演的强有力角色：

> （这个理论）认为，自尊的最终目标是为了维护自我形象的完整性、道德合理性和适应充分性。当这种自我形象的完整性受到威胁的时候，人们会竭尽全力地回护自己的自我价值，其中一个办法就是通过防御式的反应来直接降低威胁的程度，而另一种方法是从其他的来源中寻找对于自我完整性的支持。这样的“自我肯定”，在面对威胁的时候保护了自我完整性，能让人们在面对对自己有威胁的事件或者信息的时候，不仅能够从容应对，而且还不用大动干戈地进行防御。[2]

从某种意义上来说，他们认为人们与其采用消极防御的方式面对威胁，倒不如主动进攻，主动提升自己的自我完整性。

年轻男孩们的做法跟狐狸如出一辙。在当今西方自我凌驾于一切之上的社会文化中，我们对自己的良好幻觉，让自己严重脱离了现实。大多数人都会把幸福和舒适混为一谈，并且掩耳盗铃地选择熟悉而抛弃真实。我们一贯保持政治正确的文化已经变得死气沉沉，容不得任何形式的批判分析。尽管给每个人打上各种烙印和标签（例如“她是X症患者”“他有Y障碍”）有害无益，但这么做却也能让人们推卸责任，把矛头指向外界而无须努力提升自己。这种逃避现实的行为已经在我们的语言之中深深地扎根，甚至影响到了我们如何认识自己周边所发生的一切，就如同脱口秀明星乔治·卡林（George Carlin）最近所指出的那样。他说，现在人们发明了一些“文过饰非的软话”（soft languages）来把自己跟现实隔离开来，“厕纸变成了卫生间纸巾，垃圾填埋场变成了土地填充，局部多云变成了局部阳光明媚”[3]。

西方文化下的现实中充斥着种种空洞扭曲和令人迷惑的观念。例如在美国，虽然最近的三十年间高中生们的学习成绩实际上毫无长进，但是他们的分数却急剧膨胀。在 1976 年，只有大概 18% 的学生会得到 A 或者更好的平均成绩，到了 2006 年，33% 的学生都得到了这个分数——也就是说数量增加了 83%！与此同时，跟 1976 年相比，每周做功课超过 15 小时的学生数量却下降了 20%[4]。换句话说，我们培养了对成功的幻觉。他们付出的更少，但是得到了更多。

年轻的男孩们被告知，他们可以成为任何自己想成为的人，尽管事实绝非如此。现代社会对每个人生活的方方面面都施以压力，要求人们无所不能几近完美——无论是在学校里、事业上、社交上，还是性方面，理所当然地大家就会试图从其他来源中汲取成就感和认可，例如色情片、电子游戏，甚至是加入黑帮混迹江湖，要不然就是在被诊断为焦虑症或者抑郁症的时候反而如释重负，在年轻人那里，注意力缺陷多动障碍也会成为时尚标签。这种与真实世界背道而驰的行为使得年轻人有了另一套行为和自我认知的准则，然而这些东西却严重脱离了现实。

发展心理学家埃里克·埃里克森（Erik Erikson）将身份认同（identity）视为自我跟外在世界及无意识心理的互动的结合。他认为如果两者之间成功地保持平衡，就会形成稳定的自我感。埃里克森说，身份认同的发展在青少年阶段至关重要[5]，这让我们情不自禁地开始反思，如果年轻人通过虚拟仿真的世界来追寻自我而不是从现实生活中磨砺自己的话，他们的身份认同能有多稳定呢？那种“高自尊自然而然就会导致现实生活中的成功”的想法大错特错，即使他们不停地在自己的平行宇宙中寻求庇护，并且把主要精力都花在屏幕、帮派或标签——也就是那些可以作为缓冲或者假面具把自己从社会主流中隔离出来的东西上面，最终他们还是会面对那些避无可避的现实社会的责任和要求，这非常可能触发他们严重的身份认同危机。

诗人、哲学家罗伯特·布莱（Robert Bly）和心理分析师马里昂·伍德曼

（Marion Woodman）把这种冲突称为“万念俱灰”（The Great Disappointment）。伦纳德·萨克斯说，当今我们的文化让孩子们在最终发现自己原来没有那么光芒四射、一览众山小的时候毫无准备：

> 青春期来临之前孩子们的精神状况的主要特征就是心中梦想着“我身上马上就要发生奇迹了！”继而青春期来临，经历了整个青少年时期，孩子们逐渐意识到奇迹不会发生。这就是“万念俱灰”的时刻了。在我们的文化中，这种时刻往往被推迟到了成年早期，二十大几的青年人终于意识到自己实际上根本不可能去奥运会夺取桂冠、在下一届《美国偶像》（*American Idol*）中一夜成名，或者成为电影明星。[6]

萨克斯说，青少年时期本来应该是孩子们开始了解自己的能力和局限所在的年纪。在这个人口众多的世界上，我们之中的绝大多数人不得不面对这样一个事实：我们只是芸芸众生中的一分子，没什么比别人特殊的地方。而作为一个心智成熟的成年人，这就意味着明白自己不会成为世人瞩目的明星或者频频占据杂志封面。而我们的社会在年轻人面临这个现实的时候所提供的帮助少得可怜，导致他们在成年的时候不得不“硬着陆”。天天电子游戏不离手会让你成为自己世界中的主宰，而这对很多年轻男性而言已经足够了。

那些过度游戏的年轻男性一般都会远离任何有可能威胁到自己志得意满的成就感的东西，因为这种自信和成就已经植入了他们的身份认同之中。所以在任何时候，如果他们的活动被质疑，也就意味着他们本人被批评，这就变成了双重威胁。于是虚拟活动和自我就成了一回事。对真实生活视而不见、全身心沉浸在自己钟爱的虚拟空间里让他们仿佛找到了自己的保护壳，任何威胁到自我的东西都被挡在九霄云外。

坦诚地说，我们大家每个人其实都在某种程度上这么做了——现在几乎所有人都有着自己的“网上人格”，这也成为自己获得社会认可的一部分。当生活节奏渐渐加快的时候，新鲜事物很快就变得司空见惯，继而就成为明日黄花，然后被弃如敝屣。西方世界对科技的发达越来越习以为常，而我们也对自己的漫不经心和即刻回报越来越感到理所当然。如同喜剧演员路易斯（Louis C. K.）在《柯南·奥布莱恩深夜秀》（*Late Night with Conan O'Brien*）中沉痛哀悼的："事事完美无可挑剔，但是人人愁眉不展都不开心。"[7]

MAN (DIS)CONNECTED

在今天的文化中，"我"是整个世界的中心。在一项针对从 1960 年到 2008 年之间出版的超过 75 万册图书的研究中，琼·特文格（Jean Twenge）和她的同事们发现，第一人称复数代词（"我们"）的使用减少了 10%，然而在同一个时间段里，第一人称单数（"我"）的使用却增加了 42%，第二人称代词（"你"）增加了四倍之多[8]。对于那些跟我们的观念不和或者与我们的需求无关的事情，或者太轻而易举就提供了满足的事情，我们很容易视而不见或者漫不经心。但事情并非仅仅如此，现在，只要我们没有埋首在各种电子设备的屏幕前面，就会感到备受折磨，有种莫名的不适。这并不完全是孤独感，更像是身上什么地方发痒，但我们自己却挠不到。我们知道如果自己真的愿意，当然可以立刻停止把玩这些设备，安静地独处，或者去解决生活中的问题，但是我们却不希望给自己添麻烦，费力动手去做。于是，我们只是对这些让自己不快的事情抱怨连天或者矢口否认。这就是普遍认为的"第一世界问题"（first world problem）。

这个年头里，年轻人之所以对于很多事情都有种应得感，是因为他们几乎没有参与过对那些自己视之为理所当然的东西进行创造、维护的过程。以前，似乎只有富贵人士才会对自己的汽车引擎盖子里面有什么一窍不通，现在却好像没几个年轻的男人了解这些了。他们在车子有毛病的时候就去修车铺，那里会用电子仪器检测问题，然后用专用的工具把车修好。生产和维修的过程已无从得知了。多数有车的年轻人甚至直到第一次车子打不着之后，才知道电池的位置在哪里，然后发现自己找不到打火用的电缆。

跟把人当人看才会有同情心的道理一样，如果想要珍惜某个事物，就必须先去理解为了获得它所耗的心血和资源。如果年轻的男性在自己的早年生活中都是衣来伸手饭来张口、手到擒来不费吹灰之力的话，他就不会认为有什么东西需要珍惜，或者创造什么东西是件值得自豪的事情，而只会对占有感兴趣。他从生活中学到的只是如何玩心眼儿操纵别人，获得那些自己觉得需要的东西。今天，小伙子们不再心存敬畏。他们跟自己所在的真实世界已经脱节。与此同时，他们对任何的蓝领工作都不屑一顾，不论这些工作是不是需要高超的技艺，甚至不在乎有些蓝领工作拿到的薪酬比普通白领还要高，比如管道工或者电工。

在 1969 年的时候滚石乐队曾经有一首歌唱道："你不可能事事称心如意。"但是，他们也告诉自己的歌迷们：如果勤奋努力，人们就会各得其所。这首歌曾经风靡一时。如果换成今天，恐怕没人会写这样的歌。似乎只有不知道如何因势利导的人——那些"笨蛋"们才会去辛勤工作。年轻人不再有耐心为成功打下坚实的基础，也不愿意冒着丢脸的风险去尝试有可能失败的东西。

"CIRP 大学新生调查"是加州大学洛杉矶分校每年都要进行的一项针对刚刚入学的美国大学新生的调查，在 2013 年的调查中，研究者们注意到，尽管新生们认为自己具有合作精神，并且能够包容异己观念，但是当自身的信念真的被挑战的时候，他们的实际表现却乏善可陈[9]。

与之相似，在约瑟夫森伦理道德研究所（Josephson Institute of Ethic）进行的针对年轻人道德态度的调查中，45% 的男孩子和 28% 的女孩子表示"同意"或者"非常同意"这个陈述："一个人为了获得成功就必须欺骗或者做手脚。"而认可"如果人人都在做手脚，这就算不上是欺骗"的男孩数量比女孩多一倍[10]。请大家停下来自己读读前面这些句子。任何大家都去做的事情全是可接受的，不论是否不道德或者有害人伦。这种态度实际上成为了好人做坏事的垫脚石：只要别人在做，自己何乐而不为？

牛奶如果免费，何苦花钱买牛

《非自然选择》(*Unnatural Selection*)的作者马语琴(Mara Hvinstendahl)说，这个世界上男人的数量少于女人是个不解之谜。虽然女人的寿命比男人长，但是从出生率来看男女比例却是105∶100[11]。为什么这个世界上生下来的男人多，但是最后活下来的却是女人多呢？

《部落动物》(*Is There Anything Good About Men?*)一书的作者、社会心理学家罗伊·鲍迈斯特(Roy Baumeister)给出了一个让人愤愤不平的解释。他说在整个历史长河中，女性个体繁衍生息的概率相对较高。这是因为女性更有可能采用安全的策略，跟多数人待在一起(大多数女性都是这样行事的)，等着男人来到自己身边交配繁衍。女性不需要像男性那样去冒险跋山涉水或者攻城略地才能发现交配繁衍的机会，而这些都是死亡率较高的事情。换句话说，就是我们的女性祖先采用了以稳求生的策略。

另一方面，男性为了发现繁衍的伴侣却不得不尝试截然不同的方法。绝大多数远古时代的男性并没有后裔能够活到今天，尤其是那些采取求稳的策略随大流的男性。要想有机会繁衍生息留下子孙后代，男人们必须富有资源、创造力强、敢于冒险，并且善于发现新机会。鲍迈斯特说：

> 对于整个文化来说，最有利的策略似乎是让男人们之间为了争夺尊严或者其他激励而相互竞争，并且使得资源的分配极不平等。男人们为了获得承认，必须提供社会所认可的价值。他们必须在文化竞

争中击败对手和敌人，这有可能就是男人们不像女性那么温柔可爱的原因。

文化支配男人的根本方式来自于最基本的社交不安全感（social insecurity）。这种不安全感是人际性的、存在性的，并且是生物性的。这种不安全感深深地植入了每个男人的脑海中，如果不出类拔萃，就不会被接受，不会被尊重，甚至可能有没机会建立家庭繁衍后代的巨大危险。

这种基本的社交不安全感对男人而言是巨大的压力，因此有很多男人会不择手段、精神崩溃、奋不顾身或者英年早逝，寿命比女性短也就不足为奇了。而这种不安全感对于整个文化和社会而言，确实是能够激发创造力并且富有成效的。[12]

鲍迈斯特着重指出了生物学家贾森·怀尔德（Jason Wilder）的研究，怀尔德通过从各地人口中提取基因样本的方法发现了人类祖先的性别比例大概是女性占 67% 而男性占 33%，这也显示了某些男性可以跟多个女性生育后代，而大多数男性则没有任何后代延续下来[13]。这种不平等的一个典型例子就是 13 世纪蒙古征服者成吉思汗，他的儿子们都妻妾成群，最近的基因证据显示，今天生活在前蒙古帝国土地上的男性中可能有 8% 都是他的后代[14]。

从历史上看，男性为了让自己的子孙后代生生不息，故而心甘情愿以身犯险。这导致了一个副作用，就是在性机会充足并且唾手可得的情况下，男性会变得非常懒惰。普遍而言，只要男性能够轻而易举地跟有吸引力的女性发生性关系，他们就不觉得值得耗费更多精力、时间或者金钱来博取女性的关注。这个情况在女性与男性的比例高达 1.33 ∶ 1 的大学校园中尤为显著。在生命晚期阶段的养老院里也有巨大的性别失衡情况存在，在那里女性数量远远多于男性，甚至多出了一倍以上[15]。作为可选择伴侣的男性数量越少，这种“男人短缺”

的感觉就会存在越久。

所谓的“古滕塔格－西科德理论”最初来自于一本1983年由玛西娅·古滕塔格（Marcia Guttentag）和保罗·西科德（Paul F. Secord）两人所著的书《女人太多？》（*Too Many Women*）。他们提出，两性之中数量较少的一方往往对他们的伴侣更少依赖，原因是他们有更多潜在可能关系供他们选择，因此他们跟数量较多的性别相比，有着更多的“单方权力”，即更占优势。当面对数量充足的女性的时候，男人们就会开始风花雪月，并且不愿意对一夫一妻制的关系有所承诺。在一个有着太多女性或者太少“能够结婚”的男性的社会中，就会更少有人结婚，即便是会结婚的人也会选择晚一点再建立家庭。既然这时候男性有着天时地利，可以在众多选择中挑来看去，女性的成就和传统角色的价值就会被低估；而女性因为不能再指望自己的伴侣忠贞不贰，所以会更多地选择进一步上学深造或者发展事业，来更有力地支持自己[16]。

在大学校园中，浪漫关系的数量有所下降，而随意的性行为越来越多。跟我们谈话的几位大学女生分享了她们的担忧：

> 这些日子男性和女性都忙得四脚朝天，高科技让每个人都有机会跟更多的人接触来找到适合自己想法的人。举例而言，我的一个在纽约的朋友为一家顶级投资银行工作，并且事业成就非凡。她需要有人相伴，但是自己又极度繁忙，于是她选择了跟自己喜欢的男人每周一起“待”三天。这种现象在二三十岁的男女中间极为流行。我个人认为，很多女性随着自己的成长渐渐淡出了这种关系（很有可能是因为她们最终还是想要成家生子），但是很多男性却意识到拥有这种不需要费力沟通维持也不需要承诺的临时关系太容易了。我们现在生活在一个不知道对方姓什么就可以上床的年代里。你可以跟某个人共度良宵，但是如果问问对方是不是还跟他人有关系却反而是一种冒犯。在像伦敦、

纽约、旧金山这样的城市里，全都给红男绿女们提供了彼得·潘[①]一样的生活方式——尤其是异性恋的男性占了很多便宜，他们永远能选择更年轻的异性。我们并不是要批评什么，只是说现状就是这个样子。

我觉得这个时代最大的挑战之一是这种潮流会如何影响家庭关系。当今受过良好教育、有能力的女性不会满足于表现欠佳、游手好闲的丈夫，而大多数男性也不会希望在自己妻子面前颜面扫地。这种情况会不会导致一个更多人独居、更少人建立家庭的社会呢？

“女人要求有多高，男人就会变成什么样。”我们访谈的一个27岁小伙子这么跟我们说。他的这句话让我们思考，唾手可得的性机会会如何影响男性实现其他人生目标的动机。会不会有溢出效应，也就是性机会的手到擒来让大家认为其他目标也可以轻松达成不费吹灰之力？也许有人会说，我们的动机都是来自于进化压力，我们绝大多数的努力其实都只是煞费苦心地想要获得交配机会。但是在过去，性伴侣（和传宗接代）是勤奋工作的奖赏，最少也要花些心思规划设计。时至今日，这种奖赏得来全不费工夫，不需要哪怕一点点的努力，那还会剩下什么东西呢？这就像在正餐开始之前先用甜点塞满了肚子。

伦纳德·萨克斯在他的《边缘女孩》(*Girls on the Edge*)一书中访谈的一个女孩说道，这些日子所有的小伙子都想要“把姑娘骗上床，然后就拜拜”。他们根本就不知道怎么让女性满足，也根本不想建立情感连接或者亲密关系。萨克斯认为，因为现在的年轻男女比他们的父母一代在更低年龄就会开始性行为，而且小伙子们变得更自我中心和更不成熟，现在的文化中有一种从“约会”到“约炮”的变化，也就是说年轻男性们不再认为自己有义务关照爱护年轻的女

① 出自苏格兰作家詹姆斯·巴里(James Barrie)的《彼得·潘》(*Peter Pan*)，是一个不愿长大也永远不会长大的小男孩。——译者注

性。而色情片的影响越来越大也是年轻男性不再投入关系的一个例证。在萨克斯的访谈中，很多人都迫不及待地想要描述自己最近在色情网站上看到的新鲜玩意儿，并且告诉他如果让他们从边看网络色情片边自慰，和去约会现实中的真实女孩之间做个选择，他们宁可选择色情片[17]。我们自己做的学生研究中有个小伙子说，他的男性朋友中有很多人在跟真正的女孩有性接触的时候都会失望，因为她们没有色情片里的艳星性感诱人。

有趣的是，最近在《性与婚姻治疗杂志》(*Journal of Sex and Marital Therapy*)上发表的一篇文章中提及，观看色情片的男性和女性都会在最常用的三种自恋测试中得分更高，并且分值高低跟看色情片所花时间具有相关性[18]。自我陶醉跟同情心势不两立，表现在对自己所在社区的事情漠不关心，也表现在认为自己毫无义务去帮助除了自己之外的任何人，以便让他们的生活变得更好。

MAN (DIS)CONNECTED

提 要

- ♂ 如果一味保护孩子的自尊心，对自我的良好幻觉会让他们严重脱离现实。
- ♂ 男性和女性在进化中建立了不同的行为模式，男性倾向于冒险和竞争，女性倾向于安全；因此男性承担着更大的生存压力。
- ♂ 在性机会充足并且唾手可得的时候，没人会愿意为此下功夫。

13

女性的崛起？

一部影片应当符合以下三条标准：至少有两个有名有姓的女性角色出现在影片里，并相互有交谈，而且交谈的内容不是男人。

——贝克德尔测验（Bechdel Test）

从 1960 年到现在，女性的收入增加了 44%，而男性收入只增加了 6%。一项在 2010 年进行的对于 22~30 岁之间单身无子女都市工薪阶层的研究表明，女性比男性收入高出了 8%。有子女有工作并且工资高于自己丈夫的已婚女性的比例，在 1960 年是 4%，而 2011 年是 23%。从未结婚也没有子女的女性的收入是同样状况男性的 117%。女性的受教育程度也比同等男性更高，而且这一跃升的趋势有增无减[1]。

美国法律对于女性权力的扩展让她们获益良多。例如联邦药品管理局（Federal Drug Administration）在 20 世纪 60 年代早期就立法批准了使用和传播避孕药物。1972 年颁布的《教育法修正案》第九款提出的教育权利的性别平等也让女性获益匪浅，导致了教育系统对女性体育健将的支持；1973 年罗诉韦德案（Roe v Wade）的判决让女性有权利进行合法和安全的堕胎；1993 年的《家庭和医疗休假法案》允许女性在生育时和家庭紧急情况的时候带薪休假[2]。

更进一步，美国国家宇航局（NASA）从 1976 年开始接纳胸怀大志的女性宇航员，萨利·赖德（Sally Ride）在 1983 年成为第一个进入太空的美国女性[3]，联合国在 2008 年发起了“消除针对女性暴力”（End Violence Against Women）活动[4]，在全世界范围内提升暴力预防政策的公共意识和政治意识；2012 年举办的伦敦奥运会是第一届女性参与所有项目比赛的奥运会[5]；在全球范围内，对于女性问题的关注度都有了显著的提升。

作家们欢庆女孩和女人们的社会地位、权利和广泛能力的提升。虽然进展缓慢，但是毋庸置疑，玻璃天花板正在渐渐消失，有才干的女性们开始有机会出人头地，在业界成为领袖。只要她们愿意努力去做，现在已经没有任何职业能把女性拦在门外。我们也知道现在还有些年长男性仍然作为公司玻璃天花板的卫士们活跃在“老男孩俱乐部”里面。我们相信，在他们退休之后，会有更多才华横溢的女性在业界崭露头角。

现在，“领导层差距”仍然存在。到 2014 年为止，女性仍然在美国国会、参议院和众议院里只有 18%~20% 的席位[6]。这个数字让美国在全球 197 个国家地区的女性国会议员数量排名之中位居第 90 名[7]，在使用伊斯兰教法律的苏丹共和国之后，也在会用“剩女”这个词来催促职业女性赶快结婚生子的中国之后。在标准普尔 500 强（S&P 500）的公司中，女性在总监位置上只占有五分之一的比例[8]。

尽管在二十多岁的时候女性比男性工资高，女性的持续收入仍然不敌男性。有一个影响深远的统计研究宣称在男性收入 1 美元的时候，女性只收入 77 美分。这个统计数字到了 2014 年的时候还在被白宫的文件所引用[9]，但它其实非常具有误导性，因为它所比较的男性和女性所做的工作是不一样的。所谓的77美分并没有计算工作的实际时间、工作经验的年限或者工作的类型，而仅仅是一个全职工作男性和女性工资的平均值的比较。事实上，超长时间工作的男性比女性要多两倍[10]。与此同时，男性也不会在生育孩子的时候休产假，还有就是高薪职业里男性数量比女性多很多，譬如工程师。实际上，如果做同样的工作时给男人1块钱，而只给女人77分就可以，雇主们肯定会这么做的[11]。我们需要看看影响这些数据的其他因素。

我们需要性别民主吗

如同在前面所说，无子女的女性收入比无子女的男性要高。什么能够促进更多的女性保持就业，即使收入不高于男性，至少也能持平呢？带薪产假和父亲陪产假、价格合理的托儿所、工作时间和坐班的灵活性，以及孩子学校课时安排的便捷性都会有所裨益[12]。

加州大学的退休教授露丝·罗森（Ruth Rosen）在她的书《割裂的世界》（*The World Split Open*）中说道，女性“既像男性，又大不相同”，同时一个并不对女性生儿育女的能力给予重视的社会“很显然侵犯了她们全面参与社会生活的权益”。罗森认为，如果一个社会强迫女性做同男性一样的事情，就不是真正的民主社会。她说，真正的“性别民主”必须把家庭生活和工作生活视为同等重要[13]。

重视对于家庭的投入和承诺非常合情合理，但是这种观念必须对母亲和父亲同等适用。在皮尤研究中心最近的一项调查中，认为全日制的工作最适合自己的男性更多，而更倾向于在家带孩子而不是工作的男性数量跟女性一样多。参与调查的人中56%的母亲和50%的父亲觉得很难平衡自己对于工作和家庭的责任，同时23%的母亲说自己“花在孩子身上的时间太少”，而有同感的父亲的比例达到了46%——整整多出一倍。这种差距可能会让我们理解为什么总体上来说女性比男性更相信自己胜任了父母的角色[14]。

尽管对自己为人父母的能力更有信心，女性在面对工作和家庭的优先级排序时仍然会左支右绌。《大西洋月刊》有史以来最受欢迎的一篇文章是《为什么女人仍然不能拥有一切》（*Why Women Still Can't Have It All*）[15]，在这篇文章中，曾任职美国国务院政策规划主任的学者安妮－玛丽·斯劳特（Anne-Marie Slaughter）赞成工作与生活平衡的观念需要改变了。她在文章中写到了自己无法既作为政府高官业绩斐然，同时也达到自己期望的母亲标准，尽管当她在华盛顿任职的时候她丈夫也乐于分担很多抚育子女的工作。她说自己曾经相信女人（和男人）都可以拥有一切，可以同时兼顾两头，做到尽善尽美，但是显然这在当今西方的社会和经济框架下并不现实。她说那些身居高位领袖群雄的女性现在应该意识到，所谓“拥有一切”实际上跟个人的雄心壮志或者自律几乎毫无关联，很多职业女性只是在两者之间疲于奔命，或者在支撑自己失业的伴侣。雪上加霜的是，高质量托儿所的价格足以让人破产，孩子们的学校日程安排也常常会跟父母的工作要求有所冲突。斯劳特建议，如果想要创造一个真正能够让女性从容不迫的社会，就需要减少“领导层差距”，选举一个女性总统再加上50名女性参议员，如此这般，女性才能有势均力敌的力量，在立法和执行两方面都跟男性平等[16]。

我们毫不怀疑有更多女性获得政治地位和领袖位置是件大好事，并且如果公司能够采用更加“利于家庭”的政策，就可能会吸引更多才华出众的女性。但是，我们依然认为，只有在同时支持母亲和父亲权益的情况下，才有可能真正地改善工作与生活的平衡。美国是经合组织成员国里唯一一个没有由国家支付全民享有产假的国家[17]。要想创造真正的公平以及两性间的伙伴关系，我们必须把自己的视角从当前这种经常把男性边缘化的女性中心主义的会话中转移出来，投入到竭力把每个人都包括进来的真正以人为中心的会话之中。如果男性在家庭中的角色也能够被强有力地支持的话，那些女性所期望发生的事情才更有可能发生。如此这般，才能既让多数女性的左支右绌得到缓解，同时又让男性能够在家庭和社区中发挥更大作用。

除此之外，越来越多的女性也已经明白了，虽然可能不够称心如意，女性并非必须有一个男人在身边才能达成自己的诸多个人、社交和浪漫目标。这会让很多女性放下包袱感到轻松，事实也早该如此。然而，我们也需要明白，女性的自信增加多少，男女之间的和谐也有可能减少多少；女性越多地把男性从她们的长期目标中驱逐出去，两性之间的鸿沟就越深。为了把这种鸿沟减到最小，我们必须在这些关于平等的讨论中把男性和他们的问题也包含进来。

共同的挑战

我们在第一部分中所描述的男性表现的江河日下不仅仅是男人们的问题。女性里面超重者的数量也很多——在很多发达国家女性的肥胖率同男性难分轩轾，在不发达国家中则常常比男性更高[18]。《自恋时代》（*The Narcissism Epidemic*）一书的作者琼·特文格和基思·坎贝尔（W. Keith Campbell）在书中说道，从20世纪80年代到现在，大学生的自恋人格特质大幅度地攀升，“其中女性尤其明显”。当男性的自恋程度居高不下的时候，女性也在奋起直追[19]。想想女孩在成长之路上被大人们植入的“公主情结”就知道了——而且令人啼笑皆非的是，这么做的家长会觉得公主情结非常“可爱”。他们并没有考虑到，诸如《冰雪奇缘》或者《灰姑娘》这样的电影会让自己的女儿在长大成人的时候对任何浪漫和财富都不知道珍惜，将之视为理所当然。

在媒体方面，尽管男孩们花在上网和打游戏上的时间比女孩们要多不少，年轻和中年女性每个月花在看电视上的时间却要比男性多大概 11 个小时[20]。这个数据跟“女性总体不快乐水平更高”以及“不开心的人们看电视更多”的研究结论不谋而合。

正如同媒体能给穷极无聊的小伙子们带来的选择少之又少一样，除了让她们极尽能事地引诱男主角之外，它们给对男孩们意乱情迷的女性带来的选择也少得可怜。贝克德尔测验是一个非正式的用三个条件对影片进行分级的评价体系，能够通过这个测验的电影必须要“至少有两个有名有姓的女性角色出现在影片里，并相互有交谈，而且交谈的内容不是男人”[21]。只有很少的电子游戏能够通过这个测验的所有项目[22]，就连电影也只有半数能够做到[23]。这个测验并不完美，因为即便是通过了这个测验的电影仍有可能在其中有极为色情的内容；但是无论如何，已经有些影院和机构——譬如瑞典电影学院（Swidish Film Institute），会慎重对待这个评价结果，并且用它来标识对于女性的性别偏见[24]。

跟男孩子们相比，女孩们对社交网络和智能手机的痴迷更为严重。举例而言，一个二十出头的女孩在访谈里告诉我们，她上高中的妹妹会花上几个小时梳头化妆，然后在 Facebook 上发“自拍”，为的仅仅是让朋友们认为自己出去参加了派对之类的活动。而实际上，她拍照片晒幸福之后，立刻就洗漱睡觉了。14~17 岁之间的女孩平均每个人每天要发超过 100 条手机信息——比同龄男孩要多出两倍[25]。

尽管有这么多的“社交活动”，女性仍然在相互表达情绪感受和描述自身状态方面存在问题。跟很多男性所喜爱的高强度社交活动相反，很多女孩更加偏爱轻松而亲密的社交活动，不愿意引起任何不快或者冲突。不幸的是，更年长一代的女性们已经把一种习惯传给了她们，就是在没有好话可以说的时候就一言不发，绝不直接批评。

最近，我（库隆布）在自己的朋友身上看到了一个再寻常不过的情景，她正在试图跟自己的“闺蜜”进行一个很纠结的短信会话。显而易见她们两个人之间有状况，因为她的朋友刚刚举办了一个迎婴派对（baby shower，在孩子出生前举办的特殊派对），但是没邀请她参加，之后也一直都没有回复她发来的任何信息。她问这个朋友是不是在生自己的气，但是对方矢口否认，还说“咱们有空一起喝咖啡聊聊吧”。我的朋友问正坐在自己身边的丈夫，他会怎么回应这种情况。“我会告诉对方别装蒜了，然后喝顿酒就没事儿了。”男人之间会有话直说，就算是恶语相向也无所谓；反之，女人们在这个时候多数都会选择沉默和逃之夭夭，然后盼着问题会自动解决，或者渐渐消失不再成为问题。多数时候的结果就是，女性在生活中遇到人际问题的时候不知道怎么通过沟通谈判来找到解决的办法。

这种态度和对冲突的厌恶会蔓延到生活的其他方面中去。因为很多年轻女性几乎从没尝试过给予或者接受批评，并且很难做到在受到批评的时候不怀恨在心，她们对于直接或者开放的对话感到很不舒服，即便在善意的情境下也是如此。相比较而言，因为男性朋友相互知道对方会直截了当，他们的沟通方式反而会建立更多信任。这种倾向让男人们之间更容易解决问题或者相互妥协，而不是做个好好先生或者和稀泥来保持“一团和气”。这可能也在某种程度上解释了，为什么在最近的盖洛普民意测验里面，只有四分之一的女性回答更愿意自己的老板是女性，而 40% 的女性更希望有个男性上司（还有三分之一没有明显偏好）[26]。

为什么对女性来说，即便是跟自己最好的朋友也很难有话直说呢？这是因为女性的社交生活，尤其是在她们长大成人的过程中，会受到其他女性对自己看法的严重影响。跟他人相关的信息被视为一种力量，她们所畏惧的不是失去一个朋友，而是一个朋友可能改变大家的看法，让她被大家疏远或者排挤。多数女性都不希望彼此的感情受到伤害，但是她们的真实感受依然会存在，因此这种表面上维持友谊和群体和谐的做法的代价就是，真正造成困扰的问题本身却被束之高阁，得不到解决。所以，在女性当中也会存在社交隔离的感觉。

跟当代社会的男性一样，当代社会的女性也渐渐地远离与异性的社交、关系和亲密了。在日本有45%的女性说她们对性完全不感兴趣，而认为单身比结婚强的年轻女性达到了90%[27]。对于出生率急剧下降的担忧甚至让研究者们开始研究不需要真人身体就能够养育胚胎的人造子宫了[28]。

《纽约邮报》最近观察到了一个趋势，就是二十或三十多岁的女性更喜欢养狗，而不是结婚生子。那些喜欢狗狗的女性读者告诉记者，选择四条腿的“孩子”而放弃换尿布、处理小孩的喜怒无常、为了孩子上大学存钱，是个轻而易举的决策。一位女士说这样做能省下来很多时间，她就可以有更多时间外出了，而且还不需要保姆！另一个女生说跟其他关系选项相比，狗是最佳伴侣，她的小狗狗“太可爱了，除了它很喜欢打呼。它甚至有自己的Instagram主页。带着狗四处走要比带着孩子容易得多，而且也不像孩子那样一旦生养了就不可逆”。近些年里面，体重低于11千克的宠物犬数量有所增加[29]。

对于那些仍然希望找个男人做伴侣的女性而言，很多人也对自己的另一半应该是什么样子，有着不太现实的、有时候甚至是超凡脱俗的期待。就如同色情片让男人们对于性的看法严重脱离了实际一样，对于很多女性而言的“色情片”——也就是浪漫喜剧和香艳小说，也让她们对于男性在关系中到底会怎么样有了不切实际的期待。尽管大多数女性一般都会渴望高大英俊或者至少比自己个子高的男人，很多年轻的成功女性却也坦承，当她们自己的教育水平和经济独立程度越来越高的时候，对于潜在伴侣的条件清单实际上也就越来越长，让能够入选的男性越来越少。期望在结婚生子之后仍然能够保持或者提升自己的生活水准和社会地位，是这种“越走路越窄”的情况的根本原因。后果就是，尽管女性的经济压力比以前要小一些，“上嫁”①反而比过去显得更加重要了[30]，这也就让社会顶层的女性和较底层的男性很难找到伴侣。

86% 的美国人认为父亲的收入是“非常重要”或者“极端重要”的，而只有四分之一认为母亲的收入是“极端重要”的[31]。与此类似，与每一百个 25~34 岁之间的未婚职业女性相对应的同龄未婚职业男性只有 91 个[32]，但四分之三的女性不会去约会一个失业的男性，反之三分之二的男性却愿意去约会没工作的女性[33]。

一项最近进行的覆盖了一千名男女的调查发现，82% 的男性和 72% 的女性都说在约会中男人应该包揽全部费用。即便是关系进展到一定程度，也有 36% 的男性会说他们愿意埋单，而愿意这么做的女性只有 14%[34]。换句话说，女性变得比男性教育程度更高而且经济上更成功，但是她们却更少会在生活开销或者赠送礼物方面跟自己的伴侣共同分担。这个趋势的一个典型例证就是珠宝类奢侈品品牌蒂芙尼（Tiffany & Co.）网站上位于“加入购物车”选项下面的“❤ 甜蜜暗示”选项。一个弹出窗口会显示：“亲爱的____：我们相信您一定希望了解，令____怦然心动、魂牵梦绕的正是它。完美的蒂芙尼礼品，来自至亲密友的甜蜜暗示。”[35] 恐怕你绝不会在任何售卖男士产品的网站上看到这样的选项！

也许在男女更加平等或者男女都更加习惯由女性来领舞的时候，事情才会有所不同。

地雷与蛋壳：性欲和约会

就像多数女人不喜欢被人称作“荡妇”，大多数男人也不喜欢被称作“大男

① 指嫁给条件比自己更好的人，而不是“下嫁”。——译者注

子主义者”，尤其是不愿意被叫成“大老粗”，这不论在职场中还是生活中都是丧尽颜面的事情。这些词已经是老生常谈，不一样的是现在男人们有了一套他们不能做什么的规则，但是对他们应当做什么却没有只言片语的规定，因此尽管现在被叫作“大男子主义者”的人越来越少了，但是跟过去相比他们约会的积极性却反而下降了。

如果你跟年长一些的夫妻谈论他们的爱情故事，一般男人会说点这样的话：“她是我所见过的最美丽迷人的女人。”而女人一般会说：“当初遇见他的时候感觉他非常不靠谱，但是他锲而不舍最终俘虏了我的心。”今天的情形却是，一旦女性说“不行”，男人们掉头就走，而且也不知道将来应该怎么改变策略，也就是说大家约会的机会都越来越少。或者，因为男性们被拒绝之后莫名其妙，他们开始变得举止离谱，或者会从所谓的约会专家那里学很多不伦不类的伎俩。最让这些年轻人摸不到头脑的就是，他们会听到女性说自己希望跟一个友善而且尊重自己的男人在一起，但是他们却看到女性实际上更青睐那些更具攻击性并且对女性的感受毫不在意的男人。有人称之为“英雄－混球情结”（Hero-Asshole Complex），用来跟“圣母－荡妇情结”作对照。

欲望似乎有着非常特殊的规则，而我们的社会目前对此还一无所知。诚然，大多数女性都希望自己感兴趣的人对自己有强烈的渴望，而不是冷静的喜爱，这就给男性留下了行动的灰色区域。在新近一篇对比男性和女性感受到自己被渴望时的体验的区别的文章里，纽约城市大学斯塔滕岛学院（College of Staten Island/CUNY）哲学系主任马克·怀特（Mark D. White）讨论了这个令人迷惑不解的局面：

> 假设要我在约会的过程里，竭尽全力地寻找体贴细致和热烈渴求之间的平衡，我会认为不能够显示出足够程度的尊重（尤其是冒犯或者伤害到女性）的风险成本，要远远高于不能显示出足够程度的渴望

和热情（主要是会让女性不乐意然后可能威胁到双方关系）的风险成本。如果依据我自己思考问题的方式，我认为前者的风险要比后者高得多，我宁可错在过分尊重和体贴。这可能也就是诺姆·史潘瑟博士（Noam Shpancer）所描述的那一类男人的思维方式："那些优雅而温和的、不停地问你这个可以吗那个好不好的类型的男人，实际上正是那些可能会让你在性方面颗粒无收的男人，而这种过分的温柔体贴可能不是优点，而恰恰是造成男性被拒绝的原因。"[36]

对于很多男人来说，尽管女人告诉他们"说一不二，拒绝了就是拒绝了"，但是在实际生活中，"不"的意思常常是"还不确定"。女人们有可能就是做个姿态，用一种与性无关的方式来证明或展示为什么她们要说"是"。一个社交新闻网站 Reddit 上的写手对这篇文章发表了一些意见：

我觉得男人们现在已经完全摸不着头脑了。在我们长大成人的路上，社会对每个人都有着清晰的角色规范，告诉我们该做什么。但是时至今日，我们反而被告知这样做很危险。我们被告知有另外的一套规则，但是经常发现女人们有的时候要求我们小心翼翼礼貌尊重，还有的时候却想要我们为爱不顾一切。如果做的事情不合时宜，你或者就被视为勇气不足（力量不足，不够强大），或者就让人看成是粗鲁无礼或者"地痞流氓"。想在所有场合下知道自己被期望做什么非常困难。你一会儿看到尊重女性和男女平等的行为收效甚佳，可是马上又会听到女人们说自己的性幻想是被一个根本不征求她们许可就勇往直前的男人乾纲独断。在这些自相矛盾的信息里面我到底应该解读出什么东西呢？一个女人有可能两样都要吗？如果是这样，她怎么能指望男人知道什么时候她想要哪样呢？或许她们并不是真的两样都要，她们实际上要的只是其中之一，而文化或者社会压力让她们觉得自己必须声称自己也要另一样？[37]

我们调查研究中的另一个小伙子也给予了类似的信息：

> 对于后女权主义的一代而言，性别角色实际上非常不清晰。二十大几三十出头的小伙子们被教养成敏感和关爱的性格，而且要压制自己的冲动，可是事到如今却发现这些毫无用处。虽然二三十岁的女孩们嘴上说女性需要更多权力、变得更独立强大，但是她们还是只会被野心勃勃的强势男人们所吸引。敏感温柔、彬彬有礼和征询女性的需求，这些行为反而被认为是软弱无力，让女人们避之唯恐不及。而且这些行为不仅仅让女人远遁，也会让我自己不再愿意尝试，因为我也渐渐学会了担忧自己是不是物欲横流了、不能举止粗野或者油嘴滑舌、不要没话找话随意搭讪，诸如此类。但是对我到底应该怎么做还是没有明确的规则，有的只是一堆我不应该做的事情——所有那些会惹火上身的东西……好吧，我还是埋头打我的游戏更省心。

有件事的确变了，那就是女性感受到的那种被“解放”的压力。对于这到底是什么意思却并没有一个一致的版本，女权主义已经支离破碎，分裂成了很多的分支，其中的一个原因就是对于性别解放的具体含义到底是什么莫衷一是。举例而言，有些女性，例如坎迪达·罗亚尔（Candida Royalle）[38] 和安妮·斯普林克尔（Annie Sprinkle）[39]，认为色情片给予了女性更多力量；而另外一些女性，例如安德烈娅·德沃金（Andrea Dworkin）、苏珊·布朗米勒（Susan Brown-miller）和罗宾·摩根（Robin Morgan）[40] 却认为色情片侵蚀了女权主义运动的目标。尽管宗教保守主义和激进女权主义都在竭尽全力试图剪除色情产业，对于女性的社会态度却有了180° 的大转弯，从20世纪60年代认为女性应该保持纯洁的处女贞操直到结婚，到今天觉得女人应该随时随地都能跟人巫山云雨，而不用诸多顾虑拖泥带水。虽然确实有些禁忌在今天已经被打破，但是大多数的性教育还停留在维多利亚时代的水平上。“我的身体我做主”听起来理直气壮，但是如果没人真正地理解自己的身体或者自己的选择，这岂不是纸上谈兵？

《纽约客》杂志的专职作家阿里尔·利维（Ariel Levy）在她的《大女子主义者》（*Female Chauvinist Pigs*）一书里面，讨论了性的对象化以及自我对象化①对于年轻女性的性和自我认同的发展过程的影响。她研究了低俗文化的逐渐崛起，以及女性"赋权"运动的目标从"为女性权力而斗争"转变成脱衣舞课堂所带来的影响。利维认为，所有年龄段的女性都面临着同样的矛盾，然而：

> 较为年长的女性们亲身参与了妇女运动，或者至少是经历了妇女运动的观念影响依然在社会文化中活跃着的年代；与之相反，年轻的女孩们却只体验到了此时此刻。她们从未亲身经历过那个"嗬"（ho）还不在词汇表里面的时代，或者 16 岁的女孩不会去做隆胸术的时代，抑或最畅销杂志还不是情色月刊的时代，还有那个脱衣舞女郎并不是社会主流的时代……[41]

时至今日，当有人对你说"你看起来像个色情艳星"的时候，多数人会觉得这是句奉承话。当女孩们被各种纸醉金迷酒池肉林的图景狂轰滥炸之后，我们就应该预料到，年轻女性会开始越来越多地观看色情片，认为性感和骄奢淫逸也是美德，并且身体力行。想想你身边的居家女性里面有谁没有情趣内衣呢？估计屈指可数。

被太多来自于父母、同龄人、媒体的多如乱麻而且自相矛盾的信息所淹没的时候，想要让青少年对自己的荷尔蒙视而不见简直是痴人说梦，这还没算上电视里面的色情艳星和互联网上那些令人目不暇接的色情网站。利维认为，青少年不再"洁身自好直到结婚"，或者认为性是个为了赢得关注的表演，都是再自然不过的事情了，她给出建议：

> 或许跟只是告诉年轻人为什么他们不应该有性行为的说教相比而言，我们更应该去告诉他们为什么他们应该尝试性行为。我们从未尝

① 对象化，也就是将之视作一个外部"客观存在的对象"。——译者注

试过帮他们区分对性本身的渴望和对于被关注的渴望。如果说成年女性里面确实有人用举止粗俗作为对于女权主义所带来的矫枉过正的限制的反抗的话，我们也并不能说年轻女性这么做是出于同样的原因，因为对她们来说并没什么“女权主义”需要去反抗。这种色情片和钢管舞在所有地方大行其道的“全民皆色”的状况，并不是这个将性粗俗化的自由轻松的社会的一个副产品。这其实是对于那种以极度焦虑为特征的时代和社会中所特有的肉欲横流现象的致命一击而已。[42]

利维在她的著作《欲望的困境》(*Dilemmas of Desire*)中援引了德博拉·托尔曼（Deborah Tolman）对一些十几岁少女的访谈。托尔曼发现，这些女孩无法区分自身被渴望的体验和性的体验。女孩们同时也忽略了或者压抑了自己的性唤起，托尔曼称之为“沉默的身体”，这是因为她们害怕如果自己真的体验到“鲜活的性欲”，会最终导致自己染上性病或者意外怀孕。这些女孩大多数时候感受到的实际上是“很多很多的”困惑和焦虑。[43]

澳大利亚的女权主义者杰曼·格里尔（Germaine Greer）说，对女性而言最近几十年是每况愈下：“解放并没有发生，连性解放都谈不上。有的只是色情片产业的解放，性幻想的解放，但是绝对不是人的解放。”[44]

空谈带不来解放，行动才是解放

妇女运动中有着太多的挑战和太多的自相矛盾，那些被政客们扭曲误导的性别歧视的统计数据也是一样，我们之所以把这些摆到桌面上来，是因为这些对于女性意识到这样一个事实至关重要：除非那些听起来堂而皇之的标语有着坚实的现实基础，否则所谓的妇女平权只能是镜花水月。尽管妇女运动确实有些斩获，但当今的西方社会和文化结构对于两性而言都是问题多多。不仅如此，那些通过政治改良来为妇女问题立法的别有用心的考量实际上引发了无中生有的对男性的愤怒，并且偷梁换柱，把大家的关注和资源都从作出真正长治久安的改善或者建立更有效的两性合作的努力上移开了。

《旁观者》杂志（*Spectator*）的记者尼克·科恩（Nick Cohen）最近在一篇文章里面讨论了这种政治上的矫枉过正所带来的负面后果：

> 我们这个时代的独特特征之一就是对于语言力量的迷信。自1968年开始我们的政治倾向从左翼逐渐右移①，从此踏上不归路，大家坚信政治对手话语的字里行间埋藏着他们不可告人的秘密和毋庸置疑的假设。因而明眼人只需进行解码就可以一目了然，并且每个人都会看到来自于精英阶层的压迫。诚然，你可以坚信改变语言就可以改变世界，以及只要在措辞上小心翼翼不冒犯或者伤害相关群族的感情就能消除种族主义或者同性恋歧视，但是这么做的后果是，真正的种族主义和同性恋歧视不仅不会改变而且会日益猖獗，而弱势群体继续被敬而远之。[45]

我们并未选择直面问题，而是自欺欺人地粉饰太平。这也就是为什么在2014年的时候同时发生了两个事件：密西西比州一个性教育课堂上把发生性关系的女性比作不干净的巧克力[46]，以及身着比基尼的碧昂斯（Beyoncé）荣登《时代周刊》封面，成为“全球百位最具影响力人物”[47]。从一个层面上来说，那张比基尼照片是对于美丽身姿竞相争艳的尊重，但是从另一个层面上而言，它也传递了这样一个信息，就是作为一个女性，无论你的成就有多高，外表仍然是你身上最为紧要的东西。那么那些崇拜名人的女孩（和男孩）会怎么想呢？其实《时代周刊》完全可以把封面改成麦莉·赛勒斯（Miley Cyrus）坐在破锤

① 左翼代表着改革和激进，右翼代表着维护和保守。——译者注

机的大铁球上面。

在今天的世界里，一个在媒体上出现的女性必须要心甘情愿地把自己对象化，以姿色博取注意力。如果她不是天生丽质，那就或者浓妆艳抹，或者装傻卖萌哗众取宠——但是她仍然必须竭尽全力走性感路线，其他问题可以交给图像后期处理来解决。

有的女影星的确挺身而出来挑战这种约定俗成的现状了。举例而言，《公园与游憩》(*Parks and Recreation*)的主演之一拉什达·琼斯(Rashida Jones)曾经为《魅力》杂志(*Glamour*)写过一篇讥讽事事色情化现象的短文，里面说不可能所有的女人都是脱衣舞女郎或者人人都身无寸缕纤毫毕现。她说，拥有并且能够自豪地展现自己的性感魅力曾经是女性向前迈出的一大步，但是现在一切都太舞台化了:“……我的观点是，我们已经达到了超饱和状态。”在电视上，这种过度饱和被称为“吨位过载”，电视节目审查员在看到某个词被过度频繁使用的时候就会这样报告。“对于色情内容和流行文化而言，我们显然吨位过载了。”琼斯说，但是由于这些图像和与之相伴的人物形象无处不在，那些追星族女孩可能不会把这种性感迷人的星光闪烁和展现女性的内在自豪感相关联起来[48]。

如果说碧昂斯登上《时代周刊》封面还不能被看成是这种色情过度的引爆点的话，那我们真的不知道要到什么样时才算是有问题了。就像女权主义者凯特琳·莫兰(Caitlin Moran)所说的，为什么今天对一名女性来说，拥有“极度迷人的秀发”变得如此重要?[49]还有就是，对于女性而言公开传递自我接纳信息的唯一方式难道就是宽衣解带吗?当我们坚信每一个女人都美丽性感并且鼓励她们把暴露更多肌肤作为自主自信的象征的时候，我们不仅仅是对于身体外表更加强调，而且还使之贬值了。

我们一直都在思考，为什么很多女孩本来对于被当成性感尤物嗤之以鼻，但是仅仅在有了一点点名气或者减了几斤体重之后，立刻就改变态度，认为性的对象化让自己更具价值和优势了。我们拒绝承认女人的优势地位来自于做一个性感尤物，然而却选择用身体部位来代表自己招摇过市，因为去掉了朦胧神秘，反而魅力不再。我们不认为迷惑不解的只有那些年轻女孩，创造和认可这种氛围的女性其实也都一样不知所措！女性自己就是那些兴味盎然地阅读名人八卦、讨论体重超标的人，而她们自己永无休止的幸灾乐祸让这些文章永远都会受到热捧。男人们实际上对这些东西毫无兴致。也许，女性真正厌恶的是这样一个事实，就是性带来的力量是如此转瞬即逝，又跟生理状况如此紧密相连——而这两件事情却都不在她们的掌控之中。

只要女性继续允许这种低俗文化来塑造自己的自我认同和性形象，这种贱买贱卖就不会停止。如果想要真正获得力量，女性自身必须开始用新的方法来为自己定位和树立形象——一种既有别于不可控因素又不包含对男性的蔑视，而是能够融合她们自己的创造力并且让所有人都受益的形象。男女有别，但是两性内部还各自有着更大的差异。因而对于两性而言，对于成功的定义没有必要雷同或者看起来相似。我们完全同意利维所说的："如果我们真的相信自己性感风趣、聪明能干的话，就用不着装扮成脱衣舞女郎的样子，或者让自己变得像男人一样，抑或迫使自己成为任何跟浑然天成的自我不相符的样子。"[50]

教会我们的女儿如何成功

女性在经济上越有成就，就越会意识到男性并不是权力更大的性别；她们会明白男性也是愿意接受权宜之计的。事实上，没有人能够"拥有一切"。女权运动的一个误区就是期望工作能够既平衡两性的权力，又同时满足自我成就感。

很少有不附带任何责任的特权，而且真正成功的人也学会了在某些连带的责任或者义务并不能给自己锁定某些机会、带来某些益处或者有价值的体验的时候说“谢谢，不用了”。他们不会先得了某个便宜，后面再抱怨自己有多倒霉。女性需要一些如何走向成功的指导，让她们不再需要依赖法律条文或者政府规章来促进自身成功，甚至补贴自己的收入。

除了制定一些对家庭教养和工作同等重视的新政策之外，社会能为女性成功提供帮助的最有效方式是帮她们克服一些障碍，例如对她们进行谈判沟通技巧的指导。行动应该聚焦于为女性（和男性）创造安全和健康的工作环境，而不是采取禁止使用“专横”(bossy)一词这种实际上会削弱女性内在力量的方式，就像 Facebook 首席运营官谢丽尔·桑德伯格（Sheryl Sandberg）在她推行的“向前一步”（Lean In）运动中所做的那样——诚然，除此之外，这个运动本身非常积极有效[51]。这样的话会鼓励女孩们担负起领导的责任:“你知道吗？专横的人能把事情做好。虚心向他人学习，把功夫下足，这样你说话就会掷地有声，你的观念就会越来越受重视。登上顶峰的路从来都不轻松惬意。”

我们也鼓励女孩们去看那些能够通过贝克德尔测验的电视节目和电影，并且帮助她们订阅那些能够提升领导力的报刊杂志。在 2013 年，有 17 本女性杂志在发行量上超过了《福布斯》、《经济学人》和《职业妇女》(*Working Mother*)，这其中包括了《时尚》(*Cosmopolitan*)、《十七岁》(*Seventeen*)、《诱惑力》(*Allure*)、《幸运杂志》(*Lucky*）和《少女时尚》(*Teen Vogue*)。事实上，《时尚》杂志的订阅量超过了《福布斯》、《经济学人》和《职业妇女》三本杂志的总和[52]。倘若那些阅读《时尚》杂志的年轻女孩们也能订阅一本涵盖经济生活和新闻时事的杂志，我们肯定就会看到年轻女性兴趣和注意力的大面积转移，和她们对自己信心的积极变化。

如果妈妈们和女儿们能够一起阅读这样的杂志，妈妈们就会有机会通过对话把自己的亲身体验和知识分享给女儿们，帮助她们规划自己的未来。毋庸置疑，如果两代人之间真的能够进行坦诚开放的谈话，探讨不同的决定会怎样影响人的一生，以及在这些不同的路途中自己的伴侣应该是什么样子，这会避免太多太多将来的头痛和麻烦。

妈妈们同时也能跟自己的女儿们讨论早生、晚生或者不生孩子给生活带来的各种挑战和得失，例如学生贷款、怀胎十月，以及带孩子会如何影响自己的人生机会。女儿们需要这种谈话。职场妈妈或者重压之下的单亲妈妈能找到时间进行这种对话吗？我们强烈建议她们必须腾出时间这样做，让自己的后代能从自己的智慧中获益匪浅。

尽管在大学校园里女性数量已经超过了男性，并且她们会更多地参与各种课外活动，但感觉自己一直被太多要做的事情“压得喘不过气来”的大一女生数量是男生的两倍还多（41%的女生对比18%的男生）。跟那些全无压力的学生们相比，这些精疲力竭的学生对自己的能力更不自信，在人际交往中也更没有信心[53]。

为了解决这些问题，我们能做的另一件事就是让更多的女孩参与团体运动项目，因为这能帮助她们建立起统一的社会责任感，而且团队运动中对于竞争与合作的平衡会为她们未来的职业生涯打下更为坚实的基础。当其他的社交情境中缺乏应有的坦诚和开放沟通的时候，团体运动也能让女孩们学到如何相互依赖。母亲们也可以作出贡献，拿出勇气以身作则，向孩子们展现什么是女人之间的坦诚沟通——尊重对方，讲出真心话，不以讹传讹，不“人前一面背后一面”地搬弄是非，跟给自己提出建设性批评意见的人保持友谊。她们也可以通过不评判他人来给自己的女儿们作出表率，在描述他人的行为时不添油加醋或者作出道德评判。

同等重要的是鼓励女孩们主动邀约自己喜欢的男孩，这会帮助她们学会如何应对风险、面对被拒绝的情形，并且逐渐发展自己的品格、耐心和毅力——这些都是职场上的必备素质。从这些经验里面她们也能间接地学到，终有一天如何选择一个懂得欣赏敢于冒险的女性的伴侣。对男女两性而言，没有任何风险的生活都是极度无聊的。有风险的人生必然会有失败，而失败乃是成功之母，也是其必经之路。

MAN (DIS)CONNECTED

提 要

- ♂ 母亲和父亲必须同等重视对于家庭的投入和承诺。
- ♂ 女性倾向于维护关系中的表面和谐，但有话不直说会给沟通带来更大的困难。
- ♂ 女性一面要求男性温柔尊重，一面又要求他们强势霸道，这种自相矛盾令男性无所适从。
- ♂ 女权主义不能只要求权利、不承担义务，想要真正获得力量，女性必须开始用新的方法来为自己定位和树立形象。

14

父系社会的神话

男人只能作为必需之物，而非可有可无。除了英勇激昂，我们别无所长。

——诺厄·布兰德（Noah Brand），

《好男人计划》（*The Good Men Project*）编辑[1]

可能在很多情形下，女性比男性更容易体验到强烈的无力感。但是无论你是否愿意承认，性别歧视其实对男性和女性有着同样的伤害。男孩与生俱来跟女孩不一样，做个男人并不是什么轻而易举的事儿。

从人生的开端开始，在刚刚出生几天的时候，很多男孩子就做了包皮环割术。有的文化认为这是为了提升性生活质量，但是绝大多数的美国男孩只能接受别无选择。早在婴儿时代，男孩们在哭闹的时候会比女孩更迟一些才被抱起来安抚——这也是对他们的暗示：抱怨痛哭于事无补毫无益处。跟对待女婴相比，人们也更少唱歌、讲故事或者朗读书籍给男婴听[2]。这些种种“更少”实际上是消极的教训，让孩子们意识到自己不值得父母或者看护者花更多时间精力在自己身上。

晚些时候，也就是到了几岁十几岁的时期，男孩子们会从高强度的对抗类体育运动中学会忍受痛苦。与此同时，他们也开始意识到自己应该在家庭关系中起到什么样的作用，尤其是在经济上，然后他们就会开始为了更多金钱收入去选择自己不感兴趣的工作。年轻男性的社会化过程仍然让他们坚信自己必须尽可能多地赚钱养活老婆孩子，但是年轻的女性们所获得的信息却不一样（譬如那种应该由谁来支付约会费用的统计数字等等）。男孩们也继续着那种把在家带孩子的父亲视为不齿的成见——最近的一个皮尤研究调查的数据显示，有51%的人认为妈妈跟孩子一起待在家里比较好，只有8%的人认为父亲在家也一样[3]。显而易见，男人作为养育者的角色被忽视了，就连男人们自己也对之不屑一顾！至少在目前，对多数男人来说这仍然不是一个可接受的选择。

社会到底能否接受男性在工作和家庭之间选择更平衡的生活方式呢？理解我们为何要引发这样一个“令人如坐针毡”的讨论很重要。沃伦·法雷尔在他的《男权的神话》中提到，女性有了孩子之后可以考虑三个选项：

- 全职工作
- 全职在家
- 上述两者的混合：兼职工作

与此同时，如果是男性，可以考虑下面这三个选择：

- 全职工作
- 全职工作
- 全职工作[4]

他说，普遍而言，男性学会了用远离亲人之爱的方式来爱他们的家庭，而女性是通过与爱同在的方式来爱她们的家人。女性会去谈论她们是否应该“向前一步”或者“抽身而退”，可是男人从来就没有抽身而退这个选项。这给予了男性经济上的优势地位,但是却切断了他们获取和给予爱的机会。在《父子重聚》(*Father and Child Reunion*)一书中法雷尔写道:

> 女性提供了一个情绪子宫,跟爱非常相似;男性提供了一个经济子宫,这让他们跟自己的目的南辕北辙——为了爱和支撑自己的家庭,反而远离家庭。男性通过与自己的家庭分离而爱他们,女性通过与自己的家庭相聚而爱他们。自始至终,女性角色有着爱的优势和情感的优势。[5]

长期研究揭示了女性更偏爱有意义的和能跟人建立连接的工作,这进一步增强了她们的情感优势,但却"与获得更高收入或者晋升到更高的职位相悖"。如同心理学家苏珊·平克(Susan Pinker)在她的《性别悖论》(*The Sexual Paradox*)一书中所提出的:

> 诸如改变自己、寻找归属感之类的内在目标常常会跟诸如经济报偿或者社会地位之类的外在目标水火不容。就平均水平而言,女性在工作中更多被内在报偿所激励。一个对 500 个家庭进行的研究发现,对女性而言,她们在工作中的内在报偿和自主性同教育程度呈正相关,教育水平更高的女性也会对兼职工作更感兴趣,这就从两方面导致了她们在职场的"选择退出"现象①——通过她们在工作中对于内在意义的追求,也通过她们愿意对工作投入的时间数量。[6]

会有越来越多的女性愿意跟她们的丈夫共同分享她们在爱方面的优势,同时也愿意与之一起分担经济压力吗?美国的公司里,多数已婚男性高管的配偶都是待在家里的全职太太,跟女性高管的状况大相径庭——60% 的男性高管的配偶没有全职工作,而只有 10% 的女性高管是这种情况。男性平均每个人有 2.2

① 选择退出(opt-out),指主动选择减少工作时间或者辞职,而非被迫如此。——译者注

个孩子，女性是 1.7 个[7]。有的女性高管曾说过自己“需要一个老婆”，但却仍然不愿意自己的丈夫承担在家主内的角色，成为父母、厨师、管家和孩子们的司机。

在《为什么女性仍然不能拥有一切》一文中，安妮－玛丽·斯劳特说，迄今为止男性仍然不需要付出跟女性一样多的牺牲：

> “如果丈夫们或者伴侣们愿意公平地分担教育子女的责任，女性就可以后顾无忧地在事业上蓬勃发展了。”这种观念假设了大多数女性对于离开自己的子女跟男性有着相同的感受，只要家里有父母之一陪着孩子们就可以。[8]

在她的后续著作《未竟之业》（*Unfinised Business*）中，她解释道：

> 跟男性相比，女性同时背负着更多的文化责任，要担当孩子们的看护者，并且必须做得尽善尽美。甚至到了 21 世纪的今天，美国人还是会对那些看起来没有把带孩子置于自己的事业之上的女性抱以怀疑的眼光。然而倒是也有个好消息，就是带孩子现在渐渐开始不可避免地同样成为让男人也头痛不已的问题了。把当妈妈的问题重新定义为如何照管孩子的问题，让我们放开了视野，聚焦于真正的问题之所在，即对于看护儿童这个任务的价值的不认可，不论做这件事的究竟是爸爸还是妈妈。[9]

当一个男人看似选择了工作优先而搁置家庭责任的时候，往往也是他为了家庭的利益而牺牲了自己跟家人共享时光的机会的时候。女性会因为自己在孩子身上花的时间不够而感到自责内疚，男性的感受却有可能截然相反。因为他本就被认为应该努力赚钱养家，如果减少工作时间而花费更多时间陪小孩的话，那反而是一种自私，因为这么做减少了他对家庭经济保障的贡献。而这也是父亲们跟自己的家庭变得更紧密的条件——男性应该坦然相告，而女性应该认真倾听，这样她们就会知道，46% 的男性希望花更多时间跟自己的孩子们在一起[10]，同时 80% 的男性觉得如果自己的妻子认可并且经济上不受损失，他们希望可以全职在家照顾新生儿[11]。

很多人都会提及男性比女性挣钱多，但是他们并不讨论为什么会是这样——男性工作时间更长而且心甘情愿，因为当他们支付账单的时候收获的是爱；反之，女性在生儿育女之后减少工作量或者干脆辞职回家，这样她们才能收获到爱。经济实惠的托儿所让女性如果愿意的话在生养孩子之后仍然可以保持工作状态，这会让她们的职业生涯更少中断，从而缩小男女之间由于工作年限造成的薪资差距。但是也有证据显示，这种帮助远远不足，甚至并非正确的解决办法。甚至在有着全世界对父母们最为慷慨的福利政策的瑞典，女性仍旧会比男性多花四倍的时间离职照料子女，而且有的妈妈最初认为她们希望孩子的爸爸来照看孩子，但是“现在发现自己渴望把更多的时间花在家里”[12]。

另一个问题是在男女两性身上都出现了传统两性性别角色的整合，这种整合也会影响到性别自我认同以及两性关系的质量。如果自己的男性伴侣不是全职工作而是全职在家，女性是否还会觉得他具有同样的吸引力，这是个悬而未决的问题。目前的情形似乎是，这样的男性会被称作是“弱男”（beta male），得不到女性的青睐。举例而言，在丈夫赚取家庭收入的 60% 同时妻子承担家务的 60% 的情形下，离婚率是最低的，并且在这样任务分配更为传统的家庭中，妻子报告了更高的性生活满意度[13]。换句话说，机会均等未必能够导致结果相同，经济环境和社会人际规则朝着“趋同平等”的方向变化，并不一定会导致性吸引力的变化或者是亲密关系的成功，这些都是顺其自然而非人为能够强制的东西。

如果一个男人选择居家生活，就会被认为是没出息，也展现不了领导力，女人对他当然不感兴趣。事实上，即使是经济上较为独立的女性，仍然希望自己的伴侣更为年长和有吸引力[14]。至少对于男性来说，妇女运动实际上抬高了两性交往的门槛，而不是使之更为平等。女性接受什么样的优势，男性就会去竭力获取这种优势——也就是说社会激励什么，他们就做什么。

对于什么是激励和父亲之爱，孩子们会潜移默化地开始学习。举例而言，在《哈利·波特》系列中，尽管哈利的父母詹姆斯和莉莉都为保护哈利而付出了自己的生命，但只有母亲的牺牲使大家感动。当哈利还是个婴儿的时候，邪恶巫师伏地魔降临到了哈利的藏身之所，因为他发现了一个预言，说哈利一旦长大成人就会毁灭他。詹姆斯高声呼喊莉莉带着哈利逃跑，自己却留下来拖住伏地魔的后腿。他为了保护他们而死，随后莉莉也为了保护哈利身亡，但是因为她强大的母爱，让伏地魔的魔法反噬，毁灭了他自身，继而在哈利的额头上留下了那个众所周知的闪电形状的疤痕。这里面传递的信息实际上是母爱比父爱更强大，并且母亲的牺牲更伟大。令人诧异的是，如此世人皆知的作品，却几乎没有任何读者指出这个问题，即詹姆斯和莉莉实际上做了一模一样的事情，但是莉莉的牺牲却被认为更有价值。有太多人认为父爱和母爱相比在亲子关系中处于附属地位，这只是沧海一粟。

男孩们学到的是除非对家庭能有经济贡献，否则自己就毫无价值。大概在初高中阶段，在开始琢磨自己的第一个约会的同时，男孩们也就开始压制自己对于各种创造型活动的追求了，因为他们知道艺术和文学专业挣的钱远没有科学、技术、工程和数学专业多。他们之所以这么做是因为知道自己将来很可能要自立门户养家糊口，并且明白自己不可以依靠女人——尤其是跟自己建立家庭的女人，来养活自己。他们也从某种程度上知道，如果一个男人不会赚钱，就很有可能找不到自己喜欢的女人，而且更有可能离婚[15]；他们明白自己的价值和被喜欢的程度有很大一部分取决于自己的赚钱能力。

尽管今天的研究生院里女生数量已经超过了男生，但是理工科技专业里面还是男生占大多数，而女生数量在社会科学专业中占绝对优势[16]。乍看上去，我们可能会觉得这种比例和收入差异是性别歧视在作怪，但是实际上两个性别的学生们都知道理工科技专业会带来更高的收入。

男女两性作出不同人生抉择的原因之一非常简单，就是两性各有所好。譬如，男性对于无机材料更感兴趣，而女性更喜欢跟有生命的东西打交道，具有高度数学天赋的女性跟具有同样天赋的男性相比，更有可能具有强大的语言能力，于是她们的职业选择就会更多一些[17]。苏珊·平克认为，在那些女性最能够自由追求自己感兴趣的职业的国度里，性别鸿沟反而最为明显[18]。

男女作出不同抉择的另一个原因就是他们埋单的方法不一样。虽然给每个性别或者族裔的奖学金都非常充分，但是更多的奖学金（既包括学业的也包括体育的）常常只对女生开放而拒绝男生。在美国最为流行的寻找和申请奖学金的网站之一 scholarships.com 上面，给女生提供的奖学金数量是给男生的四倍。所有为男生提供的奖学金都严格限制了申请者的地域或者学校，而为女生提供的奖学金里有半数是对全国申请者开放的。有好几个奖学金是针对单亲妈妈的，而没有一个奖学金针对单亲爸爸[19]。

此外，在 20 世纪 70 年代的时候父母们花在儿子身上的教育费用要多过女儿，90 年代时两者不相上下，而在 21 世纪的前五到十年间发生了逆转[20]，今天父母们花在女儿教育上的费用比儿子多出了 25%[21]。如果有人为你埋单，为什么不挑个自己心仪的专业呢？

简而言之，女性并不像男性那样面对现实，明白世界不是围着自己转的。讨论权利平等总是会比讨论责任平等要轻松容易许多；然而，如果我们希望两性之间有更多的合作和同理心的话，恐怕这恰恰就是下一步该做的。

什么是权力

尽管最早期的农耕社会可能如社会学家埃莉斯·博尔丁（Elise Boulding）指出的那样，源自于古代中东地区的女性种植培育野生稻谷，很多其他学者，譬如海迪·哈特曼（Heidi Hartmann）指出，在农业社会形成之后占据了支配地位的实际上是男性，他们继而也控制了社会的其他方面，包括家庭、劳动力、经济、文化，乃至宗教[22]。

与之相应，权力往往是由父权系统定义的：得钱财者得天下，掌控经济大权的人也就控制了其他的一切。毋庸置疑，金钱能够让人享受更多自由并且对生活的更多方面更有控制权，但是能够在一个系统中发号施令只是权力的一种类型。还有另外一种不那么显赫但是同样有效的权力：个人权力。

真正的权力是全方位的。它不仅仅会影响外在奖赏，譬如收入、社会地位和物质财富。全方位的权力也包含了内在报偿，譬如健康、内心的平静、灵性、被爱被尊重、对情绪的觉察和开放、积极的自我概念，以及那种能够通过实现自己的价值来提升个人和社会的日常生活质量的能力。

归根结底，所谓终极权力就是那种能控制一个人的人生并且能够获得个人成就体验的能力。从这个角度而言，个人寿命可能是个挺好的标尺。世界卫生组织（World Health Organization，简称 WHO）给出了 1990—2012 年间出生于低收入和高收入家庭的男性和女性的预期寿命：

- 低收入家庭出生 男性：54.7 岁
- 低收入家庭出生 女性：57.3 岁
- 高收入家庭出生 男性：73 岁
- 高收入家庭出生 女性：80 岁
- 全球 1990—2012 年出生男性的平均预期寿命：64.7 岁

• 全球 1990—2012 年出生女性的平均预期寿命：69.7 岁[23]

全球女性的平均预期寿命比男性要多出 5 年（8%）。富有男性比贫穷女性的寿命长 15.7 年（27%），而富有女性要比贫穷男性的寿命长 25 年（46%）。女性占百岁老人数量的五分之四[24]。

被诊断出罹患前列腺癌的男性数量要稍稍多于被诊断出患有乳腺癌的女性，然而美国联邦资助的乳腺癌研究要比其资助的前列腺癌研究多出了将近一倍[25]。美国政府也构建了一个提升女性健康的网站（WomensHealth.gov），但是与之对等的男性健康网站却并不存在。

有趣的是，男性健康的相关网页居然寄居在女性健康网站的下面。在这个网站上，有个醒目的“女性健康周”的标志，女性可以在此了解更多关于她们健康问题的信息，但并不存在“男性健康周”。世界上的一些国家，包括澳大利亚、加拿大、英国和美国，开始推广“国际男人节”（11 月 19 日），为的是提升男人和男孩们的健康意识，但是其规模仅仅同一个“为乳腺癌徒步走”活动差不多。

在几乎所有 15 种最常见的致死原因中，男性的死亡率都高于女性，最大的差距来自于心脏病、自杀和意外事故导致的致命伤[26]。跟男性相比，女性更有可能有自杀的想法，但是男性的自杀率是女性的四倍，美国 79% 的自杀者都是男性[27]。

在美国，92% 的工作意外死亡者是男性。建筑行业是工伤致死最多的行业，最常见的原因是跌落或者滑倒[28]。全世界范围内，从事危险工作的男性都比女性要多。

有孩子的女性无家可归者比有孩子的男性无家可归者数量更多，但是在美国，68% 的无家可归者是男性，并且无家可归男性里面有 40% 曾经当过兵，而全国成年人口里面曾经服兵役的比例是 34%。据美国流浪退伍军人联盟（National Coalition for Homeless Veterans）估计，每天都有 27.1 万退伍军人处于无家可归状态，其中的大多数是男性[29]。这一国家耻辱一直都不为主流媒体所关注，如何报偿我们英勇的退伍军人的话题在全国性对话中也不见踪影。

从这些事实中我们就可以推导出来，从某种角度而言，女性实际上比男性在权力上更加占优。

活出个男人样：情感封闭的沉重代价

对于男人们来说，身体上受欺负或者被嘲讽愚弄在童年是再正常不过的事情。人们总要说："男孩就是男孩。""他们就是这副德行。"当年轻的男孩们把"必须表现强硬"的信念内化——也就是说他们开始认为自己就要像个男人一样死扛的时候，他们最终就会失去自己敏感的一面，而在他们长大成人以后这一面是必不可少的。这样的后果就是，他们未来的亲密关系之路会荆棘遍布，曲折丛生。必然的结果就是他们不会从自己的朋友、家庭、老师、教练，或者任何其他能够帮助他们面对困难振奋起来的人身上获得帮助。

当一个男孩被告知流眼泪是女孩才会干的事的时候，他就会认为表达情绪是不可接受的行为，于是开始压抑自己的感受。一旦任何人被告知自己或者自己的情绪是不正确的，他们就会退缩，或者试图扭曲自己的内在感受。于是在人际关系中，就会表现为一个人总是不能给自己定位，或者确定自己要什么。

他们开始照本宣科，装样子应付事情。二十年后，当这个男孩长大成人并且跟一个出色的女性相遇相爱，而对方说感觉不到两个人的亲近和联结，他就会迷惑不解。她希望他能够更多地打开自己，但是他却完全不知所措，因为自己在之前的生活中从未尝试过“打开自己”。

另外，那些童年在学校中经历过霸凌的男性可能会把这种愤懑的体验一直带到成年。当这种愤怒没有被很好地处理时，它就会在潜意识层面发挥作用——经常是一种在脑海里的声音，告诉他们自己有多不堪、丑陋或者愚蠢，几乎跟现实中的霸凌有同样的效力。这自然而然就会对自信造成伤害，而且可能在亲密关系中表现为一个男性不知道如何拒绝别人，或者不敢坚持自己想要的东西。因为害怕自己也变成欺凌他人的人，这种恐惧甚至有可能让他成为大家眼中的“好好先生”。另一种表现方式则是他有可能会跟他人永远保持距离，因为他会觉得人都是凶恶和不值得信赖的，如果让别人接近自己就无可避免地会受到伤害。在更深的层面上，因为他们不仅会认为自己的同伴是穷凶极恶的，自己其实也是一样，于是就会认为自己不值得被任何人爱。如果一个人在内心深处认为自己不值得被爱，那么他不论是接受还是给予爱都绝无可能。

很多男性转而沉湎于性，因为这是他们唯一能够得到积极身体接触的方法。除此之外，他们在生活中竭尽全力避免跟他人身体接触。这种对于身体接触和爱抚的抗拒会使得性和亲密关系变得空虚孤寂，毫无意义，让人完全无法体验真正的快乐和联结。就像之前说的，当小伙子们沉湎于色情片进行性幻想的时候，他们看不到男女之间的含情脉脉、温柔缠绵和轻吻爱抚。

一个禁忌

性征就是屋里的大象——近在眼前，可大家都视而不见。但是它越来越显眼，装作看不见已经不可能了。贝尔·诺克斯（Belle Knox），就是那个声名狼藉的从杜克大学学生变成脱衣舞艳星的女孩，最近发言应和了女权主义者们长久以来的关于父权社会恐惧女性性征的观念[30]。但是这是个过时的观点，已经越来越少被人认同。此时此刻，在西方世界中，哪里找得到不想看看“#FreeTheNipple”①的男人呢？除非他是同性恋。

作为一个社会而言，我们可能确实害怕女性的性征，但是我们对于男性的性征和十几岁年轻人对性的渴望也同样噤若寒蝉，对于老年人的性需求也掩耳盗铃般予以否认。父权社会真的是问题所在吗？或许只是因为性征有些不堪入目，所以没人愿意以身涉险，越雷池一步？

最近一个名为《弱势的大多数》（*Opressed Majority*）的法国短片把男性和女性的角色作了一个对调。这个电影被很多人热捧，我们的几个女权主义者朋友也在社交媒体上作了分享。一位男士在其中一篇分享后面评论，说他坚决反对暴力行为，但是男女两性视角不同，他自己并不介意被几个性感美女性侵犯，因为他认为这是让人非常渴望的性体验。这个影片的本意是要搞笑，但是其实只是让我们看到了导演（一位女性）对于男女差异一窍不通。她通过片子中女扮男装角色的懒惰和感觉迟钝，含沙射影地表达了男性对于女性被性侵犯的漠不关心，这非常奇怪，因为很多时候男性会作为女性的保护者承担危险得多的角色。我们同时也发现了另一件有趣的事情，就是导演选择了软弱和无助（男扮女装的角色）来展现女性形象，这让我们不由得对她到底想如何描述女性心存疑虑……

为什么没有任何人愿意对压制男性的性别歧视发表意见呢？一位名为尼基·丹尼尔斯（Nicki Daniels）的博客作家写了一封给那些满脸胡须的时尚潮人

---

① “#FreeTheNipple”（解放乳头）是Facebook上的一个话题标签，为了抗议Facebook对女性裸胸图片的审查机制，人们在此标签下上传自己的上空照，以表达性别平权。——译者注

的公开信，嘲讽他们毁了她的“恋须癖”。她说：

> 从我还是个小女孩的时候开始，就一直喜欢留胡子的男人。对我来说，胡须意味着力量、权力和男子汉气概，给我一种受到保护的感觉。不幸的是，你们现在把胡须变成了一个时尚宣言。胡须现在变成了男人装扮英武之气的“加垫文胸”。看起来确实威武性感，但是除此之外一无所有。整整一代人都装扮得像是伐木工人一样四处招摇，但是你们中的大多数实际上连换个车胎都不会。[31]

这些话像病毒一样流行开来，坦白地说，除非你自己就曾经是个蓄须潮人，否则这个笑话真的相当滑稽可笑。但是如果有男人胆敢用同样的口气发帖子嘲笑女性腋窝或者两股间毛发丛生的话，恐怕立刻就会被撕成碎片。

为什么女性可以公开谈论因为男友不肯为自己口交就把他甩了，宣称自己觉得跟更年轻的男人上床更过瘾，说自己要开个全是女司机而且拒载男乘客的出租车公司，或者甚至说男性应该比女性缴纳更多税金，但是如果一个男人提及相反的观点就是十恶不赦呢？[32] 这种双重标准一般都是源自于女性在社会上更吃亏的惯常看法，但是如果用这个新的视角来看问题的话，男性被压迫的程度至少不比女性少。

如果男性用跟《弱势的大多数》一样的思路拍一个电影，我们可能就会看到性别敌意的另一面，也就是男人如何被当作“成功商品”（而女性是“性感尤物”）对待，除了性之外没有任何的爱抚，并且离婚的时候几乎没机会赢得子女的抚养权。可能我们也就能看到大学校园里的“知情同意”规则把男生置于父母的位置上（也就是说他仍旧被期望能掌握主动权，并因此承担所有责任）而把女生置于孩子的位置上（她无须主动，因此也没有责任）。我们还会发现在性侵犯发生的时候，男性被默认为是有罪一方，直到被证明是无辜的，而提出错误指控的人也不用承担任何后果。也许我们可以开始质疑一下，为什么女性有权利参军入伍，同时也享受一旦战争爆发可以抽身而退的特权，但是所有的美国男性公民都必须在年满 18 岁的 30 天之内在兵役登记系统里面登记，并且在战争爆发的时候有义务上战场[33]。这其实跟那种“如果国家需要更多婴儿，所有 18 岁以上女性必须登记并且生育”的性别歧视如出一辙，纳粹德国在第二次世界大战时期的生命之源计划①就是类似的一种尝试。也许我们会开始明白，在美国，每年在监狱里被强奸的男性远远多于全国范围内被强奸的女性[34]。

男性被强奸是一个基本上被视而不见的问题，在媒体和人们的街谈巷议中被淡化或者变成一个笑话来说。美国联邦调查局（FBI）甚至不会公布任何以男性为受害者的性侵犯统计数字：当得不到任何信息的时候，你就会相信这些事从未发生过[35]。但是这些就是既成事实。诚然，有多得多的女性会报告在生命中的某个时候有被强奸的经历，但是有更多男性报告自己在童年时体验过非自愿的“完整的性虐待”[36]。报告自己经历过强奸之外的其他性暴力的男性和女性的数量大致相当[37]。尽管女性比男性感觉更不安全，男性实际上更有可能是各种侵犯和暴力犯罪的受害者[38]。

报告中的大多数对男性的性侵犯来自于其他男性的进犯。如果我们把那些成年男性被女性有意识地“侵犯”或者“被迫侵入”的情况都包含进强奸的定义中去，恐怕这个数字会更高。无论侵犯者是什么性别，我们都必须把男性受害者也算进来，而他们更不愿意报告自己的经历和寻求帮助。美国反对家庭暴力联盟（Coalition Against Domestic Violence）对原因进行了解释：

> 作为一个男性被害者的耻辱，认为自己不配当一个男人的刻板印象，将来不被人信任的恐惧，对被害人身份的否认，以及来自于社会、家庭、朋友的支持的缺乏……种种这些导致了男孩们更不愿意报告自己被性侵，原因就是那种害怕被认为是同性恋的恐惧和焦虑，希望让人感

① 生命之源计划（Lebensborn）：纳粹德国的白种人优生学计划，制造了 1.2 万名皮肤白皙、金发蓝眼的希特勒娃娃。——译者注

觉自己有能力保护自己的心态，还有就是想要独立自主的意愿。[39]

我们也要把羞耻感（shame）加入这个清单里面。除非是一个男孩被一个成年男人强奸的情形（如同很多天主教牧师的丑闻一样），否则大家并没有太强的意愿——如果不是完全充耳不闻的话，来讨伐这种对男性的性侵害。甚至有某种禁忌来阻止大家这么做。即便是男性受害者挺身而出公开披露，人们也不知道应该如何应对，目前对此也没有清晰的法律制度。而且人们也非常难于理解男性在勃起的同时也是被害者这种情形。如果你感到了兴奋，你就是自愿的，难道不是吗？

女性受害者在被强奸的时候体验到的性高潮并不会被认为减弱了她们在被侵害过程中的非自愿程度，那为什么我们对男性受害者就要区别对待呢？当你跟一个男人讨论他的性历史的时候，你会非常惊讶地发现他们中大多数人的第一次性经验都不是以自己理想的方式经历的。有的人会说自己第一次的性经历是被迫同一个女性同处一室，对方强买强卖，自己跟对方发生关系是因为觉得非如此不能脱身。我们不会把这些女性叫作强奸犯，但是如果换成是个男性这么做，我们就会认为是强奸。

年轻的男性尤其会被告知自己是不可以说“不”的，并且没人告诉他们如何断然拒绝自己不愿意的性侵扰，他们也不知道如果自己被性侵害了之后应该做什么。反之，社会文化训练他们时刻准备着，随时随地都能跟任何一个想要发生性关系的女性交媾。不承认男性也可以是被害者，也就把另外一些情形大事化小小事化了了，包括被配偶虐待（言语上或者身体上的）、被跟踪围堵或者被骚扰。男人就应该自己搞定这些情况，或者“像个男人一样承受”。

这些情况能被改善吗？建立涉及意愿和界限的法律可能有所裨益，但我们更需要教给孩子们性的心理学知识，并且帮他们理解真正的意愿和界限是怎样的，而不仅仅是告诉他们两个基本要求：这个人是不是同意以及这个人是不是有能力同意。如果我们对性本身的复杂程度视而不见，也不能坦诚地思考性侵害是如何发生的——更重要的是，思考它为什么会发生，我们就无法期望社会有足够的能力来面对性欲的阴暗面。

对象化是强奸发生的先决条件。男性将女性对象化的原因之一是，大多数时候他们是主动邀请女性约会或者发起性体验的一方。而且他们经常受到挫折，甚至是在亲密关系中的时候也会被拒绝，这个时候如果能把拒绝自己的人视为一个物体的话，心里就会好受得多。久而久之，这种思维就会指向任何不主动发起邀请的人，而这样做也强化了对方的自我怀疑，不知道自己被认可的价值在哪里。

当越来越多的女性在浪漫关系和性行为里采取主动的时候，她们就会越来越喜欢把对方对象化的过程和拒绝对方的过程，继而男人就会开始理解对象化和拒绝行为的阴暗面，而女性已经对此心怀怨怼很久了。同样的事情也发生在其他性别角色对调的情形里面，譬如越来越多的女性成为挣面包养家的人，而男性在家带孩子的时间越来越长。

在我们对那些女性被压制的领域进行深入探索和关注的时候，同样也要允许男性来考量他们觉得自己被噤声的地方。女性也同样需要觉察和理解她们自身的偏见、双重标准和反过来针对男性的性别歧视。毋庸置疑，每个人都需要为自己的行为承担后果。然而与此同时，我们也不能低估了社会和情境对个体行为的巨大影响力。如果我们只认同女性的脆弱，告诉男性他们是潜在的侵犯者，告诉女性她们是潜在的受害者，那就是矫枉过正，并且是在强化这种不平衡。这并非是要将男性性侵害归咎于女性，或者试图去低估女性被性侵害的严重程度；这是为了让两个性别能够发现合作与对话的途径，继而一起来努力终止性侵害。这些对我们身体边界的侵犯是有损人类尊严的事情。

伸张正义

在20世纪80年代末期，在美国的司法体系中发现了一个性别偏见的漏洞：我们的法庭给予女性的缓刑期似乎要比犯同类罪行的男性更长[40]。司法系统过问了这个问题。在现实生活中，触犯同样罪行的男性更有可能被判刑，而不是像女性那样得到缓刑[41]。在今天，父亲曾经服刑5年或者更长的可能性是母亲的两倍[42]。与此同时，入监狱服刑的女性所处的环境跟男性的监狱迥然相异。在沃伦·法雷尔的《男权的神话》一书中，他引用了一段律师的回忆：

> 女性重罪犯会去位于州首府东面几英里的一所曾经的学校。男性面临的则是简陋而艰苦的监狱，那里面有囚室、看守和内部黑帮……女犯人待的地方感觉上实实在在就像是一所学校，里面的员工会鼓励她们重新做人获得新生。[43]

当前，监狱里的女犯人比例只有8%[44]。加利福尼亚州的女性罪犯服务项目（Female Offender Pragrams and Services，简称FOPS）在其网站上宣布，他们针对女性罪犯提供了一项“性别响应”（gender-responsive）计划，为她们提供服务、亲子课程、各种指导以及自助治疗，帮她们更好地改造，以便在刑满释放之后能够更成功地融入社会。FOPS的目标之一就是通过提供更符合人伦的监狱环境来给女性罪犯以尊严和尊重。除此之外，FOPS也提供了职业训练和学校科目、专业和技术教育、释放前指导、艺术课程，还有讨论社区改造项目的互助小组。所有这些内容背后的理念，都是为了在增进公共安全的前提下，增加女性的机会并且减少女性犯人的比例。但是并没有与之对等的为男性罪犯提供的“男性罪犯服务项目”[45]。

在美国，有前科的男性有成百上千万[46]。考虑到对他们而言找工作或者找住所有多么困难，尤其是他们之中有大批没有任何工作经验和职业技能的人，还有很多滥用毒品的瘾君子，那么为什么对他们就没有更好的改造项目呢？在监狱服刑的男性罪犯中超过半数都是父亲，而且有 60% 以上的人报告说自己从小就没有父亲在身边[47]，25% 说自己的双亲中也有有前科的人[48]，那么为什么不给他们也提供亲子课程呢?

几乎有 80% 的男性服刑犯在被释放后五年之内都会再次因为新的罪行被捕[49]。很多男性服刑犯都说在服刑期间如果能够见到自己的子女，以及得到自己家人的支持，将会减少他们将来再犯罪的可能性，但是尽管在入狱之前大多数父亲是家里的主要经济收入来源，在服刑犯中却是母亲更有机会能跟自己的子女接触[50]。对于男性而言，这种跟子女见面的机会实际上是个给他们更多生活目标和让他们更有爱心的激励行为。刑满释放人员在出狱后面临着巨大的经济压力，他们的自杀率是普通人的七倍[51]。

服刑期间在监狱里被性侵和这些侵犯所造成的后果暂且搁下不谈。除了被强奸，而且经常是被黑帮轮奸之外，监狱里的男性也很容易感染诸如艾滋病之类的性传播疾病，这些疾病在肛交的时候更容易传播。现在美国有很多监狱开始提供避孕套售卖机，为的就是减少性传播疾病的扩散，以那些监狱为研究对象的研究者们指出，监狱服刑犯人中艾滋病患者的比例比总体人口中的比例要高出四倍之多[52]。

要是有更多能够在一开始就阻止监狱中的强奸行为的行动该有多好!

改变“薪酬差距”为何如此艰难

沃伦·法雷尔说:“男人所做的工作薪酬更高的原因之一就是这些工作比较危险。就如同用‘玻璃天花板’来描述拦阻女性取得最高薪酬的职位的障碍一样，也有个‘玻璃地窖’让那些男性在这种高危职业里面难以脱身。”[53]

妇女运动之所以如此大获成功的原因之一就是强调了权利平等，但是并不说责任平等。它传递给年轻女性的神话是她们可以“拥有一切”。把责任平等束之高阁的后果之一，是女性要求获得作为高层管理者的平等机会，但是并不会去要求像男性一样做高危体力劳动的平等责任。那些男性是隐形人。这实在是个辛辣的讽刺，因为没有他们的劳作我们的日常生活根本无法继续。

有的人会提出争议，因为女性之所以要求当高管的平等权利，是因为她们遇到了性别歧视和来自于自己男性同事的阻力，但是最近的研究表明，女性自身在职场里也对其他女性有着严重的性别歧视行为，譬如在雇用员工、给予薪酬和职业指导的时候[54]。

举例而言，在《心理科学》上发表的一个来自于荷兰的小规模研究发现，女性之间的相互态度中既有支持也有偏见。研究者们检验了高层女性警官的态度以及她们的“蜂王”行为。在一个实验中，一半的参与者被要求写下一段短文，描述在工作中觉得因为自己是女性而处于不利地位或者感受到性别歧视的时刻。另一半参与者被要求写下一个场景，其中自己的个人能力得到了重视，并且跟自己的性别完全没有关系。然后，两组参与者都被要求描述自己的领导力风格，以及她们感觉自己跟其他女性有多相似，还有就是她们认为性别偏见在警察系统里面是不是一个问题。

这些女警官的回答显示了她们在工作场合对自己的性别认同的关注程度。具有蜂王行为的女性在工作场合中并不将其他女性视为自己的同类，并且她们的性别偏见浮出了水面。她们更倾向于采用阳刚气质的领导力风格，认为自己跟其他的女性截然不同，并且不认为性别歧视是个问题。另外一些女性在工作场合跟其他女性紧密相连，并且将她们视为同类，她们也有着存在性别偏见的感觉，并且非常希望自己能够指导其他女性。

研究者们认为，那些希望有更多女性加入高管行列的组织机构必须跟工作场所的性别偏见作斗争。一位研究者贝勒·德克斯（Belle Derks）说："如果你对组织里面的性别偏见无所作为，而仅仅只是把女性提升到更高的位置上的话，这些女性就会迫不得已地脱离自己原先的群体。"否则，她们就会不符合人们的性别偏见，或者在帮助她们的女性下属时有诸多顾忌。"如果你把女性置于这样的位置，让她们不得不从自己的机会和自己群体的机会里面作选择的话，有的女性就会选择自己。为什么需要为你的群体作出牺牲呢？男人就用不着这么做。"[55]

那种认为我们需要改变高危职业来适应女性，而不是让女性去适应这些高危职业的想法有很大的问题，因为男性和女性会在一起工作，但是同时脑子里却会有着两种不同的并且是不兼容的对工作要求的理解。那个荷兰的研究也可以从另一个角度来理解，就是那些被知觉到的性别偏见实际是由来已久的普遍认识，员工们用这些观念来找出职业的要求，譬如对环境的机敏觉察和对威胁作出身体上的反应的意愿。那些女性跟男性感受相反的情境实际上就像一个石蕊测试①，每个想要做这个工作的人都必须能够承受。他们的同伴必须确信这个人——无论是男性还是女性，能在关键时刻让自己"后顾无忧"，如同沃伦·法雷尔所说：

> 战场上的训练需要男人们不那么惜命。这有什么后果呢？骚扰和找碴儿是贬低自身性命的前奏——这也就是男性为什么会相互骚扰和找碴儿：他们在相互驱除每个人的个性，因为战争机器在每个人都是一个标准件的时候运转最流畅。因而，骚扰和找碴儿在"男人的军队"里可以说是战斗训练的序幕；但是在"女人的军队"里，骚扰和找碴儿会被抗议——这些行为跟人的生命价值相悖。如果男性和女性在部队里面相互隔离开来的话，这种差别就不会产生任何问题。但是，如果男性被告知他们应该对女性一视同仁，并且他们真的这么做了，也去对女性骚扰和找碴儿，他们就会前程尽毁（而且有可能连家庭都分崩离析）。于是这只能让男性对女性的原始看法更加坚定："她们得了便宜，还要卖乖。"[56]

① 测试酸碱度的最常见方法。——译者注

举例而言，美国海军陆战队最近发现，由清一色男性士兵组成的战斗小组比男女混编的战斗小组的战斗力要强很多：全男性的战斗小组行动更快速，更能给敌人致命打击，能够更迅速地转移伤员，能携带更多负载，并且更少受伤。所有这些都意味着“更少的伤亡”。纯男兵队伍的无氧运动能力也更强——无氧运动能力最强的 25% 的女性跟最差的 25% 的男性大概不相上下，有氧运动能力也是类似——女性里面最强的 10% 跟男性里面最差的 50% 差不多[57]。

某些职业总要比其他职业更为危险一些，除非在身体上能够保障安全，否则不会有大量的女性加入这种行业。因而真正需要产生的变化应该是让这些行业都变得尽可能安全无忧，或者，如果男性和女性需要有不同的职业标准的话，他们需要被分成全部为男性和全部为女性的不同工作群组。有的行业对男性的保护不足迫使他们形成了一种玩世不恭的态度，但我们应该看到的是，那些把骚扰打闹当作家常便饭的职业到底为员工提供了什么样的氛围。对于系统和环境巨大力量的研究已经进行了几十年，这些研究告诉我们，不能只盯着桶里面那几个“坏苹果”（或者某几个人）看问题；我们需要仔细检查一下桶本身，或者环境本身，然后把我们的注意力上溯到那个“造桶者”（对系统造成影响的人）身上去，他们有更大更深入的权力来创造、改变和终结那些影响系统中每个人行为的情境。

MAN (DIS)CONNECTED

提 要

- ♂ 做个男人不容易，男性面临着比女性更加残酷的现实。
- ♂ 男性用远离对亲人之爱的方式来爱他们的家庭，而女性是通过与爱同在的方式来爱她们的家人。
- ♂ 男性同样面临着遭受霸凌、性侵害的威胁，但身为男性，他们只能有苦难言。

15

经济衰退，生活成本增加

那些负债累累来上学的学生不太可能心里想着经世济人。债务缠身的时候，人们花不起时间去思考。

——诺姆·乔姆斯基（Noam Chomsky），美国语言学家和社会政治批判家

对于今天的年轻人来说，跟婴儿潮时代出生的父母们相比，汽车油费、学校学费和住房费用占收入的比重之大远远超过了几十年前。也许并不令人感到意外，虽然电脑、电视和玩具的价格一降再降，教育的费用却一涨再涨，超过了 20 世纪 90 年代以来的通货膨胀的增幅。无论如何，今天西方世界的生活成本比经济萧条之前要昂贵了许多，于是很多年轻人不得不大量举债，为的只是维持生活。

股市策略分析师彼得·布科瓦（Peter Bookvar）说："尽管现在市场上工作机会有所减少，但是生活的绝对开销却创下了历史新高。"[1] 普遍而言，美国人认为自己有着更多的机会超越自己的父母，但是同时也面临着更大的经济风险[2]。"按单结算"工作（非传统、非全职雇用的工作，一般由合同工、自由职业者或者实习生完成）的兴起意味着越来越多的企业不需要提供全职工作所需

的福利、医疗保险、退休金计划，或者任何形式的工作场所保险措施[3]。

在20世纪70年代，作为占美国人口72%的主流，只有高中或以下学历的大多数人，还是有机会繁荣发展并且跻身中产阶级的。因为那个时候制造业在美国如日中天，只要一个人吃苦耐劳勤奋踏实，教育程度较低并不是太大的障碍[4]。但是在后面的几十年里，加入中产阶级的道路就没有那么通畅了，因为那些本来以自给自足为荣的公司现在全都竭尽全力节省成本，尤其是把很多工作岗位外包到了工资更低、福利更少或者没有福利的国家。与此同时，商业环境中的重组也在悄然进行着，生活成本节节攀升，而总体男性工资的中位数却纹丝不动。

在随后的十五年间，“好日子”跟大家渐行渐远。劳动力市场增加了将近70%，但是只需要高中及以下学历的工作占比下降到了41%，这也就意味着有两百万左右的工作岗位不再对中学以下教育程度的人开放了[5]。镜头拉回到今天，现在在发达国家中净增加的工作机会都需要至少某种程度的高中以上学历[6]。教育程度低的人前景惨淡，尤其是对于男性而言。

1969—2009年间，男性高中辍学者的工资中位数下降了38%，高中学历的人下降了26%，对于有大学学历的人来说降幅只有2%——请注意，这些数字都只包括了能找到工作的人。在每个教育程度的人群里面，收入的均值都超过了中位数，这表明工资收入集中在了每个区间顶端的少数人手里[7]。

资本积累资本的速度要比劳动力积累资本的速度快得多。在美国经济恢复的最初几年间，全国财富分配顶端7%的家庭，其净资产增加了大约28%，而余下的底端93%的家庭净资产反而下降了4%[8]。现在把小孩送到私立小学所需要的费用，要比过去把孩子送进哈佛、耶鲁或者斯坦福这样的顶级大学还要贵，只有精英阶层才有能力支付。

开销比例也上升到了失控的地步：

- 1970 年：学费：家庭年收入的 5.5%
  住房：家庭年收入的 305%[9]
- 1991 年：学费：家庭年收入的 19%
  住房：家庭年收入的 500%[10]
- 2010 年：学费：家庭年收入的 33%
  住房：家庭年收入的 552%[11]

总而言之，高等教育文凭不再是通向“梦想生活”的护照了。现在很多人——即便是有更高学历的人，也几乎没有希望获得成功了，他们的生活就像希腊神话里的西西弗斯（Sisyphus）一次次将大石推举到山顶，为的只不过是让大石再次从山顶滚到山脚，周而复始，永无休止。

花销与日俱增，价值渐渐褪去

在这个萧条的年代里，每当一个女性失业的时候，就有三个男性失去自己的工作[12]。生活费用的与日俱增和前景的逐渐黯淡两面夹击，会不会让男人们认为家庭不再是辛勤工作的奖励，而是让自己不得不拼死工作的负担呢？对于很多年轻男性而言，未来是黯淡无光的，即便找到了提供福利待遇的工作，他们也不知道自己怎么才能赚到足够的钱成家立业，娶妻生子，买房买车，到老年的时候还能有说得过去的生活质量。

我们不再相信那种一个人工作就能让全家过上好日子的神话了。我们也不能再自欺欺人，告诉自己社会阶层的上升通道给了每个人一样的机会，如同《星期日泰晤士报》（*Sunday Times*）的专栏作家费迪南德·芒特（Ferdinand

Mount）爵士在他的著作《小心鸿沟》（*Mind the Gap*）中所说：

在整个20世纪的历程中，来自国外的竞争让我们不再能够提拔自己的亲戚或者论资排辈地升职加薪了。为了生存下去，我们只能去激励我们能找到的任何优点和价值。结果就是形成了一个新的精英阶层，并且把下层社会中最有才华的人都抽干了。现在人们被依据自己的能力分化阶层，而不同阶层之间的差距无可避免地越来越大。资本对于低技能的工人越来越不感兴趣，尤其是那些处于社会底层的人。资本主义永不停息地通过简化人工工作来提升效率，同时让机器承担了越来越复杂的任务，继而所有的计算、测量、估算和整合工作都有电脑来完成，而人类所需要做的仅仅是按下为数不多的几个按钮而已。[13]

他继续解释道，这些不需要身体强度的新工作的产生，让女性也可以参与之前她们不可能参与的工作，然而：

这也会产生问题，那些主要以出卖力量和体能为生的中下阶层人士不再有太多的卖点了，那种男性的自豪感和自我价值感也就日渐消退。我们不幸地发现，跟在不同超市里面打零工摆货架相比，在轧钢厂甚至是矿山辛勤劳作一辈子，才更像是男人的活计。[14]

把过去曾经非常复杂的任务变得简单易行也能部分地解释为什么工资一直都没有增长。“我们是经历了信息革命的一代，这里面的每一个变化其实都像当年的工业革命一样深奥难懂。”心理学家玛丽·拉根（Mary Ragan）这样说[15]。但是被信息革命甩在身后的东西要多得多，一切都失去了意义和目的。如同我们调研中的一个26岁的小伙子所说：

80后正在更高的失业率下挣扎，因为在这种不稳定的经济环境中机会太少。我们感到迷失和被人抛弃了，虽然媒体提供了很多让更年长的一代回归劳动力大军的社会项目，但它们对于那些落在后面的二十多岁或者三十多岁人群几乎没有任何关注。

即便是对于那些渴望接受更多教育并且全心全意提出申请的小伙子而言，学校的高昂费用也会让他们无法承受。

男人的数学

这个有趣的公式曾经在互联网上风靡一时（见图 15-1）。不幸的是，有很多年轻人认为这不是玩笑，而是事实。

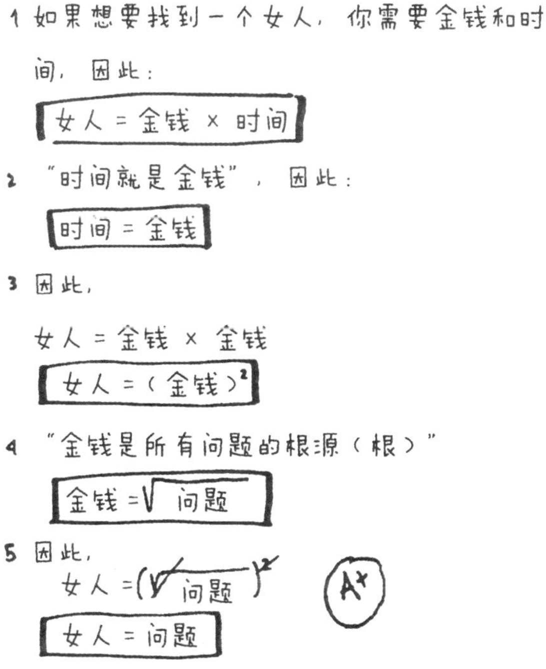

1 如果想要找到一个女人，你需要金钱和时间，因此：

女人 = 金钱 × 时间

2 “时间就是金钱”，因此：

时间 = 金钱

3 因此，

女人 = 金钱 × 金钱

女人 =（金钱）^{2}

4 “金钱是所有问题的根源（根）”

金钱 = $\sqrt{问题}$

5 因此，

女人 = $(\sqrt{问题})^2$

女人 = 问题

图 15-1　一道关于女人的计算题

很多为了获得大学学位而负债累累的学生直到毕业的时候才看到就业市场的腥风血雨：并没有一个工作岗位在那里虚位以待，而且他们的学位并不能保证一条成功之路。整整一代的年轻人，曾几何时被告知只要志存高远就可以成为任何自己想要成为的人，此时却被推进了大规模失业的深渊，不得已只能先找个办公室的小隔间暂且糊口而已。

压力过大就会不堪重负。我们在日本看到了极端情况，除了“食草族”之外，还有一类自我封闭的男人叫作“家里蹲”（hikikomori），他们从不出家门一步，或者大多数情况下，是不离开父母家里一步。在中国有另外一个对这一类型男性的称号——屌丝，这个词的字面意思是“男性的阴毛”。屌丝是工薪阶层的男性，他们很多都在高科技行业工作，缺乏社交技能，而且花很多的业余时间打游戏。尽管他们的收入一般被认为属于中产阶级的范畴，他们自己却觉得自己被“高富帅”——高大、富有、英俊的男性所压制，并且对自己社会地位的上升感到悲观。这些自我贴标签的小伙子的存在反映出了他们面对严峻的经济环境时内心的无力感。全世界范围内，普通男性想要有所成就都在变得更加艰难。

当自食其力养家糊口的可能性非常渺茫的时候，年轻男性们在成长过程中就会觉得自己的失败顺理成章。如果他们不能成为有能力的男人，那是否还有其他选择呢？如果我们不从就业市场和个人发展两个方面解决这个问题的话，那些年轻男性的未来就会越来越孤独无助，最终每个人都会无计可施。

人际互动和关系的贬值会在地区、国家乃至全球范围内产生巨大影响，不仅人力资源损失巨大，而且会出现人口的负增长。对关心年轻人前途的人而言，这种孤独和缺乏人生目标的组合是个巨大的危险信号。实际上孤独甚至比吸烟和肥胖更能够影响人的健康[16]。它会减少预期寿命。孤独的人免疫系统更弱，并且生病之后更容易导致死亡[17]。前途渺茫的男性也更有可能自杀[18]。还有人认为越来越显著的贫富差距会导致犯罪率的上升和社会动荡[19]。换句话说，如果社会希望让年轻男性能够为其所用，就必须首先对他们给予关怀。

MAN (DIS)CONNECTED

提 要

- ♂ 孤独和前途无望是很多年轻男性面临的主要困境，孤独甚至比吸烟和肥胖更能够影响人的健康。
- ♂ 面对节节攀升的生活压力，年轻男性需要更多来自社会的关爱。

MAN (DIS)CONNECTED

P A 3 R T

解决

16

政府能做些什么

从经济的角度而言，逻辑非常简单。我们可以通过早期投资来彻底消除不平等并且预防未来的成就差距，或者我们也可以等到这种不平等变得更昂贵更难修复的时候再来埋单。无论如何我们都不得不花这笔钱。目前，我们需要在这两方面同时入手。但是，这两个方法之间有一个非常重要的差别。更早投入让我们能够塑造更好的未来，而迟到的投入让我们不得不深陷弥补过去错失的机会的泥潭。

——詹姆斯·赫克曼（James J. Heckman），

芝加哥大学经济学系校级讲座教授，诺贝尔经济学奖得主[1]

在全世界范围内，人们对政府的信任程度都远低于社交媒体，人们对政府的信心达到了历史新低[2]。对于那些政府机构做不到、不愿意做或者做得太拖泥带水的事情，人们越来越多地开始依赖于企业和非政府组织（NGO）的发明创造、相互合作以及执行力。在美国，由于学校体系不尽如人意，比尔·盖茨和梅琳达·盖茨甚至在用自己的基金会来为教育改革提供资金，包括诸如“高等教育成就”（Postsecondary Success）这样的项目[3]。政府需要引入更多高科技手段，让自己的服务和代理机构更具有客户意识，效率更高，并且更贴近实际[4]。

在下文中，我们针对如何节省成本、增加社会凝聚力以及改善公共安全和健康，给出了一些建议。诚然，个人的辛勤努力和组织机构的大力支持都会起到很大作用，但是最高效快速的方法还是政策的改善。我们鼓励更多“造桶者”（即上文提及的制定政策和建立系统的人们）积极参与进来，一起提升公众对这些问题的意识，一起为长治久安而努力。

对父亲给予支持

美国现在有一个“白宫妇女与女童委员会”（White House Council on Women and Girls），尽管有诸多专家提出建议，但目前仍然没有为男性设立类似的机构。现在问题成堆，诸如男教师稀缺、男孩在学校里落后、男性的生理和心理健康、工作场所安全，尤其是没有父亲的单亲家庭等等，我们迫切需要一个“白宫男性与男童委员会”。

政府需要制定更合理的政策，重视和鼓励父亲在离婚和抚养权大战之后仍然有权利出现在孩子的生活之中，剔除那些不近人情的激励父母分开生活的规则，给予父亲陪产假跟母亲产假同等的地位，并且鼓励家庭成员对男性服刑犯探监[5]。

资助一个全国性的针对男性的导师辅导项目，也会给孩子们的生活中带来更多积极的男性形象，尤其是在单亲妈妈越来越多的今天。此外，大量失业的单亲妈妈也必须被关注和帮助。政策制定者们必须作出更多努力，帮助单亲妈妈们重新回到劳动力市场。降低失业率不仅仅能让经济腾飞，同时也能够减少社会福利的开销。

减少使用内分泌干扰素

尽管公众对于内分泌干扰素对健康的长期不良影响有所担忧，美国食品药品监督管理局（Food and Drug Administration）仍然宣称："当前被许可在食品容器和包装中所使用的 BPA①是安全的。"[6]然而，欧洲食品安全局（European Food Safety Authority）最近发现了 BPA 对于肝脏、肾脏和乳腺的毒害作用，继而把每日建议摄入量减少到了过去推荐值的十分之一[7]，也就是 5 微克每公斤体重每日②。

如同第 10 章讨论过的，考虑到越来越多的研究都显示了这些化学物质的毒害作用，政府并未立法限制它们的使用很令人担忧。在其他地方，已经有了很多行动，譬如最近旧金山开始禁止一次性水瓶的使用[8]。立法者们决定减少塑料瓶带来的环境污染，并且保护公民的身体健康。我们建议其他地方也执行类似的禁令。消费者们也可以通过阅读成分标签来避免使用带有这些化学物质的产品。

把垃圾食品踢出学校

肥胖引起的相关健康问题，例如心血管疾病、中风、II 型糖尿病以及某些类型的癌症，都是典型的"可预防的致死疾病"——尤其是对于更多地死于这些疾病的男性而言。跟体重正常的人群相比较，肥胖人口每年在医疗上的花销要高出很多[9]。我们都知道，一个人孩童时期形成的习惯会伴随其一生，因此一个显而易见的解决办法就是改善在学校中提供的食品和饮料的选择。

---

① 即邻苯二甲酸盐和双酚 A，前文提到的塑化剂。——译者注

② 即一个体重 70 公斤的成年男子，每日 BPA 的安全摄入量为不超过 350 微克。——译者注

政府需要考虑规定学校必须安装更多的饮水机，并且支持社区铺设连接居民区和学校的步行道和自行车道。通过让锻炼身体、保持健康和选择健康食物都更加简便容易，社区就有可能降低居民的肥胖比例。每当出现鼓励特定行为的各种社会规范的变化，也就是说有了系统和环境的支持之后，社区中的每个人都会受益匪浅。

让更多男教师进入学校

不论是对男孩还是女孩来说，跟同性别的老师在一起都会让他们表现更佳[10]，然而只有 2% 的幼儿园老师和 20% 的小学老师是男性。很多人都在讨论能否鼓励更多女性选择科学技术相关的工作领域，以及在政坛或者企业中占有更多的高层席位，这些毋庸置疑都是大有裨益的事情，然而我们也同样需要努力改变教育领域和社会科学领域中的性别比例失衡。在公立学校中增加单一性别课程是一个值得严肃考虑的办法。

让学校更好地帮助孩子们准备自己的未来

为了让学生们对高中和高等教育更加兴味盎然和全身心投入，我们需要从小学开始一路向上，彻头彻尾地改进我们的教学体系，让学生们无论家庭背景如何都可以从教育资源中获得最大的收获。

经合组织认为，学校的质量取决于老师和管理者的质量。一些在国际学生评估项目测试的得分上有显著改善的国家，譬如巴西、日本和波兰，都曾颁布针对提升教师品质的政策，比如增加获得教师执照所需的资质要求，增加教师工资以吸引更高水平的教师并且让这个职业更加受到社会的尊重，以及奖励参加教师培训课程的教师。然而，更高水平的薪酬必须要跟能让教师最大化地作出贡献的学校相结合[11]。

毕业去向可以作为衡量一所高中是否成功的标准之一。如果我们改变对于教师和学校的激励机制，用毕业之后获得更高级学位或者证书的学生数量作为标准，很有可能会改变教师们的授课方式，并且鼓励学校尽力吸引和留住优秀的教师们。就目前而言，几乎没有任何学校是基于学生未来的表现来评价奖励教师的。

其实监狱系统中也应该采用类似的制度，也就是监狱守卫的报酬、薪资奖金或者额外假期，都应该跟他们负责看管的囚犯的行为记录是否良好挂钩，当这些囚犯不惹麻烦、更早获得假释以及被释放回归社会之后还能保持自己的记录“干净”时，就对监狱守卫予以奖励。

除了把学校学习跟工作场景或者导师制项目相结合（将在下一章讨论），政府也可以把职业生活规划或者辅导服务用在高中生身上。很多大学都提供这样的服务，但是学生们需要在未来磕得头破血流之前就得到关于自己有哪些选择的更多信息。就目前的顾问与学生比例（在初中和高中每500个学生配备1个顾问）[12]而言，想要对学生们现在的或者是未来的福祉造成影响，是绝无可能的。在学生们人生成长的关键期里为他们提供更多的指导，可能是帮助他们克服未来障碍并且继续完成学业的最好方法，因为这样他们就会对自己的选择有更深入的了解，并且知道为了达成自己的目标还需要哪些步骤。

性教育也需要进行一次大的修正。费城艺术大学人文与媒体研究教授卡米尔·帕利亚非常正确地指出，学校的性教育课程没有区分学生们的性别差异，是“同时背叛了男孩们和女孩们”。因为怀孕或者未能检测到的性疾病都有损害未来生育能力的风险，严酷的现实就是，跟男性相比年轻女性在草率性行为里面损失更大。帕利亚认为年轻男性应该去上最基础的伦理和道德推理课程，而年轻的女性应该学会如何区分在性方面任人摆布和受人欢迎两者之间的区别[13]。

令人感到非常匪夷所思的是，我们会去教给孩子们如何驾驶汽车，让他们成为安全和负责任的驾驶员，但是我们却不会教给他们任何关于性的有用的东西，就连对他们的健康和安全有致命影响的内容都没有。相比之下，就连那些推行禁欲教育的社区都做得更有效果一些，他们会跟年轻人讨论没有保护的性行为的危险和责任，同时跟家长在家里言传身教的价值观相结合[14]。

学校需要雇用有证书的健康讲师，客观和不加评判地讲解下列内容：

- 关于私人界限、更安全的性行为、同伴压力和亲密关系中普遍存在的问题的沟通。
- 如何知道自己对进入性活跃期胸有成竹了。
- 节制欲望，防止怀孕，以及如何采取多种避孕手段。
- 防范性虐待和伴侣虐待。
- 结婚之前需要跟结婚对象讨论的问题。
- 如何发现乳腺癌、卵巢癌和睾丸癌。
- 生育和衰老。
- 怀孕和繁衍后代。
- 各种性行为感染性传播疾病的风险。
- 色情短信和网络性行为的法律和隐私问题。
- 两个性别是如何度过各自的青春发育期的。
- 深入的解剖学和生物学。
- 亲密关系的健康益处和积极方面。

- 同性恋者、双性恋者与跨性别者的相关问题。
- 针对媒体、电视节目和网络色情片中被严重扭曲的浪漫和亲密关系表现的批判性讨论。
- 把基本的生活技能跟亲密关系和性相关联。

我们所访谈的学生们建议了上述大多数的话题。他们之中的绝大多数人都不约而同地认为，性教育应该每年都有，而且要从年龄较小的群组开始一直延续覆盖到年纪较大的群组。他们最经常的感觉是，恰恰在他们开始达到性活跃的年纪，有很多问题要问的时候，性教育却力不从心了。对他们来说最关键的时期就是14~15岁。他们觉得如果性教育不是那么刻板生硬，而且在更小的群组中授课，会让他们更容易认真严肃地对待和开放地讨论这个话题。有的人认为应该把两性分开进行性教育，另一些人持不同意见。一个非常好的建议是，先男女混合授课，然后再由受过训练的健康讲师带领两个性别分别进行匿名的问答讨论。

给更小年纪的儿童讲授尊重他人界限和共情的课程，可以用作对这种深入浅出的性教育课程的先导。伦敦米德尔塞克斯大学（Middlesex University）的心理学教授米兰达·霍瓦特（Miranda Horvath）认为，如果年轻人能够在接触网络色情片之前首先学习下述课程，将会受益匪浅：

> 如果我们在孩子们五六岁大的时候就教给他们平等和尊重，当他们十几岁开始接触色情片的时候，就会发现色情片里缺乏尊重和情感，就会有更好的能力处理自己眼前的东西。[15]

政府之所以应当支持更好的性教育和家庭规划还有另一个动机，那就是节省医疗卫生的庞大开支和减少高居不下的单亲妈妈失业率。

无所事事的旁观者永远不会进入历史教科书。如果尽早预防，很多严重的灾难实际上可以避免。我们的观点是，这些解决办法都非常值得投入和实施，因为这些都会对现在的一代人和同他们类似的未来几代人造成积极而且深远的影响。我们鼓励个人和机构努力把这些变成现实。

MAN (DIS)CONNECTED

提　要

- ♂ 政府应当制定政策，为父亲提供更多支持。
- ♂ 治理内分泌干扰素对环境造成的污染已经迫在眉睫。
- ♂ 开展性教育的关键期在 14~15 岁，最好分小组进行。
- ♂ 如果能及早教会孩子平等和尊重，就能帮助他们更好地抵御色情片所灌输的内容。

17

学校能做些什么

男孩子们三天不打上房揭瓦。

——中国谚语

现有的教育体制毫无疑问是有问题的。“通向繁荣之路”项目（Pathways to Prosperity Project）向我们警示，如果教育系统的改革不成功的话，“我们的社会脉络就会被严重地腐蚀”。如同在前面章节所讨论的，十几岁和二十出头的年轻人——尤其是那些来自于低收入家庭的人，跟十年前相比更少有机会能被雇用并且得到工作经验。经济上的不平等在与日俱增。如果今天的年轻人们不精心准备以面对未来挑战的话，随着生活成本的节节升高和社会地位的大幅下跌，他们自身机会的缺乏和对于社会的愤怒情绪就会愈演愈烈，他们给社会带来的开销也会与日俱增。最糟糕的是，他们本可以为社会作出的贡献也因此无法实现[1]。

如果我们希望年轻一代发展那些能够让他们在未来职场得心应手的有效技能，目前最好的办法始终是建立高质量的职业培训学校，招募优秀教师，建立学徒制度，让学生们能够体验真实工作场景中的情景和问题，并且让他们在半工半读的环境中日臻完善。北欧和中欧的很多国家都为14~15岁的青少年提供了这种混合式的学习实习机会。这些课程中的教师都认为课堂教学和本地商业企业的结合给了学生们一个机会，让他们认识到所学内容背后的“为什么”——这也让他们对学习更加投入。这样的教学极为有效地激发了学生们对于学习和在职培训的积极性。这种设置同时也帮助学生们从青春期过渡到了成年早期的阶段[2]。

传授生活技能

当我们问学生们最希望在学校里增加的课程是什么的时候，几乎有三分之一的学生不约而同地提议“生活技能”，包括对于个人财务管理的指导、对于各种成年人应有责任的处理，以及对诸如亲属离世这样的人生变化的应对。有几个学生说，他们在这个年纪还不知道一些生活技能，诸如作一个简单的预算、了解自己的银行账户情况等等，这让自己觉得非常尴尬。一个学生甚至说：“这类课程的缺乏可能是导致年轻人无法搬离父母家自立门户的原因之一。”这些事情看似基本常识，但还是需要传授。

把生活实践带入教学课堂并非痴人说梦，现在已经有很多效果非常好的尝试了。个中关键是全国范围的整体推广。全球范围内的蒙台梭利学校和华德福（Waldorf）学校都设计了针对各个年龄段儿童的全方位的教学课程，而且生动活泼多姿多彩。举例而言，蒙台梭利学校强调儿童的独立性、规则之内的自由和对每个儿童独特心理发展过程的重视，以及人际和社群技能的发展。可以从蒙台梭利（montessori.edu）和华德福（WhyWaldorfWorks.org）的网站获得更多信息。

有些公立学校也在对自己的教学方式作出革命性的变革。在纪录片《无处比赛》(*Race to Nowhere*)中，当俄勒冈州的一所高中取消家庭作业以后，孩子们反而学习了更多知识并且在考试中表现得更好。其他学校正在紧跟他们的脚步。在这个纪录片的网站（RaceToNowhere.com）上可以看到更多内容。

另一个可能的办法就是提供特定性别而不是混合性别的课程和家庭作业——让男孩们跟女孩们不再必须读一样的书。女孩们也可以从性别专有课程中获益，因为这种课程会较少触及与性别相关的自我概念。一个随机抽样的实验发现，选择单一性别物理课的女孩跟男女混班的女孩相比，更少认为“物理学是属于男孩的”[3]。

美国教育选择协会（National Association for Choice in Education，简称NACE）的网站（4SchoolChoice.org）上有非常多关于单一性别教育的信息。另一个非常好的项目是“项目引路”（Project Lead the Way，简称PLTW），这是一个跟学校进行合作的非营利性组织，从小学一直到高中，他们跟老师们紧密接触，帮助他们发展职业技能，跟他们一起设立各种课程以帮助学生们获得与其未来事业成功息息相关的科学和技术知识（参见pltw.org）。

除了让学校教育跟真实生活中的挑战息息相关之外，教师们也可以从电子游戏产业中移花接木获得帮助——把学习的过程变得更兴味盎然和具有奖赏性。

更新科技，更互动的学习

技术的发展日新月异，儿童和青少年已经逐渐适应了这种信息世界的速度。毋庸置疑，今天的学生们需要比从前更新颖的方式才能被激发起来。这也是男孩们在课堂上对于那些准备充分和结构有序的老师有着更好响应[4]的原因，这样的课堂里既包含了高科技的积极手段，同时也能激发男孩们的创造力。

“设备是催化剂。”哈佛大学学习技术教授克里斯·德德（Chris Dede）如是说[5]。很多老师为了增加学生们的学习效果都在课堂上引入了更多高科技手段。有的老师借助在线论坛的便利，把课堂上的问题拿出来讨论，或者把他们的课程内容当成作业分派下去（往往采用幻灯片的形式），然后用课堂时间进行答疑和讨论。这些方法已经被证明比传统的正式教学手段更加有效，并且使得学生们更加投入。

如果你所在的学校里还没有为课程和教学设置的校园网，也可以采用现存的社交网络。可汗学院（KhanAcademy.org）是一个极好的网站，为所有希望大幅度提升自己某个领域知识水平的人们提供了免费的网络课程和辅导的资源。①

清除浮夸的分数，采取匿名测验

在学校里一直都有着对男生的偏见——当评分老师不知道考生是男生还是女生的时候，男孩们的得分会大幅提高。为了同这个现象作斗争，测验都应该尽可能地匿名进行。

另一个教育者们必须解决的问题就是成绩的膨胀。并非每个人都理所当然应该得到高分，尤其是从更长远的角度来看，告诉每个人他们多么特殊和有才实际上为将来埋下了祸根。心理学家们已经发现，为了改善差生成绩而提升他们的自尊之后，这些学生的表现反而变得更差了，尽管他们的自信心和自我认同保持高涨[6]。更应该教授学生们的是如何更高效地学习、如何战胜自己的拖延、如何更有效地管理自己的时间、如何跟他人一起合作学习和工作，而最终

① 关于可汗学院的更多内容请见《翻转课堂的可汗学院：互联时代的教育革命》，该书由湛庐文化策划，浙江人民出版社出版。——编者注。

的目标，是让他们理解专心致志勤奋工作就会有好的结果。可以邀请那些激励人心的演讲者来分享他们的故事，重点讲讲他们为了达成自己的目标所走过的路，以及他们如何在一路上披荆斩棘战胜困难。

学校体系是为了特定的任务量身定做的，但是没有政策制定者、管理者、家长和学生们的支持，学校就会一事无成。尤其是家长们可以做很多事情，支持那些公平的教师们，以及确保孩子们为长大成人之后的未来做好了准备。下一章将会讨论这一内容。

MAN (DIS)CONNECTED 提要

- ♂ 学校应当针对不同性别传授更多的生活技能。
- ♂ 对于已经习惯了高强度刺激的学生，要想保持他们的注意力，必须利用新科技引入互动式教学。
- ♂ 老师需要公平客观地打分，不歧视男生，也不过度保护学生的自尊心。

父母能做些什么

培养强大的儿童比修补残破的成人容易很多。

——弗雷德里克·道格拉斯（Frederick Douglass），
美国非裔社会改革家和废奴运动领导人

把一个儿童养育成人需要很多人通力合作，但是万事都要从父母开始。孩子的大多数改变都来自于父母们的改变。现在应该是家长们开始建立更多的界限、提供更多指导和帮助孩子们提升创造力的时候了。如果你的儿子被诊断为注意力缺陷多动障碍或者任何其他的障碍，先别急着一上来就使用药物疗法或者电脉冲疗法，看看有没有其他的选择。与其试图改变自己的孩子去适应跟他不匹配的课程，还不如试着找个更适合的课程来匹配他。考虑一下等孩子再大一岁的时候再让他上学，这样他更有可能会爱上学习而不是憎恨学校。通过给孩子他们真正感兴趣的书籍或者话题来激励他们阅读。自己以身作则做个好榜样，或者为儿子找个优秀的男性楷模或者导师。教会他们体会做一个男人的积极感受，同时也发展他们所以为人的独特品格。

告诉我们的女儿们，邀请自己喜欢的男孩约会本就自然而然；告诉我们的儿子们，接受女孩的邀请赴约无伤大雅。建立两性之间的信心、沟通和信任的一个很方便的方法就是，让女孩们在直言自己需求的时候更加自信，让男孩们在女孩主导关系的时候也感到舒适自如。与此同理，让你的儿子去学跳舞。这是个有可能会让青少年更被他人喜爱的社交技能，而且直到他成年还会其乐无穷并且非常实用。

儿童们力量的源泉：责任和韧性

公平的确至关重要，但是不能仅仅因为你的儿子是个男孩就惩罚他。在针对哈佛学生中的杰出年轻男性作了大量的数据收集和分析之后，乔治·瓦利恩特得出了这样的结论："当你初尝忧伤、愤怒或者享乐的滋味时，父母们到底是包容并且'保持'你的感觉，还是会把它们作为错误来批评，造成的后果将会是天壤之别。"[1]

给孩子们创造空间的方式之一，就是让他们尽可能少地在成人的监督下体验和拓展自己的情感。韧性和责任息息相关。在我们询问 50 岁以上年长者他们认为当代的年轻男性缺乏什么样的品质时，他们认为最重要的是更多的责任感。一位长者认为父母应当：

> 在男孩子们十几岁的时候教给他们关于财务和政治的知识，经常给自己儿子一些对群体（例如家庭、运动队、朋友）来说很重要的事情去完成，譬如购买活动所需的设备。同时，教孩子们如何乘坐公共交通工具，然后让他们乘公交车或者火车去上学。让他们能够对某件事负责。

与此同时，当他们并不真正担负自己的责任或者仅仅为了炫耀和谈资去获得“参与奖”的时候,不要给他们空泛的夸奖。成就感能够给人们带来足够的动机去学习、改进和成功，并且能鼓励一个人去大胆尝试新鲜事物和掌握新的技能。当孩子们不论工作的质量如何都会被夸奖的时候，他们就会觉得没意思，不想继续做下去了。同理，如果一些孩子表现优秀，但是却只得到和其他无所作为的孩子同等的奖励，他们也就不再有兴趣继续了——他们会开始对反馈的价值产生怀疑。孩子们需要的是具有针对性的反馈：哪里做得很好，哪里可以改善。他们需要心理学家卡罗尔·德韦克（Carol Dweck）所说的成长型心理定式（growth mindset)，对勤奋努力给予嘉奖，并且鼓励他们提升技能；而不是那种固定型心理定式（fixed mindset)，也就是认为自己天资聪颖才华横溢，无须努力就能成功[2]。无论是儿童还是成人，一旦他们因为努力的过程而非结果得到积极反馈的话，跟得到消极反馈相比较，他们就会更经常地延迟即刻享受[3]。让人难以自拔的电子游戏提供的就是这种反馈，我们的父母们也该如法炮制。

很多成就杰出的人，譬如美国前国防部长罗伯特·盖茨（Robert M. Gates)，尤其强调了这种反馈同承担责任两者一并塑造了自己的品格：

> 在孩童时期，父母常常告诫我，如果勤奋努力，我能达成的成就是不可限量的；但是他们也同样反复警示我，任何时候都不要认为自己高人一等。我被惩罚的次数屈指可数，尽管在当时也确实觉得自己被“残酷迫害”，但是每次我都清楚自己的确“罪有应得”。父母的期望和约束教会了我做事必有后果，人需要为自己的行为负责。他们塑造了我的品格，继而塑造了我的整个人生。在去国会被任命为国防部长的那天我突然意识到，是他们早年间在我身上播下的优秀品质的种子让我有了今天的成就……[4]

至关重要的是，年轻人不仅仅需要发现自己的热情所在，更要学会在自己高中毕业之后，如何利用这种热情一路前进。

找个工作试试看

如果你的儿子正在上高中，找个机会跟他谈谈现在的就业市场。鼓励他试着找个兼职工作或者在社区里面当志愿者，这样他就能更清楚什么是责任，并且更理解商业上的规则和义务。跟他谈谈什么是工作，还有其中的酸甜苦辣。你当然希望他能去追寻自己的梦想，但是同时也希望他明白当自己毕业的时候有哪些机会可以选择，这样他就不会背负着沉重的学生贷款一头扎进不景气的就业市场，以至于前途渺茫了。有很多父母并没有帮自己的孩子建立符合事实的预期，或者帮他们准备好面对校园之外的真实生活。整个世界都在瞬息万变。曾几何时，最常见的建议是学个人文学科的专业，为读研究生打下坚实的基础，但是这种建议今天已经不合时宜了，因为竞争太激烈，而工资水平在下降。

给予你的儿子们和女儿们同样的鼓励，如果他们对于科学、技术、工程或者数学不感兴趣的话，不妨让他们考虑一下职业学校或者大专文凭的课程。有超过四分之一的获得中专以上执业执照或者证书（而非大专文凭）的人的收入都高于大学本科毕业生的平均收入[5]。

不论选择哪条路，今天的年轻人必须对于科技熟极而流，并且读写和沟通能力已经成为成功的必要条件。基本社交技能的学习也同时意味着他人会更愿意和他们相处。问问他们有没有任何女性或者男性朋友，鼓励他们跟同性和异性交往，欢迎他们邀请朋友到家里来玩。

与此同时，鼓励你的儿子在十几岁的时候开始帮助照看小孩或者做其他孩子们的教练，让他们有机会尝试直接指导和培育其他人。有些体育运动，譬如足球，能让十几岁的孩子们在暑假里面赚上可观的一笔收入，为比他们更小的孩子们的比赛做裁判。

离开舒适区，打破禁忌话题

要跟你的儿子讨论关于性的问题。不论你是否认同你的儿子在现在这个年龄段就开始有性行为，你都会希望他在未来的成年生活中能有一段健康和光明正大的性亲密关系。为了让他对此做好准备，在他年轻的时候就需要为他建立一种健康正常和切合实际的性态度。

大多数人都会认为性在长期关系中至关重要[6]。在关系之路上，很多伴侣都会因为性的问题焦头烂额，并且有可能因此渐行渐远。试图让年轻人对性产生恐惧，或者不给他们任何关于性的信息，都不可能让他们将来的亲密关系茁壮成长。瓦利恩特在哈佛大学的格兰特研究中发现：

> 跟婚姻中的性生活不满意相比，对性的公然惧怕对精神健康状况的影响要大很多。毕竟婚姻中对于性的调整根本上依赖于伴侣的配合，而对于性的恐惧却是一个人对这个世界的不信任。调查问卷显示，对于性相关的关系感到不适或者惧怕的男性，经历持续终生的低质量婚姻的可能性比体验完美婚姻的可能性要高出六倍，比离婚的可能性高出两倍。[7]

作为父母，要随时准备好回答问题，也准备好聆听，对自己所知直言不讳，不知道就说不知道，同时也要做到无条件的关爱。跟孩子们解释什么是同伴压力、知情同意和界限、避孕措施、性安全和性传播疾病，解释色情片和真实生活的区别，或者找个他可能觉得更愿意与之探讨的人（咨询师、健康讲师、治疗师或者牧师等等）来做这种关于亲密关系中的挑战或者风险的谈话。当理解了色情片之所以危险的科学原因之后，多数年轻人都会有积极的回应。也可以考虑让他们看看 YourBrainOnPorn.com（你的色情大脑）或者 FightTheNewDrug.org（抗争新型毒品）两个网站，里面有丰富的资源。

告诉孩子，就算有些性行为是“人人都在做”的，也并不意味着他自己也必须这么做。如果有人试图强迫或者诱使他做某件事，或者他感觉到有些事情不对劲，告诉他如何从这种情境中安全地抽身而退。与此同时，把界限的好处告诉他们也同样重要。强调沟通的重要性，并帮他开始理解，性是为了享受快乐和跟自己的（最终）伴侣相联结的一种方法。

如果你跟自己的伴侣分居了，要确保双方各自都有相同的时间机会跟儿子相处，并且尽可能别在孩子面前说对方的坏话，即便你再不喜欢孩子的父亲或者母亲，也别忘记那个人对你儿子的重要性。两个人最好住得比较近，这样孩子在跟父母之一相处的时候就不会牺牲自己的朋友或者喜欢的活动了。

大多数母亲都相信不在身边或者不出现在孩子生活中的父亲可以轻而易举地被另一个男人代替[8]，这种态度是令人担忧的。有很多证据毋庸置疑地告诉我们，稳定的婚姻会让孩子们更快乐、健康、积极向上，继而就会有更强大的群体、更多的机会、更平等的社会。我们想要反复重申父亲积极参与儿子的生活有多么重要：

- **身体健康**。与生活在完整婚姻家庭中的孩了们相比，生活在单亲同居家庭（即父母中的一方跟自己的男友或者女友住在一起）的孩子们更有可能出现身体健康相关的问题[9]，并且其遭受身体、情绪或者性虐待的可能性高出三倍之多[10]。婚姻不幸福的人的免疫系统会受到抑制，他们的孩子们体内的应激激素水平更高[11]。
- **精神健康**。单亲妈妈养育的孩子们更有可能服用治疗注意力缺陷多动障碍的药物[12]，并且更有可能需要专业的情绪或者行为问题的治疗[13]。那些在双亲婚姻家庭中长大的孩子在成年后存在心理问题的可能性更小（对女儿来说尤其如此）[14]。
- **贫困**。双亲婚姻家庭中的孩子们生活在贫困之中的可能性要远小于单亲家庭[15]，并且未来社会地位有所提高的可能性更大。一份估计提出，如果美国双亲婚姻家庭的比例还停留在1980年的水平的话，有孩子的家庭的收入要比现在高出44%[16]。

- **青少年怀孕和犯罪**。单亲妈妈的女儿们更有可能过早接触性行为并且成为少女妈妈[17]，而这种情形下她们更可能依赖福利救济生活，并且她们的孩子不太可能跟自己的父亲生活在一起。大多数被收容的人都是在没有父亲的家庭中长大的[18]。
- **毒品和酒精**。单亲家庭的孩子们吸食毒品的概率要高得多[19]。每周全家聚餐少于三次的家庭中，孩子抽烟的可能性增加了四倍，酗酒的可能性高出两倍多，抽大麻的可能性增加了两倍半，而且在未来继续使用毒品的可能性也增加了将近四倍[20]。
- **学校**。来自双亲婚姻家庭的孩子们更少出现学习障碍[21]，而且他们在很多领域得分更高，包括了阅读[22]、口语和问题解决[23]、大多数的学业测试[24]，以及多数的社交能力测量[25]。
- **未来收入**。哈佛大学格兰特研究发现，有着温暖童年的男性——那些跟自己的父母（保持婚姻关系）和至少一个兄弟姐妹有着亲近关系的男性，跟在单亲家庭或者矛盾纷争的家庭里长大的同龄人相比，收入要高出50%[26]。

当前，我们对于父亲参与孩子生活的重视程度明显跟我们对于父亲收入状况的重视程度不匹配。只有8%的男性和女性认为爸爸在家带孩子、妈妈出去工作对孩子更好[27]，而93%的母亲和91%的父亲都认同当前存在着“爸爸缺失”危机[28]。大多数母亲都相信，如果父亲在家里贡献的力量更多一些，她们就能够更好地在工作和家庭之间作平衡[29]。这种不对等的看法让男人们左支右绌，既要提供更多时间，又要提供更多金钱。

另一种方式就是提升男性在家庭生活中所占的比重，同时也提升女性在经济收入方面所占的比重，这样才能有一个更为持久的有利于双方的平衡。诚然，现实生活中每个家庭的情况都比这本书里面所提及的要复杂很多，但是总体的观念应当是在家庭关系中找到新的平衡，让伴侣双方都能够在家庭亲情和经济收入两方面有最大的贡献，而不是只有一种固定的家庭分工模式。

对于年轻男性而言，父爱是让他们开始理解继续上学并且考入大学的重要性的地方。跟无条件关爱的母爱不一样，父亲常常是那个为孩子确立并且强化界限的角色，为孩子逐渐灌输自律的观念，并且言传身教地告诉孩子们延迟享受、坚持不懈和努力到底的重要性。这两种不同的养育风格孩子们都需要，而这只有从父母两个人身上来获得。

在个人层面上，我们需要增加自己爱的能力。充满爱的关系是上文所述的那些正性成长趋势产生的前提条件，也是积极的代际关系产生的源泉。诚然，一个男人最重要的事情就是爱自己的妻子，反之亦然；而最成功和健康的关系总是以相互的关爱为基础的[30]。

如果你的婚姻中需要更多沟通的话，可以看看约翰·格雷（John Gray）的经典之作《男人来自火星，女人来自金星》（*Men Are From Mars, Women Are From Venus*）。这绝对是一本最好而且最简单的提出建议的书籍，可以作为改善你与伴侣的沟通的良好起点。这也是年纪较大的青少年应该好好看看的一本书。我们推荐的另外几本好书是约翰·戈特曼的《爱的博弈》（*What Makes Love Last?*）和《培养高情商的孩子》（*Raising an Emotionally Intelligent Child*）[①]，还有就是沙法丽·萨巴瑞（Shefali Tsabary）所著的《父母的觉醒》（*The Conscious Parent*）。

① 这两本书的中文版均已由湛庐文化策划，浙江人民出版社出版。——编者注

更重视当爸爸

父亲们需要把参与孩子们的生活放在更重要的位置上。亡羊补牢，未为晚也。如果你过去是个为了成功疏忽家庭的爸爸，疲于奔命或者忘我工作，从现在开始就暂停一下，把自己的目光从过去的例行公事上移开，看看你的儿子。要愿意为了自己早先的缺席表示歉意，并且承诺有所改变，以成为一个勤勉的父亲、一个好朋友，但是同时也做个界限和激励的提供者。问问儿子怎么才能建立你们之间的新关系，向他寻求建议，而不是给他建议如何做。

尽管拥有财富，有太多的人在老了之后回顾一生仍然觉得空虚，因为他们意识到自己为了财富牺牲了太多——家庭、朋友，甚至是人生乐趣。他们过去没有把时间花在自己的妻子和孩子身上，现在倍感内疚。因为不像女孩们那样有很多人际关系的来源，譬如闺蜜或者妈妈，儿子们甚至比女儿们需要更多父亲的参与。

父亲们、叔伯们和祖父外祖父们更加重视对于现在的年轻一代的指导是至关重要的。并且如果这种指导是建设性的、坦诚的和开放的，孩子们就会感激不尽。大家必须战胜那种尴尬的感觉。找个安全和安静的地方，简单聊聊你们各自的生活里都发生了什么。去了解他的雄心壮志是什么，以及不想干什么；他的担忧从哪里来，害怕什么；他觉得自己的优势是什么，有什么地方值得改善。让他知道任何时间都可以跟自己讨论任何事情，尤其是那些一般很少说出来的事情，譬如性、遗憾或者对不确定的未来的担忧。

时间管理活动

对父母们的另一个可行建议就是问问你的儿子他一周的时间是怎么花掉

的。下面这些是需要包括的关键活动（现在暂时不包括看色情片的时间，或者让他自己知道就好）：

- 睡眠
- 学习或工作
- 写作业
- 做家务
- 体育运动
- 跟朋友们在一起
- 户外和自然界活动
- 看电视
- 发短信、写邮件、上网——所有涉及电子设备的活动
- 打电子游戏

对这些活动进行汇总是开启关于时间管理的对话和创造最优化的时间观的起点，这样的时间观能让孩子现在和未来的身心健康和社交成就都最大化。在他开始记录时间之后提供一点奖励，譬如给他做最喜欢吃的饭菜，然后可以在席间讨论记录的结果。我们预料孩子和家长们都会被记录的结果震惊：有很大一部分时间都花在了电子游戏和上网上面。在这些电视、游戏、上网的时间里再挑出跟其他人有直接接触的时间，也就能看出他独自与世隔绝时间的长短了。

如果你儿子花了大量的时间在自己的手机、电脑或者游戏机上，可以考虑限制他接触这些设备的时间，或者让他必须努力争取获得这些时间的资格。一个全国性的调查报告发现，75% 的青少年都有不限量发送短信的手机套餐，只有 13% 的青少年是按照短信条数付费的。这些使用不限量套餐的孩子收发短信的数量是那些使用限量套餐的孩子的七倍，是使用按条数付费的套餐的孩子

的十四倍[31]。所以可以考虑给他们购买对通话时长和短信数量都有限制的手机套餐。同时也要考虑把他们的电脑或者笔记本放在家里的公用区域而不是他们的卧室。美国国家睡眠基金会发现，如果家长强化规则，限制手机和电脑使用的最晚时间的话，孩子们会每天增加将近一个小时的睡眠。该研究同时也发现，如果父母们也把电子设备从自己的卧室里挪出去的话，他们强化这些规则的有效性会提升两到三倍[32]。

关于游戏机的问题，最重要的是父母们不要粗暴生硬地禁止或者没收。“如果电子游戏真的成了唯一能够让孩子体验到控制感、奖励和快乐的东西，那么简单粗暴地把它拿走会让孩子觉得受了灭顶之灾。”尼尔斯·克拉克如是说[33]。需要精心制订一个逐步戒断的方案，让打游戏的时间逐渐减少，同时其他有报偿的活动逐步增加。在《重置孩子的大脑》（*Reset Your Child's Brain*）中，维多利亚·邓克利（Victoria Dunckley）提供了几个非常有效的让父母切合实际减少孩子们面对屏幕的时间的办法。

雄心壮志、创新突破和坚持不懈是财富的源泉。最近纽约已经取代伦敦成为了世界的金融中心，但是根据预测，到2019年这个中心会迁移到上海[34]。千禧一代将会成为明天的领袖，但是如果他们过量服药、过度肥胖、没有毅力，并且花费无穷的时间精力打游戏看黄片儿的话，怎么可能成为好的领袖呢？家长们需要挺身而出，确保自己的孩子们在未来的现实世界中能够具备与他人合作和取得成功的信心和勇气。

MAN (DIS)CONNECTED

提 要

- ♂ 培养孩子的责任感和韧性，这将会成为他们力量的源泉。
- ♂ 不要对性避而不谈，父母和孩子之间需要坦诚地对话。
- ♂ 父母应当为男孩提供值得效仿的男性榜样，帮助他们确立身为男性的自我认同。
- ♂ 一个人对时间的态度会对他的生活产生深远的影响，因此父母要帮助孩子从小做好时间管理。

19

男人能做些什么

每个人都必须从两种痛苦中二择其一：自我约束，或者追悔莫及。

——吉姆·罗恩（Jim Rohn），企业家，励志演说家

如果你是一个青年才俊，同时希望自己的现实生活渐入佳境并且令自己满意，那你就必须要明白，如果你埋头嬉戏或者冷眼旁观，那么一切都会是镜花水月。你需要走出家门，积极参与现实生活。如果你永远两眼紧盯着自己的手机或者电脑，那就会连自己错失了什么机会都不知道。你甚至可能会开始错误地相信，要想跟他人建立连接，或者在社会上出人头地，就非要通过技术手段不可。所以，放弃你的电子身份，重新做回真正的人吧。想想自己如何变成自己想要与其做朋友或者做生意的那种人，以及如何循序渐进地达成这一目标。

学会跳舞，重新发现大自然，跟一个女性成为朋友，并且练习各种各样的开启谈话的方法。通过聆听和给予真诚的赞美来让他人觉得自己卓越不凡是一种艺术，需要勤加练习。找到身上有你期望的特质的人，研究他们的生活，找到活生生的榜样和导师，并且在真实世界中找到一些值得自己奋斗的东西。让自己有更多资源，理解自己也可以退一进二。

远离色情片

还记得盖布·迪姆吗？就是我们在第 11 章提到过的从色情片成瘾中恢复并且成为公众演说家的人。他建议我们问问自己，你现在看的色情片是不是真的代表了你实际的愿望。他对年轻男性的建议是坚壁清野，远离任何色情片："色情片永远会让你欲壑难填，最终它会把它承诺会带给你的唯一东西拿走，那就是感到快乐的能力。"[1]

性科学家和亲密关系治疗师韦罗妮卡·莫尼特（Veronica Monet）对此非常认同。根据她的经验，"仅仅靠着'减量'不太可能产生任何东西，虽然能产生暂时的效果，但却不可避免地会继而产生更多的强迫行为和更强烈的负面效果"。她睿智地指出人们应当"非常小心地选择恢复资源（recovery resource）"，因为"羞耻能让上瘾行为挥之不去……有很多希望从成瘾的压抑中解脱出来的人们都发现，他们驱除了成瘾行为导致的痛苦，但是得来的却是始料未及的羞耻"[2]。

毋庸置疑，如果你想要跟活生生的人建立亲密关系，但又发现自己无法感受到兴奋或者跟真人达不到高潮，你就需要至少在短时间内戒除一下色情片了，似乎没有别的办法。加里·威尔逊推荐了下面的测试，可以用来测验色情片是不是影响了你的性生活（假设你没有任何生理医学方面问题的话）：

- 想象着或者观看着自己最喜欢的色情片自慰一次。
- 在没有色情片或者色情片幻想的时候自慰一次，直接为了器官刺激。

比较这两种情形下你的勃起程度以及到达射精所需要的时间（如果两次都能射精的话）。生理健康的年轻男性应该在两个情形中都能够成功地射精。如果你在看色情片的时候能够勃起，但是没有色情片就会阳痿，你很可能属于"色情片诱发的勃起功能障碍”（porn-induced erectile dysfunction，简称 PIED）。有些患有该障碍的男性即便在看色情片的时候都不能勃起了。如果你在上述两个情形中都不能勃起，你可能是严重的 PIED，甚至是生理问题。如果你在上述两个情形中都可以勃起，但是跟真实的性伴侣做爱却不行的话，你很可能是社交焦虑或者表现焦虑[3]。

如果你决定一段时间里不再看色情片了，你就必须跟色情片划清界限以避免它的危害。即便你并不认为自己已经为色情片所累，我们也建议你戒除色情片一段时间，就当体验一下到底会发生什么。色情片可以是你梦幻人生中的一部分，但不能是全部，但愿它也不是你生活中最好的那部分。

实际上，停止观看色情片可以“重启”你的大脑，让多巴胺受体得到恢复，把奖赏回路的敏感度还原到正常水平，并且给大脑“更新电路”：色情回路因为不再被激活而日渐消失，执行控制回路则日趋强大。在你的大脑逐步愈合的同时，你会越来越容易被现实生活中的人唤起，阴茎的敏感度也会慢慢增强，你的多巴胺水平也会渐渐回到正常值。可以访问 YourBrainOnPorn.com/tools-for-change 来找到一些帮助你改变的资源和支持信息。我们也推荐访问 RobootNation.org 或者 Reddit（reddit.com/r/NoFap/）上的论坛，里面有更多的工具和支持。

还有些人深陷色情泥沼难以自拔，互联网本身对他们来说也是一种诱惑。对于这种情形，我们发现那些参加了“十二步康复计划”（twelve-step program）的男性们都有着不错的反馈。一个正在从过量观看网络色情片中逐渐恢复的小伙子告诉我们：

> 由互联网引发的问题一般不会在互联网上得到解决。试图在网上解决自己的网络色情片问题就如同戒酒者在酒吧里举行匿名戒酒会议一样不现实。在酒吧里，他们只需要稍微头脑发热要杯酒抿上一小口

就会前功尽弃；同样道理，在网上，你跟自己的毒药之间也就是点击四五下鼠标之遥。

我觉得从自己的脑子里把色情八爪鱼清理出去的第一步就是对它视而不见，开始跟活生生的人联系。参加一个互助小组可以帮我们打破自己的隔离状态，并且减弱因为这种疾病带来的羞耻感。把你最见不得人的、最龌龊的秘密也分享出来，你会发现他人对你全然接纳并且充满理解和同情，这是个改变你一生的范式转换。我们不能随便找个人就对他们倾吐自己因为色情片引发的困扰。这就是康复社区的意义所在！

现在有很多的资源来帮助那些愿意离开自己的舒适区，从群组中获得帮助的人。对那些与人隔离，不知道如何面对自己的问题，甚至不知道如何获得帮助的人来说，支持小组是个极有价值的工具。治疗小组提供了一个有临床指导的环境，色情片成瘾者们可以在相互提供支持的同时自己也肩负起责任，这样康复中的每个人之间都会建立起更健康的界限。

最后（但是肯定不是最不重要的），十二步康复小组让每个备受色情片成瘾困扰的人都全身心地投入一个聚焦于心灵的课程，这为那些恢复中的成瘾者提供了大量的精神资源，让他们能够保持头脑清醒，并且挖掘出他们的信念信仰、品格特质和个人历史，这些可能是他们之所以成瘾的深层原因。此外，康复小组也让每个人都能跟一些专注于康复的人所组成的社群建立联系，共享那些经验丰富的成员的智慧财富。在我定期参加十二步康复小组的过程中，同时也去见了一个传统意义上的性与色情成瘾治疗师。在第一次会谈中我告诉他："我有个挺好的童年，我不认为自己有什么创伤。"对我而言非常不幸的是，这

> 种错误的信念让我在康复的过程中停滞了相当一段时间。实际上，我从未能维持戒律超过一两个月，直到我开始真正触及诸多来自于我的过去的深层问题。加入康复小组帮助我对这些问题有了更深度的探究，并且明白了这不仅仅只是一次“偶然成瘾”。我从他们的经验中获得了智慧。

请谨记，克服过度色情的成瘾行为没有什么捷径或者魔法，就如同任何其他的成瘾症状（毒品、酒精、赌博或者食物）一样。

在色情片以外的地方，性充斥头脑或者成为自己身份认同的一部分未必是坏事，很多成就非凡的人也有着很强的性驱力。但是你需要学会把自己的性能量从贪图淫乱享乐中引导出来，指向心灵和理智，这里有更多价值而不仅仅是本能的驱使。当把性能量转变成为其他性质的思维和行动的时候，你不得不用自己的意志力来专注地为这股能量重新定向。

对这个话题进行更多探索的一个很好的资源就是拿破仑·希尔（Napoleon Hill）的经典之作《思考致富》（*Think and Grow Rich*），另外就是个人成长作家史蒂夫·帕夫林纳（Steve Pavlina）的博客。在他的标题为《性能量》（*Sex Energy*）的博文中，帕夫林纳提出用性能量作为达成目标的燃料。他说，通过了解自己的兴奋触发机制，目标会变得更加令人享受，因为你能够自如地控制到达它的途径：

> 当你处于性唤起状态的时候，你会有种非要做点什么的冲动。你的荷尔蒙在控制着你，你变得极度专注，并且除了自己渴望的目标之外对任何事情都视而不见。这也正是当你被一个鼓舞人心的目标所驱动时的状态。追逐目标恰恰就如同实践诱惑的艺术，你可能会遇到一些障碍，然后可能想要放弃，但又在这个时候停下来，问问自己是不是激情犹在。暂时放下手头的事情，想象一下那个目标本身是什

么，想象一下你已经达成了目标的情景。你是不是真的想要这个目标呢？……请记住，设定目标本身就是为了把你的思维和行动都导向一个新的方向。如果不能带来行动，你的目标就太糟糕了。[4]

这个故事的寓意是：如果你希望更好地控制自己的人生，你就先要更好地理解到底什么能给自己带来驱动力。如果你的默认行动是把自己的时间荒废在被动而空虚的琐碎事情上，猜猜你会得到什么？空虚琐碎而已。

时间创可贴——自己本来还可以做什么

想想你在一整天里到底都花时间做了些什么是非常值得的。如果在做这件事的时候感到阻力，很可能你就需要把自己打电子游戏的时间减少一点了，尤其是如果你老是独自一人玩游戏的话。面对成瘾诱惑最为脆弱的人通常是那些在个人或者人际关系方面处于不利地位的人，所以开始玩一些能跟其他人互动的游戏吧，最好是能大家现场在一起。

考虑一下把打游戏的一部分时间转而用来实现一些真实的人生目标。表19-1比较了打游戏所花的时间和用来达成人生其他目标所花的时间。

表19-1 各项活动所耗平均时间[5]

青少年每年玩电子游戏所用的平均时间	用“罗塞塔石碑”学习软件掌握一门外语的基础	通过每日练习学会弹吉他	在一个校内赛季中从事一种体育运动	学会萨尔萨舞（salsa dancing）
676小时	205小时	260小时	32小时	40小时

体育运动

在还是个小孩的时候，我（津巴多）记得自己运动能力比较差，因为身体健康的原因导致我比较虚弱，协调性差，也就不太擅长体育运动。当我下定决心要加入社区的棍球[①]队的时候，我开始在学校运动场里独自练习，用一个残破不堪的墩布杆子击打一个斯伯丁牌的粉红色橡皮球，夜以继日地对着墙壁苦练，直到自己充分掌握了这个技巧。把球打远靠的并不是肌肉的力量，而是手腕的扭矩，关键是手腕在接触球的一刹那瞬间发力。假以时日，我成了远近闻名的传奇“三道郎”，意思是我每次都能把球打出三个纽约下水道井盖儿的距离。多年以后，这件事仍让我引以为豪。

自然而然，我的偶像就变成了波士顿红袜队（Boston Red Sox）的明星，人称“闪亮的瘦皮猴”的泰德·威廉斯（Ted Williams），他也是个瘦高个儿。打棍球的能力很自然地就能转化成打垒球和棒球的能力，后来我成了一个明星中外野手，能在凯利街的运动场上把一个垒球打出 100 多米远的墙外。有了这个运动能力再加上一点点个人魅力，我成了垒球队长，然后用这个特权向其他队友提议，或许跟街区里的女孩们一起玩玩轮滑也挺有意思的，之后又成功说服了大孩子们的女朋友在街区的娱乐中心教年龄小一点的孩子们跳舞，增强他们跟女孩交往的能力。除此之外，这种勤奋努力的态度也转变成了我在学校学习时的勤勉刻苦，继而也让我能够对那些较为不幸的人给予慷慨帮助。所以我想说，勤学苦练未必真能让你完美无缺，但是肯定会让你在自己认为重要的任何事情上更有能力。

在这方面，现在依然如此。有很多曾经战胜了自己的恐惧，并且在体育方面超过了其他人的男性发现，如今已经不需要向其他男人证明自己，他们可以

① 儿童玩耍的一种类似棒球的体育运动。——译者注

开始培育自己“阴柔一面”的关键品质，例如同情心、温柔和自我反思。我们调查中的一位家长分享了她儿子是如何通过练习跆拳道来获得自信心的：

> 因为可以自我保护反抗霸凌，他们开始感到自信。一步步获得更高级别的腰带，让他们看到自身的成就。年长的男性和女性导师教给他们自律和相互尊重。并且孩子们有机会看见比自己年长的导师们也会努力，失败，然后继续努力。这是一个很好的人生课堂！

只有为数不多的活动能够像个人体育运动那样传授心灵的坚忍不拔和自己对自己负责的感觉，或者像团体运动那样训练精诚合作和百折不挠。无论你的技术水平如何，总会有一群小伙子或者甚至是男女混编的队伍希望你能够加入他们的团队或者参加他们的联赛。对于想要参加或者发起一个运动团队的成年人，可以在网上查查自己所在的社区是不是已经有了这样的群体，或者加入一个健身房或俱乐部，里面会有不少志同道合的人跟你分享乐趣。

如果你不喜欢体育活动，诸如唱歌、舞蹈或者演奏乐器之类具有韵律的活动是个很好的替代选择。这些活动也提供了人际交往的大好机会。另一个能让你从持续的外界高压刺激中暂时解脱的方法是预订一个放松按摩，或者找时间去公园或者丛林里爬山远足，来让自己的心智从干扰中解脱片刻。

铺床叠被

2014 年，当美国海军上将、特种部队司令威廉·麦克雷文（William H. McRaven）在得克萨斯州大学毕业典礼上讲话的时候，他给刚刚毕业的学生们提出的第一个建议就是铺床叠被子。他解释说，一个人如果这么做了，就会给自己的一整天带来第一个成就，继而就会为更多的成就定下基调。这样当一天结束的时候，这件小事就会滚出一个大雪球来，让一整天收获满满。尽管铺床叠被这种事情看似微不足道，却显示了人生中的小事情可能会产生的大影响。他说：“如果你连小事情都做不好的话，大事情就更不可能成功了。”此外，如果这一天过得并不称心如意的话，回到家里看到床铺整洁干净就会让人信心倍增，相信明天会更好[6]。

习惯就是这样养成的。如果你可以规律地从小事做起，逐渐积累的话，就会越来越容易把你的人生引向正确的方向，并且从这些良好的习惯中获益匪浅。

社会心理学家罗伊·鲍迈斯特也给出了相关的建议。他花了很多年时间研究自尊，但是他“却无可奈何地请大家把这个话题抛诸脑后”。他相信，“自我控制（self-control）实际上比自尊在一个人的个人成功中所起的作用要大得多”[7]。

津巴多也证实自我控制所带来的影响会持续一生。在对于时间观念的研究中，他发现一个孩子越是能够理解因果关系以及自己的决定所带来的收益和代价，他们在学校中就会越成功，并且在未来成年后也会更好地经营自己的生活，无论是情绪上、财务上，还是健康方面。那些高度未来时间导向的儿童也都具有高度的责任心，在有工作要做的时候不会拖延，也不会被生活中的诱惑分心。

其他应该建立好习惯的事情包括膳食营养的平衡和获得足够的睡眠。为自己设定一个能让自己走向成功的时间表吧。

发现你的内在力量

19世纪美国心理学家威廉·詹姆斯（William James）说过：“从一个男人的精神或者道德态度里可以辨识出他的品格：当品格呈现，他会感到一种最深刻和最热切的活力和激情。此时此刻，他的心中激流涌动：‘真我如斯，夫复何求！’”[8]

朱莉娅·卡梅伦（Julia Cameron）在她的《创意，是一笔灵魂交易》（*The Artist's Way*）① 中推荐了一个名为“晨间笔记”的小练习，也就是每天清晨醒来之后的第一件事，就是写出三页自己脑海中的所思所想，不论是什么内容。当写作这些篇章的时候，没有什么对与错——唯一的要求是坚持每天都写，并且尽量不要自我审查和过滤。这些清晨片段会让你更少对自己进行评判。如果你有时候不想写或者感觉无话可说也无所谓，一段时间之后你就会接触到一种始料未及的内在力量：你真实的自我。你将会开始更加诚实地面对自我，不仅发现自己现在的状况，更会了解自己想要变成什么样子。这种知识会让你产生驱动力，让你从现在的所在走向自己的目标。这也许听起来并不符合逻辑，但是确实行之有效，为你提供了一个能够沉思和让思维更敏捷清晰的空间。并且这不仅仅适用于富于创造力的人们。如果你不喜欢保留日记，也可以试试线上日记本如 penzu.com，你可以把自己的思维在线存储在那里[9]。

最起码，你可以保留一个小笔记本在身边，或者用你智能手机里的某个笔记应用，随手写下觉得值得记忆的词语或者句子。在 17 世纪的时候，这样的笔记本被认为对于培育和激发思维灵感来说至关重要，同时还可以记录个人的心智成长历程[10]。它会迫使你慢下来，哪怕只是短短片刻，三省吾身，然后把这种反思融入自己的观点和信念中去。

如果你能够规律地做这样的正念练习，你的智慧就会开始逐渐增加，之后就会开始把即刻的“快乐”和长久的“意义”区分开来。从心理学家和犹太大屠杀幸存者维克多·弗兰克（Viktor Frankl）的著作《活出生命的意义》（*Man's Search for Meaning*）中，我们能得知快乐是关于“我”的，而意义是关于

① 该书中文版由湛庐文化策划，中国人民大学出版社出版。——编者注

“我们”的。快乐可以在此时此刻找到，但是意义只存在于过去和未来。快乐者为自己所得而沾沾自喜，而生命中充满意义的人从给予他人中得到满足。虽然即刻享乐唾手可得，但是长久的快乐实际上来自于为意义而奋斗的过程，从中你会发现自己的优势和弱点，设立未来的成就目标，并且体验那些与他人建立关系和共同成长的时刻。

结交一些女性朋友

至少跟一名年轻的女性做朋友，并且直接表明你只想要跟她做朋友——不多也不少，就是普通朋友。很多女性在跟男性的友谊中没法做到完全放松，因为她们总是担心某个人会开始对她们萌发更深的情感，然后相互之间就会非常尴尬，如果处理不当，友谊本身也会受到致命威胁。但是如果你能在一开始的时候就解除这种恐惧，那么相互之间深入了解建立信任就会容易得多。你们甚至可以相互讨论如果其中一方确实对对方有感觉并且希望建立浪漫关系的时候该怎么办。你可以这么说：“我们的朋友关系对我来说太重要了，我希望确保咱们能够一直做朋友。如果我们中的一个人对对方有想法，咱们可以立刻就谈谈这件事。”这么做，你们就会建立一个坦诚而开放的沟通机制。在建立友谊的最开始就把这些说清楚其实要比之后因为误解而失去一个朋友好得多。找到一个跟自己有一两项共同爱好的女性。如果你不知道到哪里才能找到她们，可以试试线上俱乐部、论坛或者交友群。

对于害羞男性的一个提示：就像把某个电子游戏打到熟极而流需要花不少时间一样，通过有指导的实践和练习，即便是最害羞的男性也能被训练得“社交技巧娴熟”。如果人际交往对你来说是个挑战，建议你循序渐进。你可以为自己设定一定的人际交往目标，然后一步一个脚印地接近它。这个目标也许是对在超市里观察自己的人微笑，然后作一个简短的谈话。不要对社交场合里的结果太在意。社交也就意味着每个人都会带着自己的想法和情感，我们最好的办法就是真实呈现自己，并且投入地进行谈话。更多信息可以在 shyness.com 和害羞研究中心（Shyness Research Institute; isu.edu/shyness）的网站上找到。

躲开公主们，别管女孩叫“荡妇”

我们的意图是帮助你提升和拓展自己，理解影响自己人生的系统，让你能够领航自己的人生之船。你应该设法培养那些能让你对人与人之间的关系施加有利影响的素质，而不是做个情感幼稚的人，觉得唯一适合自己的选择就是找个“公主”。换句话说，我们试图让你理解如何提升自己，让你有机会选择是否和何时找一个伴侣，而不是完全把自己从社会中自我驱逐，以虚拟世界作为藏身之所。当高素质的男人开始躲开这些公主们的时候，女性会注意到这一点，继而这种行为就会影响她们的态度。公主们存在的部分原因就是她们的存在是被容忍的，如果令人仰慕的男性都对公主们避之而不及，女性就会被迫调整自己的态度，就像男人也必须调整自己的态度才能得到心仪的女性垂青一样。

关于这一点，男人最容易惹怒一个女性，让她不愿再跟他做朋友或者伴侣的事情，就是管她叫“荡妇”。不论一个女性曾经有过多少伴侣，她都不会接受一个因为性历史对她进行评判的男人。

假设你是一个异性恋的男性，对性讳莫如深（slut-shaming）的女性并不会帮你找到你真正渴望的性或者浪漫关系。有很多女性被对性的羞耻感所束缚，而男性则会肆无忌惮地显示出他们对性的渴望。如果你能在沟通中向一个女性传递安全感，并表示将来你也会以同样的尊重和礼貌对待她，这会让她对跟你进一步发展关系的态度产生巨大的变化。最让人满意的性关系来自于双方都能够感到安全的氛围，在其中每个人都能表达自己并且感受自己的好恶。

很多女性其实愿意主动出击或者率先示好，她们临阵退缩往往是因为不知道对方可能会对自己的行为有什么样的反应。对女性表示兴趣并且让她们愿意更加主动的一个好办法是，在双方开始言语嬉戏试探的时候对她们这么说："我很欣赏主动积极的女性。"当你处在一段亲密关系中的时候，要告诉对方当她给你惊喜的时候、更主动更有创造力的时候，你非常开心。

如果你得到一些模糊不清的矛盾信息，那就跟她好好谈谈。告诉她你所看到的事情和你的感受。如果这件事情不是你们俩能一起解决的，那就另外找个跟你相容性更强的人在一起吧。没有人是完美的，而且和你在一起的女性有可能并不确定自己真正想要什么喜欢什么，但是她会有一些线索，并且愿意去考察自己的期待和梦想跟现实世界有什么差距。一个成熟自信的女性不会因为你说出自己想要什么或者自己的意图，就把你视为一个大男子主义者的。她会有足够的力量对你说"不"，同时也有足够的力量对你说"好"，这里没有对你行为的过度解读，你可以放心大胆地做自己。

找个导师，做个导师

从那些曾几何时也跟你今天一模一样的年长男性身上，你会得到关于人生和亲密关系的最佳建议。他们不仅能够在你作出个人选择的时候给你建议，同时也能够帮助你在作出人生和职业抉择的时候更加明智。从未有过导师的人很多时候并不理解导师的重要性。那些能让成年男性和男孩们相聚在一起的地方在今天显得前所未有地重要。在家里、学校或者职场，年长一些的男性都有机会做小伙子们的导师。如同前面所说，这是作为父亲义不容辞的责任。请把做导师作为你自己人生不可或缺的一部分。

投票

对选民意愿的关注让政治家们得以上台。如同我们早先所说，1975—1980年间，美国女性成为大学本科生中的大多数。1980 年之后，在投票的选民人数比例中，女性也超过了男性；在美国最近一次总统大选的时候，女性的选票比男性要多出 400 万～ 700 万张之多[11]。也就是说，如果男性希望政策制定者们更加关注他们面临的问题，譬如工作场所安全、父亲权利保障等，他们就需要更积极地参与政治活动，最起码要去投票。如果男人们连这一点点事情都懒得做，我们会看到越来越多的政治人物把他们抛诸脑后。

不论是单枪匹马还是群策群力，能让男人们改善自己境遇的方法有很多。但是跟他们的前辈们一样，他们也必须付诸行动。如果男人们想让自己的生活更加平衡，他们就必须重新开始探索新的社会环境和现实，而不仅是数字世界中的“真实”。

MAN (DIS)CONNECTED 提要

- ♂ 请尽己所能远离色情片。
- ♂ 从铺床叠被的小事做起，参与运动，健康生活，寻求内心世界中真实的自我。
- ♂ 男人应当结交一个可以畅所欲言的女性朋友，同情感成熟的女性建立关系。
- ♂ 找到自己的成年男性导师，也将自己获得的经验不断传递下去。

20

女人能做些什么

男孩们和年轻男性们当今面临的困境，实际上也是女人的问题。那些男孩是我们的儿子，他们也是要跟我们的女儿们一起构筑未来的人。如果男孩们深陷泥潭，我们也无从逃脱。

——克里斯蒂娜·霍夫·萨默斯[1]

姐妹们，母亲们，朋友们

总有需求让男人更坚强，我们总会需要强壮的男人“保家卫国”，为我们提供保护并且随时保持警惕，也需要他们来建设家园。但是我们必须从小就教育他们如何充满激情地生活，这样他们才有能力在人际关系中倾注自己的感情。这也就意味着我们不仅仅要鼓励他们培养作为男人所必需的力量和刚强，同时也要让他们发展那些能够在未来带领他们进入伴侣内心世界的深度品格和情感洞察力。

归根结底，就像男性无法教给女性如何做个女人一样，女性也没法教给男性如何做个男人，但是她们可以鼓励男性往正确的方向发展。大概在 8~12 岁的年龄段，或者说就是在青春期之前，如果男孩们还没有一个楷模的话，他们就会开始积极寻求男性榜样。如果母亲们认可并且支持这一过程，就会让一个男性在他的整个生命历程中都能跟两个性别建立高质量的关系，尽管男性和女性看上去似乎截然不同。这么做还会让母亲在自己儿子的一生之中都更加被尊重和信赖，因为她会被视为成长过程中的积极帮助而非障碍或者破坏者。如果女性尊重男孩们跟自己的父亲或者导师在一起的时间，并且鼓励他们通过跟同龄男孩一起活动来增强自己的男子汉气概，会让他们的成长获益匪浅。

姐妹们，尤其是年龄相仿的孩子们，也对年轻男性如何理解女性和女性对男性的期望至关重要。一个男孩如何跟自己的姐妹以及她们的朋友们互动，对他们如何看待女性以及会跟女性建立怎样的关系有着深远的影响，不论是柏拉图式的精神关系还是浪漫的情感关系都是如此。通过把自己的视角用直接坦诚同时关爱同情的方式分享给自己的兄弟们，姐妹们可以大大促进未来他们跟女性沟通和合作的质量。不论年龄差距的大小，对于兄弟姐妹来说非常重要的一点，就是他们能够找到共同感兴趣的活动，并且在活动中学会坦诚放松地沟通各自的情感和价值观。不论对于男性还是女性，这都是他们一生当中跟异性舒适相处的体验和能力的源泉。

游戏和色情片“寡妇”

总结我们从男性那里获得的建议，对于男女两性而言都很重要的是，要跟彼此讨论过多的电子游戏或者色情片对他们生活和关系所造成的影响。在讨论中，要坦诚、耐心，并且坚定。如果你正在成为自己伴侣的电子游戏或者色情片“寡妇”，那就需要让你的伴侣清楚地明白他面临的所有选择及其后果，明确如果他的行为不作出改变将会发生什么，而且要言出必践。提出建议当然可以，但是不要假设你知道对方为什么如此沉迷于电子游戏或者色情片。如果你们中的任何一个人需要去找咨询师或者治疗师，或者更好的是需要两人一起去作辅导，别等到关系已经破碎到了无法修复的程度或者自己已经下定决心“走出来了”之后再去。不论你做什么，千万别提出跟他一起打游戏或者看色情片。在有的关系中，伴侣双方喜欢一起打游戏或者一起看色情片是非常正常的事情，但是如果你的伴侣在这两件事上已经过度了，你的陪伴就可能让他愈演愈烈。归根结底，如果你的伴侣宁可生活在一个虚拟世界的话，你还是要忍痛割爱，自己前行。

“一夜情”的后果

抱怨好男人越来越少或者满大街给人贴“大男子主义”的标签，并不能让大多数女性得到她们想要的关系。就浪漫关系中的承诺而言，女性如果能用在股票市场投资的策略来看待约会，就会更富成效：寻找那些有趣的、有能力的和看来能够引起其他女性（潜在投资者）的关注的男性。作为一个关系的“投资者”（你投入了时间、精力和情感），你必须学会如何确定哪个是真正有利可图的选择，尤其是当你所遇到的大多数男性都是蜻蜓点水“虚晃一枪”（这是一种非常有效的市场策略）的人，不肯为关系真正投入时间和空间的人，或者就是虽然某些条件还可以但是动力不足或者情感缺乏的人的时候。

作为一个优秀的商务计划，你应该从男性身上寻找的实质内容是他是否愿意用自己的能力来建设一个全面、健康和持久的关系，并且这个关系会让双方都感觉有意义而且能够共同成长。需要询问和考量的问题是：这个男人的人际交往能力如何，譬如聆听、共情、沟通和团队合作解决问题的能力。他是否有足够的资源和渴望来跟你建立一个双方都满意的长期关系呢？你最好尽早发现他到底是个奉献者还是个掠夺者，是否暗藏玄机有着自己的小算盘，并不想全力以赴地构建真正的关系。这些是建立一个稳定的长期关系时男性所必需的素质。

这些技能都不是能长期瞒天过海的，因而如果你想要增进自己的判断选择能力，就必须学会关注这些东西。这些年来，太多女性遇人不淑，掉进市场专家男性的陷阱里，导致了今天的女性所能够交往的男性数量要远远少于过去。不论你想要自己的关系持续多久，这种对于伴侣类型的选择都很重要。泛泛之交或者拈花惹草确实能作为一时享乐让人暂时忘记生活的重担，但是经年累月之后，这样做的结果就是更难找到自己的白马王子。

当你去酒吧或者夜店，然后跟一个男性开启对话的时候，要明白其他男性也在观察你。如果你对这个男人有积极的回应，其他男人就会立刻依样画葫芦，不管这个男人采用的是什么招数。这种女人上钩男人看的现象有个毛病，就是一旦他们靠伎俩就能得手，就不需要做更多事情来证明自己了。靠着三寸不烂之舌就能得逞的男人几乎用不着真刀真枪地实干，于是男性就有越来越多的理由去学习和运用这种“泡妞秘诀”，并且去寻找更容易带上床的女人。这种方法对男人好处多多：一方面他们有更多机会练习并且更少会被拒绝，另一方面又能有更多机会跟自己渴望的女性发生性关系，而且大多数男性就用不着担心真正的男女关系中那些纠缠不清的“麻烦”了。

当男人们发现高品质的女性在性和亲密关系中要求他们投入的精力、时间或者承诺比他们之前所想象的要少得多的时候，他们会以此调整自己的行为，从而更少作为。从纯经济学的角度而言，一个人没有理由投入更多的精力去获取那些他们已经能够得到的东西。就如同如果一个人能用 5 块钱买到一样东西他就不会花 7 块钱一样，如果一个男性付出 50% 就能得到他想要的东西的话，就不会去付出 70%。没人会做吃亏的买卖。这是人的本性，每天都在被消费者、股票市场和商务谈判所证实：每个人都为自己的付出（努力）寻找最划算的价值（交配）。如果一个男人只需要投入 50% 的努力就能够开启（并且有可能维持）跟高品质女性的亲密关系，而不是通常所需要的 70%，那他就只会投入 50% 的努力。这一点屡试不爽。男性会在短期内获得不少好处，但后果就是，没有任何事情能逼他们去提升自己维护亲密关系的技巧了。

最近，有些文章给出了一些超乎寻常的建议。一个年轻女性的说法概括了这些建议的主要观点，她说："乱交是'熟能生巧'的另一种说法。"[2] 谁会认同这种看法呢？所有希望性机会多多益善的男人都会喜欢。然而，关心未来关系质量的男人会告诉你，对于期望长期关系的女性和长期关系本身而言，这是最糟糕的途径。如果一个男性知道了他可以在不作出任何承诺的同时就获得无限量的性，那他为什么还要作出承诺呢？想想 70% 和 50%……

我们所议论的不是放荡滥交这种方式本身，而是这种方式给年轻男性发出的讯息。如果说这一过程还有可能给出不同的讯息，我们会说尽管去找吧。不过请注意，从整体上而言，男性对女性发出的讯息非常关注，这种讯息一般情况下是："我会一直骄奢淫逸四处留情，直到你们中的一个把我娶回家。"这使得男性不会有任何道德上的负担。因为你是女性，你这样做给男性的讯息就是，到处都会有大量讨人喜欢的女性随时随地准备好了跟他们上床。一旦男性知道了他们还可以获得新的伴侣，并且自己当前还没有跟一个女性建立更深的关系，对他而言最好的决策就是什么都不做，而且他对此心知肚明。此外，只有在有吸引力的女性还没有全都被"带走"到长期亲密关系中的时候，这种随机的、随便的性关系才会一直存在。

女权主义者们的奋斗带来的一个元素就是女性的性自由，这种自由继而给男性带来了更大的性自由。男性永远希望能跟有诱人特质的伴侣发生性关系。

经验、品质和兼容性将会决定这个男人是否希望跟任何一位女性反复重复这种体验。

此外，多数有着关爱自己的妈妈的异性恋男性，或多或少都有一定的做某个女性的丈夫或者长期关系伴侣的渴望。虽然跟女性相比较，男性能够找到长期伴侣的生理时间范围要长很多，但是在他们生命中的某一个时间点之后，一旦他们在几次约会之后觉得自己发现了最有吸引力的伴侣，他们就不太倾向于一次次地重新开始寻找了。

选择一个好男人

2013 年，非常流行的约会网站 OkCupid 尝试了一款帮助大家盲目约会（blind date）的应用程序。在这个应用的首发日，他们临时把所有用户的照片都从网站上移除了，口号是“爱情是盲目的”（Love Is Blind Day）。然而，他们追踪了当天的用户活动之后发现，尽管每小时出现的新对话变少了，人们对新消息的回复率却增加了 44%。女性在使用盲目约会的应用时会对自己的约会对象更为接受。不论约会对象的吸引力程度如何，这些女性普遍报告约会的时候很开心。有趣的是，那些跟外貌吸引力较低的男性约会的女性所报告的高兴程度还要稍高一些。与之相反，当显示了照片之后，同样的男性根本无法得到女性的青睐——只有 10% 的女性会给吸引力评分“远远低于自己”的男性回复消息，与之比较，如果发消息的男性比自己的吸引力评分更高，她们回复的概率则是 45%[3]。

尽管被评价为“二流”的男人们质量确实良莠不齐，但总有一些高品质的男性会被女性所忽视。他们并没有那么光彩照人，但是很“有料”（相当于扎扎实实的商务计划)。他们是那些默默耕耘很少抬头吆喝的人，只做不说——他们的市场策略是被动的。虽然那些寻找长期亲密关系的真正好男人所给出的建议女人们未必喜欢听，但是她们仍然应该思考一下自己的拒绝态度会怎样影响这些男人对于亲密关系的策略。诚然，你可以告诉自己他会屡败屡战锲而不舍，继续这样尝试下去。但是这种消息却正是男人们从生物本性上最不容易接受的。事实上他们不会坚持守株待兔太长时间。就像一句俗话：只有傻瓜才会一次又一次地做同样的事情，却期望结果有所不同。因而，作为人类，男性自然会调整自己的策略来更好地满足自己的渴望。

为什么这一点至关重要呢？如果那些非常努力并且严肃对待关系的男性得不到任何能够激励他们的报偿，女人们实际上就是亲手把对于这种男性的需求剔除了，然后供给也就逐渐减少了。女性应该不仅仅对他们和颜悦色，还要找到一些激励这种真心实意的努力的办法，譬如帮助他改善自己的缺点(自信、品味等等)，或者把一些女性的洞察力分享给他，让他下一次面对女性的时候能做得更好。我们建议女性教给男人们一些发展和维护长期关系的方法。如果你有个“炮友”(friend with benefit，简称 FWB)，那么尝试一下真正跟他做朋友，而不仅仅是发生性关系。如果一个男人被很多自己心仪的女性用各种方式告知她们不想跟他建立长期关系，并且更重要的是告诉他为什么不想，他就更可能因此而调整自己的方式方法。

那些下定决心要同一个有意图发展长期持久关系的女性真诚交往的男人都有着与生俱来的竞争本能，而这种本能恰恰是让男性和女性品质的比例回到平衡的关键之所在。但是，男性需要知道自己的下一步应该如何做。水涨船高，随着女性的教育程度越来越高，事业越来越成功，经济上越来越富有，自然而然她们也需要男人们提升自己的水平。然而，女性同时也必须鼓励男人更勤奋，达成更高目标，在学校里更努力，并且少花一些时间在电子游戏和色情片上，多跟真实世界的人相接触。女性因而也必须愿意合作和提供支持，并且意识到男人愿意做男人（承担责任）是件好事。

MAN
(DIS)CONNECTED
提 要

♂ 女人如果洁身自好，就可以避免给男性留下错误的印象。

♂ 男人的内在价值才是最重要的，看准成家必备的男性特质，慎重投资才能稳定收益。

21

媒体能做些什么

（游戏产业的当前状况）跟我的品味相去甚远，不堪入目。游戏机和电脑游戏行业都是鼠目寸光，就知道盯着 14 岁大男孩的心智，和他们脑子里那些上不了台面的梦想。这些都是源自于过去的成功经验，和害怕自己的千万美元研发费用打水漂的恐惧。这个产业已经毫无道德底线可言了。

——鲍勃·怀特黑德（Bob Whitehead），游戏设计师和程序员[1]

如同在第 8 章所说，就平均水平而言，年轻的男性每花半小时跟自己的父亲一对一地谈话，就会花上 44 个小时待在屏幕前；所以在我们的调查中就会毫不奇怪地看到，当我们询问“年轻男性动力不足的问题跟哪些因素有关？”将近三分之二的参与者选择了“来自于媒体、机构、父母和同龄人的关于什么是男人该做的事的相互矛盾的信息”。

想象一下，如果广告业、出版业和娱乐业都愿意塑造更为积极的男性形象该有多好，但是对他们来说，远离那些老生常谈的刻板形象确实非常困难，因为把男人描绘成恶棍还是非常有利可图的。改变的压力必须来自于外界，并且只有当人们都愿意去意识到性别偏见对男性也有着巨大的影响，同时也理解到年轻的男性有多么需要在媒体上看到自己可以效仿的积极男性榜样的时候，改变才会发生。

提升公众意识的简单方法之一就是给他们呈现跟那些广为人知的女权运动的材料和讯息同样有力的男性版本。举例而言，如果有个反向的贝克德尔测验来评价一下电影中对于男性的写照，用流行的电视冒险系列剧的名字来命名，就叫“马盖先测验”（MacGyver Test），当电影或者电视剧中有男性角色符合下面的任意一条判定条件，就算通过测验：

- 没有缺失母亲的情况下依然塑造出一个有能力的好父亲形象。
- 诚实勤奋的男人处于成功的或者领导者的位置上，并且不是个笨蛋。
- 女主角在男主角尚未成为英雄人物之前就对他有兴趣。
- 男主角用创造性的方法解决问题，并且在目标或者任务中只有迫不得已才会使用暴力。

我们觉得能够通过这一测验的电影和电视剧的名单会很短。另一个可以作为旁证的特征可能就是，影视作品中男女角色死亡数量之比，或者有多少男性角色慷慨赴死使得女性角色得以生还。

男女两性之间越是能够坦诚相见，相互理解对方的立场，他们就越能够感激和欣赏对方的存在。我们可以在影视节目中把男女角色进行对调，然后重新看看事态会如何发展。举例而言，让我们来把奥斯卡获奖动画影片《冰雪奇缘》中“无所畏惧的”安娜公主和“粗犷的”卖冰人克里斯托夫的角色进行对调。在这部影片里，安娜的姐姐艾莎，因为无法控制自己双手能够制造冰雪的魔力而选择了自我放逐。安娜离开城堡找到了自己的姐姐，并且把她带回了家。最初，甜言蜜语的汉斯王子提出要帮助安娜，安娜也对汉斯一见钟情。但是最后真正帮助了她的人是谁呢？反倒是一贫如洗的卖冰人克里斯托夫。安娜毫无顾忌地拿走了他的雪橇和驯鹿并且收为己用，丝毫没管他是不是也需要（她甚至连问都没问）。在几乎让克里斯托夫命丧黄泉，毁掉了他的雪橇，并且救出了艾莎之后，安娜跟他各奔东西。只是在汉斯王子露出了邪恶的本来面目，并且笨头笨脑的雪人朋友雪宝对安娜说克里斯托夫会是个很好的伴侣之后，安娜才总算开始考虑他。

现在请想象一个电影，里面的王子毫不客气地拿走了一个艰苦勤奋的女人的唯一财产——她赖以为生的雪橇和驯鹿，用来救援自己的兄弟；然后在这个女人心甘情愿竭尽全力帮助了自己之后，又对她弃如敝屣径直离开。那些占领道德制高点的人一定会对克里斯托夫王子的行径义愤填膺，观众们可能会挥拳相向！我们会想：他为什么如此不堪，灭绝人性？但当我们观看《冰雪奇缘》时恐怕丝毫没有这种想法。反而，我们认为安娜是狡黠离奇、胆大包天的人物。另外，《冰雪奇缘》通不过我的马盖先测验。

建个更好的约会网站

暂且不提语法错误和讯息的空泛，线上约会最为女性所诟病的问题就是她们的收件箱里充斥着来自诸多她们不感兴趣的男性所发的邮件，并且都是千篇一律拷贝粘贴的陈词滥调。而男人对于线上约会最大的抱怨除了找不到人跟自己约会之外，就是需要发出很多很多讯息才能发起一个对话。双方进行的简直就是个拉锯战。有什么办法解决呢？办法就是，做一个对女性更友善的应用程序，方便她们自己选择。

当然，这个应用是为异性恋伴侣量身定做的，而且有可能彻底改变男女之间相互接近的方式。最近的一个尼尔森（Nielsen）调查报告发现，男性使用社交媒体来寻找约会对象的可能性是女性的两倍[2]，而他们在创建或者更新自己的线上个人档案时需要帮助的可能性只有女性的一半[3]。女性花在线上个人档案上的时间比男性多绝非偶然——她们是被追求的一方。

年轻男性都喜欢用像“Tinder”这样采用了GPS技术并且基于外貌自动匹配用户的应用，因为通过这种途径约会更节省时间和金钱，同时被拒绝的次数跟在其他的约会网站上差不多。但是如果女性不得不率先发起邀请，男性拒绝邀请的概率为零，而且他们大概会多花些时间让自己的个人档案看起来更上档次而且有意思。有人会批评说这样一来，男性就会把自己的个人档案润色很多来增加吸引力，但是其实那些真的会误导他人或者做很多手脚的人到了哪个网站上都会这么做。这个新的设计结构带来的好处是让女性在线上约会过程中能够有更多掌控力，而不再被过多的随机或者漫无目的的尝试搞得焦头烂额。另外，这也会让男性更关注于发起谈话，因为他们知道两人之间已经有了某种程度的相互吸引作为基础。

人们正在变得越来越忙，更少有时间和耐心到外面去跟不知道是不是适合自己的人相遇。在约会的领域中，女性尤其在寻找一个中间地带。因为线上约会越来越被大家所喜爱，未来将会有更加多种多样的大家相互认识和建立关系的方法。如果只允许女性率先发起接触，整个约会游戏的规则就会被彻底改变。然而真正的问题是：会有人愿意去用这样的应用吗？女性会愿意去写第一个讯息吗？男性会愿意收到这样的讯息吗？

另一个想法就是直接扩展现存的社交网络，这也是有的网站正在做的事情。一位年轻的英国应用程序设计师，毕业于斯坦福大学的纳米沙·帕塔萨拉蒂（Namisha Parthasarathy），宣布即将发布一个叫作“一度”（One Degree）的崭新交友应用，通过把有着共同朋友的人们介绍到一起，为大家建立更有意义的关系。她说：“基本概念就是，这样的话人们相互之间表现出不友好的可能性就会低很多，因为大家有着共同的朋友圈。此外，看看一个人跟谁做朋友其实是个很好的审核方法。”[4]

色情产业能做些什么

一个色情片的平均时长几乎有20分钟。如果你在运营一个色情片网站，尤其如果是免费的话，请考虑一下在每个视频之前插播一段15秒钟的广告宣传一下性安全，这只会占用一个视频时长的1%。然后，如果用户们希望跳过这个广告，就让他们支付费用，这样那些希望直接去看视频的人就可以给你贡献一些收益。

色情网站还可以邀请用户们来一起变革这个产业。就如同企业家比尔·盖茨悬赏几百万美元邀请发明家们发明一种大家喜欢用的避孕套一样[5]，色情片网站中的佼佼者们完全可以做类似的事情，向用户发出挑战，改变人们消费色情片的方式，让色情片更加令人满意、更具治疗效果、更有艺术感，甚至是更具有教育意义。

最起码，色情网站可以把色情成瘾治疗办法的资源链接放在自己的网站上，这样如果用户有需求他们就可以点击——就跟赌场为嗜赌成瘾的人所提供的资源一样。

电子游戏产业能做些什么

认知科学研究者达夫妮·巴韦利埃（Daphne Bavelier）在她的TED演讲中指出，游戏开发者们需要对游戏的“营养学”方面作些整治，创造一种新的游戏，既令人难以抗拒也同时能为大脑发育提供积极刺激的元素[6]。最大的挑战莫过于说服游戏公司愿意在追求利润的路上冒险走这样的弯路。

开发游戏的公司利润丰厚，他们最常用的方法是通过用最小的内容改变最大程度地保持用户数量，所以如果开发人员离开了体育、暴力和射击游戏，就会让人感到不可理喻。但是我们还是希望能看到一些作为连接幻想和真实的桥梁的游戏，让用户们可以既享受打游戏的乐趣，同时也能提升自己在真实世界中的能力，或者为他人作点贡献。目前的游戏产业尚未对此作出丝毫努力。

简·麦戈尼格尔在她的《游戏改变世界》(*Reality Is Broken*)①一书中讨论了众包（crowdsourcing）的力量，她在观察中发现，成功的众包项目有着跟多人游戏一样的结构。她采用的一个例子是2009年的议会费用丑闻。事实上，英国议会的很多议员们都在用非法手段进行报销，费用累计高达上百万英镑，譬如，用于私人花园修缮的“琐碎项目”费用高达3. 2万英镑（根据如今的汇率大概是5万美元）,还有1 645英镑（大概是2 600美元）的费用用于购买一个“浮动鸭岛”（floating duck island）。

政府机构对外公开这些报销单的时候，只是一堆杂乱无序的扫描件，而且数量超过了一百万张。一直在报道这个丑闻的《卫报》知道自己没有足够的人力资源来处理这些数量惊人的报销单，因而雇用了一位软件开发工程师西蒙·威利森（Simon Willison）。他设计了一个网站，任何人都可以在上面检查这些证据。在威利森的帮助下，《卫报》发布了一个叫作“清查议员报销单”的网站，这可以说是世界上第一个多用户的新闻调查工作项目。仅仅过了三天，就有超过两万人参与到这个网站中并且详细查看了超过17万份文档。“清查议员报销单”网站的访问者参与率也达到了惊人的56%。

---

① 此书中文版已由湛庐文化策划，浙江人民出版社出版。——编者注

这个调查导致了十几名议员的辞职，还有附带的法律行动，包括停职审查和起诉审判。最终，它导致了一场政坛的大地震[7]。

尽管这些建议看起来跟汤姆·索亚劝说邻家男孩们给篱笆刷漆很好玩没什么两样，想象一下如果每个游戏玩家仅仅贡献出他们打游戏时间的1%——总共每周3千万小时的时间，来做一点真正改变世界的事情，譬如“清查议员报销单”，这将会是多大的一股力量。维基百科的数据量大概是1亿个小时的人类思维，假设每个游戏玩家每年把他们打游戏的时间贡献出1%来投入一个众包项目，他们就能完成15.6个维基百科规模的工程。谁会说这不是件大好事呢？

MAN (DIS)CONNECTED 提要

- ♂ 屏幕上应当塑造更多更积极的男性形象。
- ♂ 软件公司可以考虑设计一些令女性更主动和更有掌控力的约会软件。
- ♂ 建议色情网站在网络色情片中插入性安全广告。
- ♂ 游戏设计者可以汇聚玩家力量，一起完成有意义的事情。

结论

科技时代，让我们更加紧密相连

我们的人生，有如宇宙的和弦，来自于高低不同相生相和的音调，抑或甜美抑或尖利、可能清脆也或许低沉，软如海绵或是响如雷霆。如果一个乐手只喜欢单一声调，他能奏出什么曲子呢？他必须五音俱全，并且把他们混合成调。同样，我们也必须对生命里的好事和坏事全盘接纳。没有起伏，我们就不会存在；塞翁失马，我们也不知道究竟是好是坏。

——米歇尔·德·蒙田（Michel de Montaigne），16 世纪法国作家

19 世纪的几个实验表明，如果一只青蛙被放进开水中，它会立刻逃之夭夭；但是如果它待在冷水中然后被逐渐加热，它就不会意识到危险，直到被烫死[1]。我们的未来如何，取决于今天的决策，这本书就是为了检测一下我们所处环境的“温度”，观察它对个体的影响和对未来的警示。

如果我们在这本书中所讨论的趋势仍然继续下去的话，未来会怎样我们不得而知，但是当我们作为一个整体，其批判性思考、延迟享受、定义和实现有意义的个人和社会目标的能力都在下降的话，我们的文化肯定要丧失很多至关

重要的东西。科学技术需要被接纳，但是我们如何运用技术却可能造成健康人际互动或者是病态相互关系这样的天壤之别。

今天的世界瞬息万变，大家都紧密相连，不知二十年后改变游戏规则或者把整个产业搞得天翻地覆的会是谁呢？面向未来，我们可能需要扪心自问：当科技、人工智能以及虚拟现实变得越来越复杂和栩栩如生的时候，我们跟其他人的关系会如何变化？科技发展能否被用来让我们更加紧密相连，或者如同雪莉·特克尔所说的，这些东西“会把我们带到大家不想去的地方”[2]？我们如何运用今天的这些科技和娱乐天赋来创造那些能把明天变得更好的系统，不仅仅是创造虚拟人物，而是创造真实世界中的英雄？

理解科学技术对于文明的消极作用跟理解科学技术的积极后果同等重要。这种新的意识可以让下一代对他们在使用这些技术时所肩负的责任有更多的认识。此外，让企业对其所生产的东西有更好、更全面的理解势在必行。现在全球范围内的唯技术论愈演愈烈，我们需要学会与技术共处的方法，才不至于为其所制，失去自己的自主权或者人性。

大多数人会同意，在年轻男性的世界中缺失了一些东西，仅仅从绝对数值上来看就很清晰，生活在虚拟现实中的小伙子们对很多活动兴趣不再，并且放弃了很多技能。当一个人花了太多时间只做一件事情的时候，就很有可能变成单一维度的人。那些得到自己父母支持的屏幕成瘾的年轻人有可能最终成为跟之前提及的日本的“家里蹲”一样的人，把自己隔离于真实的世界和快乐之外；同时他们的经济状况未必有多独立，因而我们可能会看到更少人获得学位、更多没有父亲的家庭、更多的无业游民，跟过去几十年间性别比例失衡的少数族裔和贫困社区所经历的没什么不同。不仅如此，如果无法找到工作，这些低收入男性的生活轨迹将会越来越糟糕。他们最终走上犯罪道路的可能性大大增加，同时他们的女性伴侣也就更有可能成为贫困的单亲妈妈。

我们必须创造对男人和整个社会来说更富有成效的社会期望，来为年轻男性提供真正的希望和鼓励。没必要把一切都推倒重来——去掉男性气质中的一部分概念就能同时去除那些让男人虚张声势画虎不成反类犬的东西。正是那种“做个男子汉”的观念引发了今天的种种问题，因而我们需要作为一个群体一起努力来重新定义这种观念。我们应该去鼓励男性变得思路更清晰、更乐于沟通、具有自信和安全感，并且能够舒适自然地和他人相互尊重。我们必须让男性明白自己并非毫无价值，而是让人喜欢的和令人满意的。

如果能够促成这种变化，我们就有可能更少见到麻木不仁只顾养家糊口的人，而是会看到男人们有着更为完整的生活，把他们自己、亲人和社区融为一体。真正的挑战是如何才能改善男性所处的环境，同时又不损害另一个群体，譬如女孩和成年女性，而这需要个人和机构的通力合作。对女性的挑战将会是如何达到足够的经济独立，让她们不用在自己的价值上妥协以换取经济上的安全；而对男性的挑战则是去理解传统的“保护者”角色是如何让他们骑虎难下，继而远离夫妻之情和父子之爱的。男人们需要允许自己和他人更多地投入家庭。

前途布满荆棘，如果我们偏执一隅就不可能达成夙愿，而只能原地踏步。如果在女性与时俱进的同时，她们不对男性所面临的问题感同身受，就如同那些之前被认为压制着女性的男性对女性所面临的问题的同情，我们就不能算是取得了进展。传统的职业发展道路已经产生了变化，传统的性别角色也已经改天换地，婚姻的观念也大不相同了。在这些变化中进退自如并非轻而易举。

我们必须为那些充满智慧的男性和女性鼓掌，是他们的努力才让我们有了今天的成果，但是我们必须继续前行，齐心协力更上一层楼。这并非是让我们把各自的差异搁置一旁，而是要充分认知这种差异，然后才能充分利用各自的优势一起构建共同的未来。唯一能让我们变得更好的方式就是愿意从两端看问题，并且主动为需要的人提供支持，以及愿意为两个性别都培养出更平衡的性别角色。

我们希望自己不仅仅是强调了很多年轻男性低迷的学业成绩、社会功能和性症状背后的原因，同时也提出了如何实施更强有力的解决办法来引导他们更好地发展。这些问题虽然是局部的，但只有在很多个人和机构愿意一起改变的时候才能得到解决或者缓解。最后，尽管我们描述的这些问题现在是全球性的，我们仍然乐观地认为解决办法是切实可行的，因而我们这本书唯一可能的续作，就是宣告警报已经解除！

扫码获取本书注释及参考文献。

关于男青年的 8 个问题
——TED 调查问卷结果

实施年份：2011

参与调查总人数：20 000

性别比例：男性 75.7%，女性 23.9%，其他 / 不愿意回答 0.4%

年龄：

0 ~12 岁	0.1%
13 ~ 17 岁	4.3%
18 ~ 25 岁	35.5%
26 ~ 34 岁	28.7%
35 ~ 50 岁	20.4%
51 岁及以上	10.9%

在我们提出的所有问题中，答题者都可以选择多个选项，因而统计中每个问题各选项得分百分比的总和会超过 100%。

年轻男性动力不足的问题跟哪些因素有关？

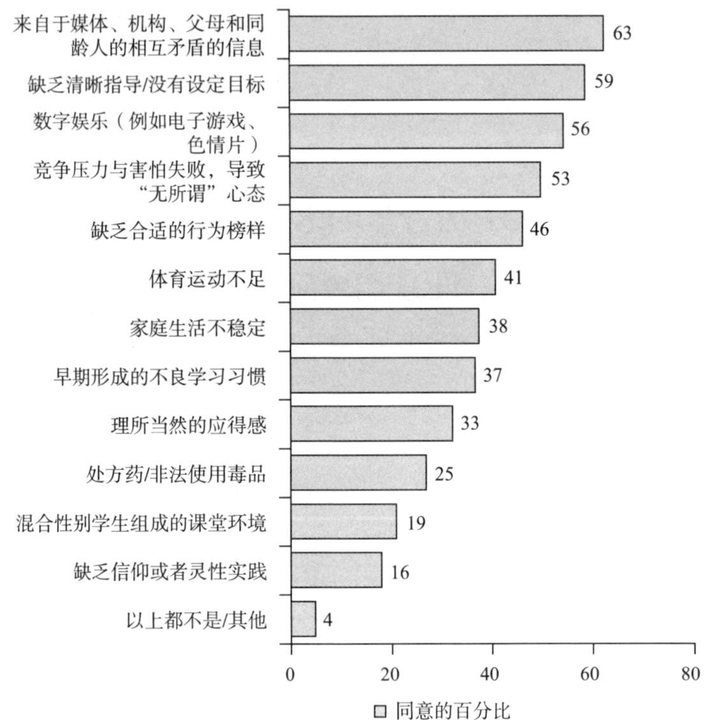

调查中的亮点

- 64% 的 12 岁以下男孩选择了“竞争压力与害怕失败，导致年轻男性从一开始就摆出‘无所谓’心态”。
- 62% 的 13~17 岁年轻男性选择了“数字娱乐（例如电子游戏、色情片）”。
- 66% 的 18~25 岁年轻男性和 63% 的 26~34 岁男性选择了“缺乏清晰指导 / 没有设定目标”。

你觉得应该如何改变学校的环境才能让年轻人更加投入？

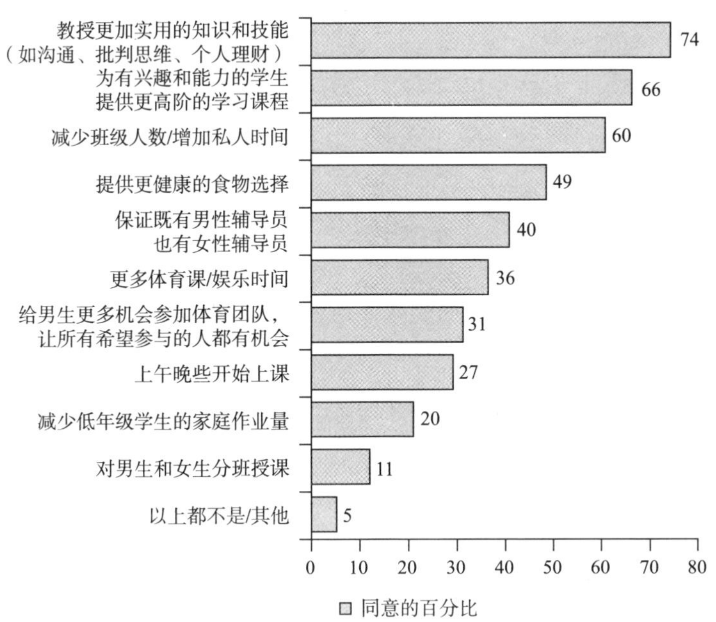

调查中的亮点

- 64% 的 12 岁以下男孩选择了“保证既有男性辅导员也有女性辅导员”。
- 73% 的 13~17 岁年轻男性选择了“为有兴趣和能力的学生提供更高阶的学习课程”。
- 75% 的 18~34 岁男性选择了“教授更加实用的知识和技能”。

年轻男性持续增高的辍学率和下滑的成绩会对美国的成功造成怎样的影响?

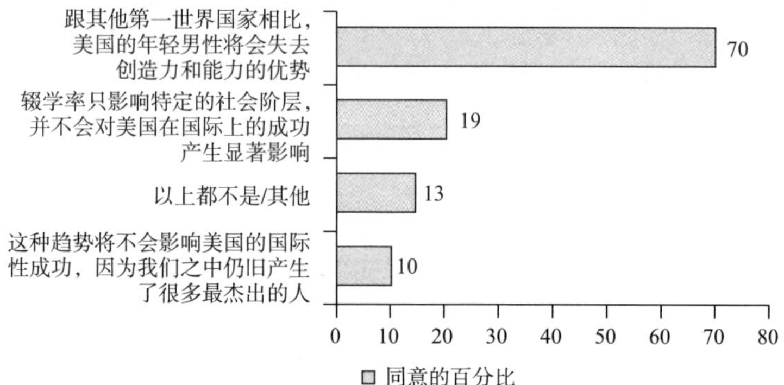

调查中的亮点

以下几个群体都选择了“跟其他第一世界国家相比，美国的年轻男性将会失去创造力和能力的优势”：

- 65% 的 13~17 岁年轻男性
- 66% 的 18~25 岁年轻男性
- 75% 的 26~34 岁男性
- 74% 的 35 岁以上所有性别的参与者

我们如何才能用更为安全和亲社会的方式赋权给我们的年轻一代男性？

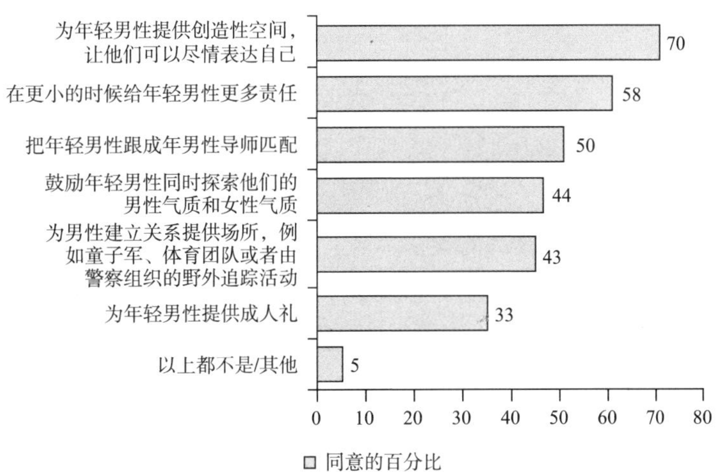

调查中的亮点

以下几个群体都选择了“为年轻男性提供创造性空间，让他们可以尽情表达自己”：

- 89%的12岁以下男孩
- 72%的13~17岁年轻男性
- 74%的18~25岁年轻男性
- 68%的26~34岁男性

为什么电子游戏和色情片如此受到年轻男性的欢迎?

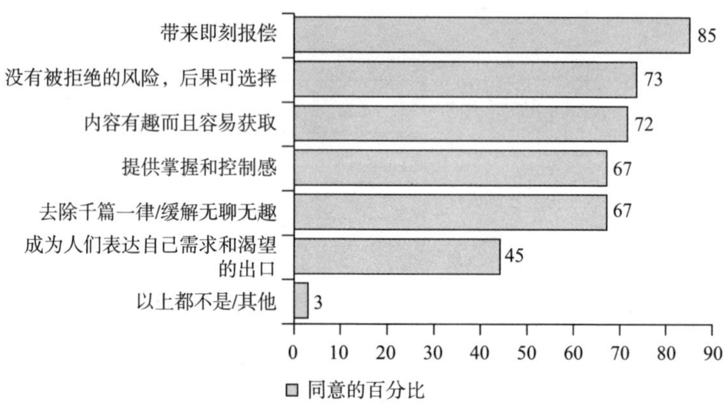

调查中的亮点

- 78% 的 12 岁以下男孩选择了“提供掌握和控制感”。
- 84% 的 13~17 岁年轻男性选择了“内容有趣而且容易获取”。
- 85% 的 18~25 岁年轻男性和 84% 的 26~34 岁男性选择了“带来即刻报偿”。

电子游戏对年轻男性而言有什么益处?

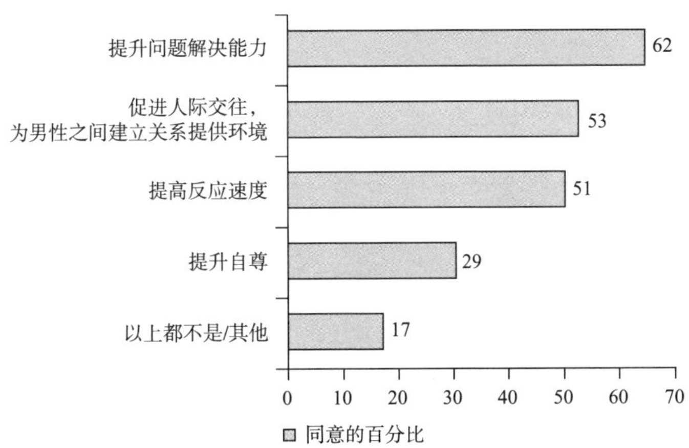

调查中的亮点

- 63% 的 13~17 岁年轻男性选择了“促进人际交往，为男性之间建立关系提供环境”。
- 67% 的 18~25 岁年轻男性和 69% 的 26~34 岁男性选择了“提升问题解决能力”。

看色情片对年轻男性而言有什么益处?

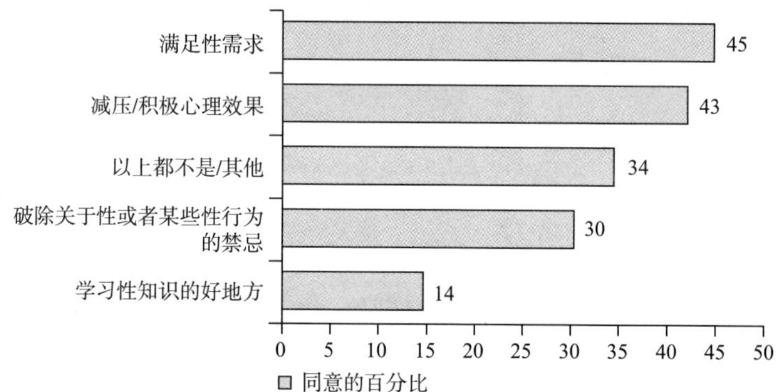

调查中的亮点

- 58%的13~17岁年轻男性和60%的18~25岁的年轻男性选择了"减压/积极心理效果"。
- 51%的26~34岁男性选择了"满足性需求"。
- 51%的35岁以上所有性别的参与者不同意任何上述的陈述，并且很多人在注释里面写明，他们不认为看色情片有任何好处，并且选择了"以上都不是/其他"。

你认为过量的电子游戏或者色情片（每天超过两小时）跟下列哪些浪漫关系中的问题之间有很强的相关性?

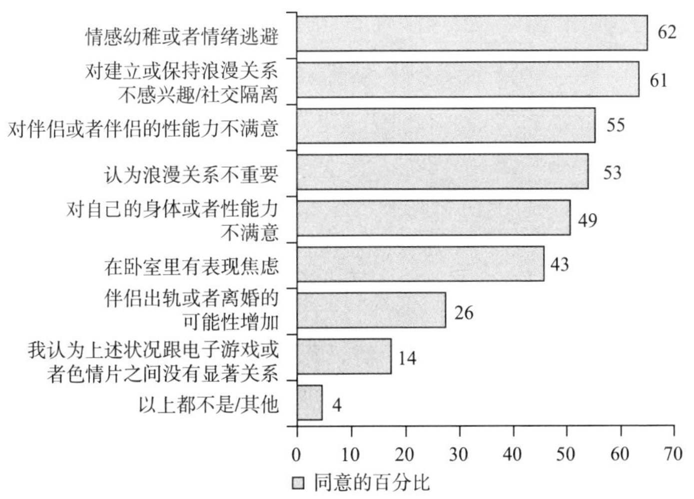

调查中的亮点

- 76% 的 18~25 岁年轻女性和 78% 的 26~34 岁女性选择了“情感幼稚或者情绪逃避”。
- 57% 的 13~17 岁年轻男性、59% 的 18~25 岁年轻男性和 58% 的 26~34 岁男性选择了“对建立或保持浪漫关系不感兴趣 / 社交隔离”。

高强度社交综合征量表

津巴多和萨拉·布伦斯基尔开发了一个量表，用来测量高强度社交综合征的各个不同因素，并且以美国的士兵作为样本进行了测试：一部分样本是执行任务中的士兵，另一部分是待命状态的士兵，并且包括了有海外经验的和没有海外经验的样本。这个研究显示，社会强度综合征的 6 个主要影响因子是：战友情谊、家庭、性别社会偏好、社交纽带、怀旧情结以及毒品使用。这些因子和与之相关的统计信息都会在下文中呈现。在此之前，我们想要解释一下我们在研究和分析的时候所使用的术语和相关概念。

特征值（Eigenvalue）：在做多变量分析的时候，经常会对矩阵作对角化处理。在这个过程中，特征值被用来归纳解释方差。在因子分析（factor analysis）中，特征值被用来在相关性矩阵中简化代表相关矩阵的方差。“具有最大特征值的因子解释了最多的方差，以此类推，具有很小或者负值的特征值的因子通常可以被从结果中剔除”（Tabachnick and Fidell, 1996, p.646）。从分析者的角度而言，只有特征值大于等于 1.00 的变量才被认为是值得去进行分析的。

克隆巴赫系数（阿尔法系数，Cronbach’s Alpha）：内部一致性系数，被广泛用于对样本调查或者评估测量的信度进行评估。阿尔法系数一般会随着被测项目之间关联程度的增加而增加，因而也被认为是对测试结果内部一致性信度的评估。

均值（Mean）：“算术平均数”或者“平均值”这两个术语可以互换，被用来指称一系列离散数值的中间值，即所有数值求和之后除以数值的个数所得的数值。一系列数值 $x_1, x_2, ..., x_n$ 的平均值被表示为 M= 或者 $\bar{x}$。

方差（Variance）： 方差就是数据与均值差异的平方的平均值。这个值显示了数据分布的离散程度。方差等于零意味着所有的数值都相等。方差永远是非负的：小数值的方差意味着所有的数据都非常紧密地集中在均值的附近，因而这些数据之间也差异很小；与之相反，如果方差数值很大，则意味着这些数据点分布得非常分散并且相互之间距离很远。一个等效的度量是方差的平方根，也被称为标准差。标准差与数据点的单位相同，因而可以用来同数据点和均值的差值作比较。

标准差（Standard Diviation，SD）： 度量数据从均值偏离或者分散的程度。较小的标准差值意味着数据点集中在均值附近，较大的标准差值意味着数据点散落在很广泛的范围里面。

因子载荷（Factor Loading）： 由一个调查问卷里存在多少组各自独立的问题组所定义。因子载荷代表了每个变量跟每个因子之间的“相关程度”。

高强度社交综合征的影响因子

战友情谊（Military Friends）： 这个 16 条目的因子描述了曾经在美国军队中服役的人们之间那种无可替代的情谊（特征值 =9.04 ；解释了 15.58% 的

方差；*M*=3.32，*SD*=0.95）。例如："跟其他朋友相比，我更希望跟我的战友们在一起。""跟战友们在一起的时候，我可以保持本来面目。""我喜欢在那些有现役或者非现役军人出没的地方待着。"平均因子载荷是 0.69（α=0.95）。

家庭（Family）：这个 11 条目的因子反映了一个人对自己家庭的总体的负面倾向（特征值 =6.65；解释了 11.47% 的方差；*M*=2.23，*SD*=1.03）。例如："我在跟自己的重要他人在一起的时候萎靡不振。""我感觉跟家人在一起的时候很无聊。""对我来说信任自己的战友比信任自己的重要他人更容易。"平均因子载荷是 0.69（α=0.92）。

性别社会偏好（Gender Social Preference）：这个 7 条目的因子代表了在社交聚会中对于男性或者同志之爱的偏好（特征值 =5.12；解释了 8.82% 的方差；*M*=2.69，*SD*=1.10）。例如："女人总是不如男人知道怎么找乐子。""我跟女性朋友在一起的时候没有跟男性朋友在一起的时候自在。""如果群组里有女人，就没意思了。"平均因子载荷是 0.77（α=0.92）。

社交纽带（Social Bonding）：这个 11 条目的因子关注对于社交纽带和与他人连接的普遍需求（特征值 =5.05；解释了 8.71% 的方差；*M*=2.68，*SD*=0.81）。例如："我常常需要跟其他人在一起。""我强烈地感到要跟自己的朋友们待在一块儿。""同只跟一个朋友待着相比，我更喜欢跟很多朋友们聚在一起。"平均因子载荷是 0.66（α=0.87）。

怀旧情结（Nostalgia）：这个 9 条目的因子表征了一种对于军旅生涯美好时光的回忆和怀旧情绪（特征值 =4.96；解释了 8.55% 的方差；*M*=3.63，*SD*=1.01）。例如："我常常想着自己能重新应召入伍或者被分派任务。""我对战友的回忆中美好的部分多于不好的地方。""我怀念那种兴奋感，所以希望回到部队里去。"平均因子载荷是 0.69（α=0.89）。

毒品使用（Drug Use）： 这个 4 条目的因子聚焦于娱乐性毒品的使用[①]（特征值 =3.11；解释了 5.36% 的方差；*M*=1.34，*SD*=0.79）。例如："我喜欢非法使用毒品（大麻、可卡因、摇头丸等等）。""我经常过个瘾。"平均因子载荷是 0.85（α =0.88）。

① 跟毒品成瘾相区别。——译者注

译者后记

最初拿到这本书，稍微看了几个章节，立刻就让我想起了传媒和社会文化大家尼尔·波兹曼（Neil Postman）的经典之作《娱乐至死》（*Amusing Ourselves to Death*）。在那本书里，作者发人深省地跟社会的“进化潮流”唱了反调，认为电视和图像媒介的兴起实际上减弱了人们审慎思维和理性决策的能力，在媒介与观众的共谋之下把整个社会环境变成了“卡通漫画”。作者继而出版了《童年的消逝》（*The Disappearance of Childhood*），更进一步深入探讨了当今社会情绪和冲动导向的“儿童化思维方式”，认为当今的情形实际上并非童年概念的消逝，而是整个社会的成人再度走向幼稚。他认为，其根本原因是娱乐和图形导向的情绪冲动式思考方式取代了印刷时代的审慎和沉思。而这一切发生在31年前的1985年。那个时候让作者如临大敌的“新兴”媒介工具是电视和以照片为主体的纸媒。

在我案头还放着另外一本同样发人深省的书，名字叫《网络至死》（*Payback*），作者是弗兰克·施尔玛赫，扉页的宣传词写的是：“娱乐尚未至死，网络至死的危机已然闪现——在《娱乐至死》之后，最震撼人心的媒介经典”。这本书严肃地讨论了网络时代对于当今社会普通人日常生活的影响以及随之而来的人类身体心灵对这种“新兴网络环境”的适应和“进化”——数字达尔文主义：我们的大脑正在飞速地适应着这个前所未有而且完全出乎人类预料的世界。前途如何，我们不得而知。

甚至有种想法，应该把这三本书放在一起，用句流行的话来包装：“No Zuo

No Die（不作不死）三部曲”。这三部曲递进式地让我们聚焦当下，观察思考近几十年来突飞猛进的媒体和网络技术所带来的前所未有的“信息爆炸”式的生存环境，对人类的现在和将来会有怎样的影响。英雄所见未必略同，大家可能会众说纷纭，可能会莫衷一是，但是我们不得不看，不得不想，也不得不做些什么。

津巴多教授的这本书，虽不能说让我不寒而栗，但也有些忧心忡忡。这本书从心理学和教育学的角度更为深入具体地描述了出生在这个环境下的新生代（80后）所面临的迥然不同的生长环境和很大一部分“适应不良”的问题。尤其让人关注的是，津巴多教授这本书里采用的数据均来自美国权威机构的最新数据，描述的是当今经济实力位居全球翘楚、现代化到了极点、被很多国家奉为楷模的美国社会的真实情况。让人看了有种“中国儿童和青少年的现状已经让人担忧，岂料美国的情况不遑多让，甚至有过之而无不及”的感觉。两位作者的亲身体验、细致观察和深入研究，让我们看到了事情的另一面：兴一利必生一弊，那么网络和高科技带来的便捷所造成的潜在成本是什么？各种“虚拟现实”和“移动互联”，所见即所得、所讲即所是的思维和行为方式，会不会产生我们始料未及并且不愿意看到的后果？

譬如，学生们自以为自己是“多任务”的高手，能够假借技术之便利“生产时间”，高效率而不错过任何东西。神经反应测试却显示出他们的协调性和记忆力因为在任务之间频繁地切换而下降，同时完成任务的质量、人际关系的质量、自我感觉的质量、过程体验的质量等等，太多的“质量”都显著下降。继而是焦虑和压力水平的上升，以及意义感和成就体验的下降。似乎质量－数量的守恒定律并未被突破，技术的存在只是作了一种延迟和转移；似乎“出来混，终究是要还的”。只是，我们出来混，难道希望年轻一代和他们的未来世代来还吗？又譬如，现在的互联网色情产业高度发达，各种诱惑唾手可得，而且禁止儿童和青少年过早接触网络色情内容看来连理论上的可能性都不太具备——他们生于网络长于虚拟现实，恐怕比自己的父母对技术更加熟极而流。随之而来的一个现实问题就是：他们的大脑在接触真实的人际和性亲密之前已经被互联网上的色情内容“重新编程”了。想象一下看过 3D 版本《大闹天宫》的孩子们，去动物园的猴山看见真猴子之后会有多么失望。这些恐怕也是全新的挑战。现代心理学和医学的手段能不能“魔高一尺道高一丈”，尚且不得而知。这本书，让我们面对现实。

两位作者把本书分成了“症状”“原因”“解决”三部分，可谓用心良苦。不仅仅是“客观描述”，也不仅仅是“扼腕叹息”，而是希望我们有所触动之后做点什么。老先生自己更是身体力行：以他八十三岁的高龄，不在家中颐养天年，而是四处奔波推广他的教育和心理学理念。书中言及的很多应该做的事情，老先生都在自己的教育项目中面向全球积极推动着。记得译者当年第一次跟老先生合作的时候，满以为声名卓著的学界前辈肯定是威严端庄，偶尔说出只言片语掷地有声，剩下的时间里不苟言笑静坐一旁。哪知道只要有一点点闲暇时间，不论是课间还是餐桌旁，老先生都不吝赐教谆谆告诫，兴致勃勃地把自己的新的想法、探索、尝试倾囊相授，给我的感觉是生怕自己说得不够多，不够清楚，不够热切，让我们不能完全接收到这些信息和感受，并且沿着这条路继续走下去惠及更多的人。耄耋之年的老先生显然是抱着一颗拳拳之心，期盼更多志同道合的人能够跟他一起做点什么，让这个世界更美好。每每想到这些，心中都有莫名的感动。薪火相传，希望我们不让老先生失望，也从其中找到自己人生的意义。

最后，需要特别感谢北京联合大学师范学院心理系的张婍副教授在本书翻译过程中所提供的帮助。我们的合作对话为本书的理解增添了不少深度和广度，并且更让我觉得本书对于互联网时代的青少年成长，提出了一个非常有益的视角。也感谢湛庐文化的合作伙伴们辛勤劳动迅速响应，因为大家的勤奋，本书才得以荣幸地和作者津巴多老先生一起亮相北京。

2016 年春节于北京

未来，属于终身学习者

我这辈子遇到的聪明人（来自各行各业的聪明人）没有不每天阅读的——没有，一个都没有。巴菲特读书之多，我读书之多，可能会让你感到吃惊。孩子们都笑话我。他们觉得我是一本长了两条腿的书。

——查理·芒格

互联网改变了信息连接的方式；指数型技术在迅速颠覆着现有的商业世界；人工智能已经开始抢占人类的工作岗位……

未来，到底需要什么样的人才？

改变命运唯一的策略是你要变成终身学习者。未来世界将不再需要单一的技能型人才，而是需要具备完善的知识结构、极强逻辑思考力和高感知力的复合型人才。优秀的人往往通过阅读建立足够强大的抽象思维能力，获得异于众人的思考和整合能力。未来，将属于终身学习者！而阅读必定和终身学习形影不离。

很多人读书，追求的是干货，寻求的是立刻行之有效的解决方案。其实这是一种留在舒适区的阅读方法。在这个充满不确定性的年代，答案不会简单地出现在书里，因为生活根本就没有标准确切的答案，你也不能期望过去的经验能解决未来的问题。

而真正的阅读，应该在书中与智者同行思考，借他们的视角看到世界的多元性，提出比答案更重要的好问题，在不确定的时代中领先起跑。

湛庐阅读 App：与最聪明的人共同进化

有人常常把成本支出的焦点放在书价上，把读完一本书当作阅读的终结。其实不然。

时间是读者付出的最大阅读成本

怎么读是读者面临的最大阅读障碍

“读书破万卷”不仅仅在“万”，更重要的是在“破”！

现在，我们构建了全新的“湛庐阅读”App。它将成为你“破万卷”的新居所。在这里：

- 不用考虑读什么，你可以便捷找到纸书、电子书、有声书和各种声音产品；
- 你可以学会怎么读，你将发现集泛读、通读、精读于一体的阅读解决方案；
- 你会与作者、译者、专家、推荐人和阅读教练相遇，他们是优质思想的发源地；
- 你会与优秀的读者和终身学习者为伍，他们对阅读和学习有着持久的热情和源源不绝的内驱力。

下载湛庐阅读 App，
坚持亲自阅读，
有声书、电子书、阅读服务，
一站获得。

倡导亲自阅读

不逐高效，提倡大家亲自阅读，通过独立思考领悟一本书的妙趣，把思想变为己有。

阅读体验一站满足

不只是提供纸质书、电子书、有声书，更为读者打造了满足泛读、通读、精读需求的全方位阅读服务产品——讲书、课程、精读班等。

以阅读之名汇聪明人之力

第一类是作者，他们是思想的发源地；第二类是译者、专家、推荐人和教练，他们是思想的代言人和诠释者；第三类是读者和学习者，他们对阅读和学习有着持久的热情和源源不绝的内驱力。

以一本书为核心

遇见书里书外，更大的世界

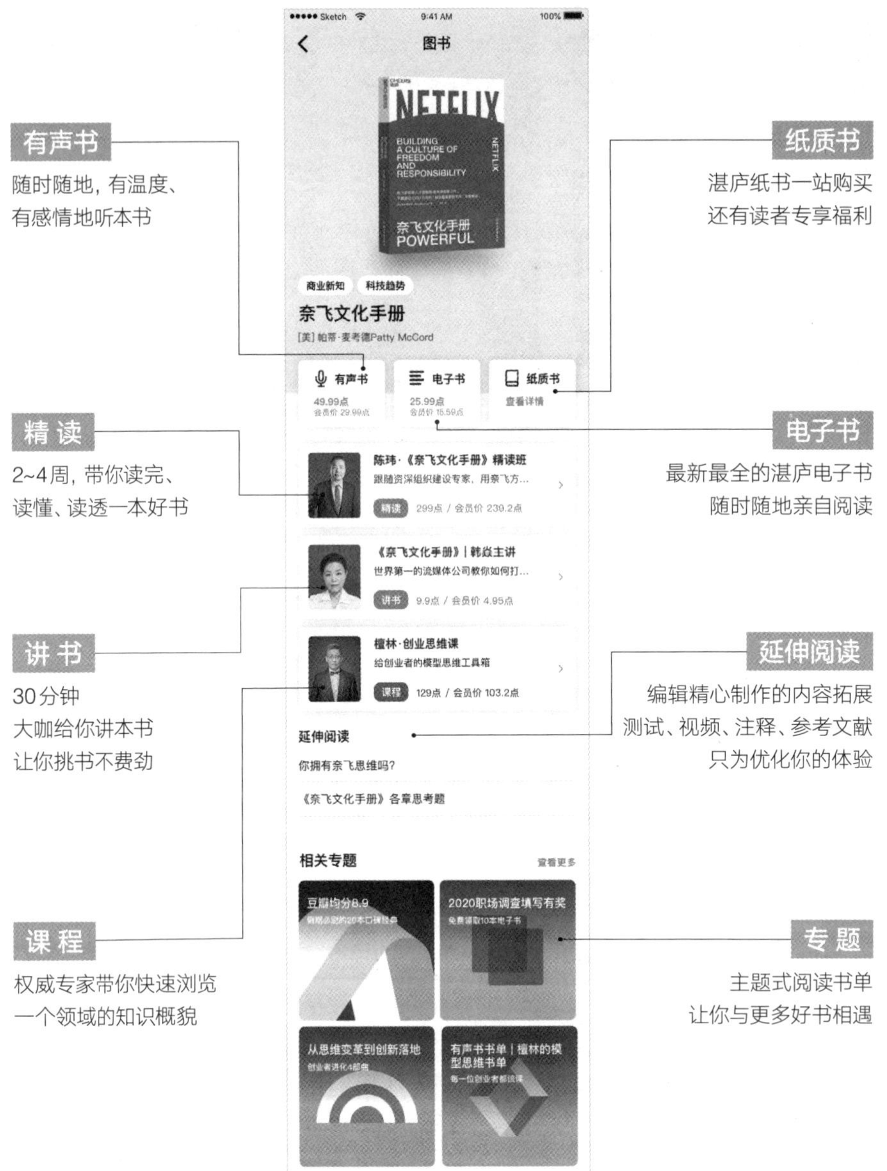

有声书
随时随地，有温度、
有感情地听本书

纸质书
湛庐纸书一站购买
还有读者专享福利

精 读
2~4周，带你读完、
读懂、读透一本好书

电子书
最新最全的湛庐电子书
随时随地亲自阅读

讲 书
30分钟
大咖给你讲本书
让你挑书不费劲

延伸阅读
编辑精心制作的内容拓展
测试、视频、注释、参考文献
只为优化你的体验

课 程
权威专家带你快速浏览
一个领域的知识概貌

专 题
主题式阅读书单
让你与更多好书相遇

湛庐文化获奖书目

《爱哭鬼小隼》
国家图书馆“第九届文津奖”十本获奖图书之一
《新京报》2013年度童书
《中国教育报》2013年度教师推荐的10大童书
新阅读研究所“2013年度最佳童书”

《群体性孤独》
国家图书馆“第十届文津奖”十本获奖图书之一
2014“腾讯网•啖书局”TMT十大最佳图书

《用心教养》
国家新闻出版广电总局2014年度“大众喜爱的50种图书”生活与科普类TOP6

《正能量》
《新智囊》2012年经管类十大图书，京东2012好书榜年度新书

《正义之心》
《第一财经周刊》2014年度商业图书TOP10

《神话的力量》
《心理月刊》2011年度最佳图书奖

《当音乐停止之后》
《中欧商业评论》2014年度经管好书榜•经济金融类

《富足》
《哈佛商业评论》2015年最值得读的八本好书
2014“腾讯网•啖书局”TMT十大最佳图书

《稀缺》
《第一财经周刊》2014年度商业图书TOP10
《中欧商业评论》2014年度经管好书榜•企业管理类

《大爆炸式创新》
《中欧商业评论》2014年度经管好书榜•企业管理类

《技术的本质》
2014“腾讯网•啖书局”TMT十大最佳图书

《社交网络改变世界》
新华网、中国出版传媒2013年度中国影响力图书

《孵化Twitter》
2013年11月亚马逊（美国）月度最佳图书
《第一财经周刊》2014年度商业图书TOP10

《谁是谷歌想要的人才？》
《出版商务周报》2013年度风云图书•励志类上榜书籍

《卡普新生儿安抚法》（最快乐的宝宝1·0~1岁）
2013新浪“养育有道”年度论坛养育类图书推荐奖

First published in 2015 by Rider Books, an imprint of Ebury. Ebury is part of the Penguin Random House group of companies.

图书在版编目（CIP）数据

雄性衰落 /（美）津巴多，（美）库隆布著；徐卓译. —北京：北京联合出版公司, 2016.4（2023.7重印）

ISBN 978-7-5502-7412-9

Ⅰ. ①雄… Ⅱ. ①津… ②库… ③徐… Ⅲ. ①男性—心理学—通俗读物 Ⅳ. ①B844.6-49.

中国版本图书馆CIP数据核字（2016）第057028号

著作权合同登记号

图字：01-2016-1613

上架指导：心理学 / 教育

雄性衰落

作　　者：[美] 菲利普·津巴多 [美] 尼基塔·库隆布

译　　者：徐　卓

选题策划：湛庐文化 Cheers Publishing

责任编辑：牛炜征

封面设计：门乃婷工作室 Tel:010-64822410

版式设计：湛庐文化 Cheers Publishing 蒋碧君

北京联合出版公司出版

（北京市西城区德外大街 83 号楼 9 层　100088）

石家庄继文印刷有限公司 印刷　新华书店经销

字数 270 千字　710 毫米 ×965 毫米　1/16　19.5 印张　5 插页

2016 年 4 月第 1 版　2023 年 7 月第 5 次印刷

ISBN 978-7-5502-7412-9

定价：69.90 元